西北工业大学精品学术著作
培育项目资助出版

半球谐振陀螺基本原理

王小旭　卢乾波　晏恺晨　高　璞　李　华　编著

科学出版社
北　京

内 容 简 介

本书总结归纳了半球谐振子的动力学建模方法、模态分析和特征参数辨识方法，详细阐述了半球谐振陀螺的检测驱动原理、慢变量分析方法，深入研究了力平衡和全角模式下半球谐振陀螺的测控、自激励与输出方案和误差影响特性，全面完善了力平衡和全角半球谐振陀螺误差的分析、建模、辨识与补偿方法体系，并对半球谐振陀螺在正交调频、李萨如调频和差分频率调制等模式中的应用前景做出了展望。本书包含详细的半球谐振陀螺相关基础知识，解决了近几年来半球谐振陀螺领域的热点和瓶颈问题。

本书既可供从事半球谐振陀螺研制的科研人员参考，也可供控制、仪器仪表等相关专业的高等院校师生阅读。

图书在版编目（CIP）数据

半球谐振陀螺基本原理 / 王小旭等编著. -- 北京 ： 科学出版社, 2025. 6. -- ISBN 978-7-03-081878-2

Ⅰ. TN965

中国国家版本馆 CIP 数据核字第 2025XH1469 号

责任编辑：杨　丹 / 责任校对：崔向琳
责任印制：徐晓晨 / 封面设计：无极书装

科 学 出 版 社 出版
北京东黄城根北街 16 号
邮政编码：100717
http://www.sciencep.com

北京华宇信诺印刷有限公司印刷
科学出版社发行　各地新华书店经销

*

2025 年 6 月第 一 版　开本：720×1000　1/16
2025 年 6 月第一次印刷　印张：15 1/4
字数：307 000

定价：135.00 元

（如有印装质量问题，我社负责调换）

前　言

半球谐振陀螺(HRG)相比机械转子陀螺和"两光"陀螺,不含抖动电机、光腔、轴承等具有寿命限制和磨损机制的零件,无需复杂的后期维护工作,不需要预热,启动时间短,能承受大的机动过载,具有很强的抗冲击能力。世界范围内,力平衡半球谐振陀螺是航天任务优选的"高性能传感器";全角半球谐振陀螺兼具精度和动态特性,适用于海、陆、空、天各领域;调频半球谐振陀螺具有利用谐振频率读出高信噪比角速度的优势。当前,半球谐振陀螺技术飞速发展,半球谐振子的动力学建模方法、半球谐振陀螺的检测驱动原理、各模式下的测控方案等亟须被总结归纳,半球谐振子的特征参数辨识方法、半球谐振陀螺自激励方法、误差分析建模与标定补偿方法等核心技术亟须被全面突破。

本书深入调研并系统整理了国内外半球谐振陀螺技术发展现状。国内半球谐振陀螺研究工作开展较晚,面临半球谐振陀螺基本原理、方法和技术方面积累深度与广度不足的现实情况。本书是西北工业大学自动化学院智能惯性传感与系统团队在半球谐振陀螺领域多年理论研究和工程实践成果的总结。全书共10章。第1章为绪论;第2章介绍半球谐振陀螺的物理和数学理论基础;第3章论述半球谐振子的动力学建模方法;第4章论述半球谐振子的模态分析与特征参数测试方法;第5章论述半球谐振陀螺的测控原理与等效动力学模型;第6章论述力平衡半球谐振陀螺的测控方案设计与误差建模方法;第7章论述力平衡半球谐振陀螺误差的离线和在线标定与补偿方法;第8章论述全角半球谐振陀螺的测控方案、自激励方法和误差特性分析方法;第9章论述全角半球谐振陀螺误差的自激解耦、标定与补偿方法;第10章为调频半球谐振陀螺的测控方案设计与特性分析。本书内容聚焦半球谐振陀螺的基本理论和核心技术,具有系统性、创新性和前瞻性。

本书由西北工业大学自动化学院智能惯性传感与系统团队王小旭、卢乾波、晏恺晨、高璞、李华共同编著。研究生李睿、陈圳南、张奥、王玺全、王宇鹏、付磊、王饶对部分章节内容做出了贡献,对他们的付出表示感谢。此外,衷心感谢智能惯性传感与系统陕西省高校工程研究中心研究人员和技术委员会专家对本书提供的技术支持以及提出的宝贵意见和建议。

　　本书得到陕西省杰出青年科学基金项目(2022JC-49)、陕西省重点研发计划项目(2024CY2-GJHX-20)、广东省基础与应用基础研究基金项目(2024A1515012388)以及西北工业大学精品学术著作培育项目的资助,在此表示感谢。

　　限于作者水平,书中难免存在不足之处,欢迎广大读者批评指正!

目　　录

第1章 绪 论

1.1 引 言

陀螺是测量物体旋转角度和角速度的传感器，是实现姿态测量、运动控制和惯性导航等功能的核心器件。无论是"神舟"飞天、"蛟龙"下海、"嫦娥"奔月、"天问"探火，还是现代化战争中的武器装备，陀螺以及惯性导航系统都不可或缺。面对这些高端应用需求，惯性技术的发展亟须从陀螺性能的提升中寻求突破[1]。

半球谐振陀螺(hemispherical resonance gyroscope，HRG)作为一种适用于海、陆、空、天等领域的"高价值惯性传感器"，具有测量精度高、工作寿命长、可靠性高、噪声低等特点。相较于机械转子陀螺(第一代)和"两光"陀螺(第二代，两光指激光、光纤)，它没有抖动电机、光源、高压、轴承等具有寿命限制和磨损机制的零件，个位数零件组成的简单结构和源于科氏效应的工作原理，使其能够满足惯性技术发展对于传感器小型化和免拆卸自标定能力的需求。因此，研究和研制以 HRG 为典型代表的科氏振动陀螺(第三代)，是增强我国惯性技术高端应用的有效途径[2-9]。

各类陀螺的性能对比如图 1-1 所示。陀螺精度主要有速率级、战术级、惯性级和战略级四个级别，如表 1-1 所示。光纤陀螺和激光陀螺通常具有惯性级精度，应用场景多为飞机、中远程导弹武器等，高性能激光陀螺能够达到战略级精度，应用场景集中于航天和航海领域，包括战略导弹核潜艇、航空母舰或者洲际导弹等，低性能光纤陀螺具有战术级精度，应用场景包括装甲车辆、中短程制导武器等；微电子机械系统(micro-electro-mechanical system，MEMS)陀螺作为一种广泛应用的科氏振动陀螺，一般具有速率级精度，适合民用领域，包括汽车导航、消费电子产品等；原子陀螺作为第四代陀螺，目前处于前沿探索和原理样机研制阶段；静电陀螺是目前精度最高的陀螺，其系统复杂、维护成本高、应用领域受限，高端市场占比远小于光学陀螺；半球谐振陀螺凭借超精密加工得到的高性能半球谐振子，具有高精度、高稳定性、长寿命、强环境适应性的性能潜力，有望逐步替代惯性级光纤陀螺和战略级激光陀螺，解决"两光"陀螺寿命短、全温性能差等问题。

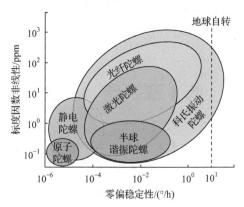

图 1-1　各类陀螺性能对比

ppm 全称为 parts per million，即百万分之一，10^{-6}，余同

表 1-1　不同级别陀螺精度要求

参数	速率级	战术级	惯性级	战略级
标度因数非线性/ppm	>100	10～100	1～10	<1
零偏稳定性/(°/h)	>15	0.15～15	0.01～0.15	<0.01

目前，国内研究所和高校广泛开展了 HRG 的研究和研制工作，主要包括高性能材料制备、超精密加工、超高真空封装、高精度控制、误差补偿等。现阶段，经粗胚加工、精密研磨、化学抛光、质量调平、球面镀膜等表头技术制造而成的半球谐振子已经具备超 1000 万的品质因数(Q 值)和低于 1mHz 的频率裂解，但各模式下 HRG 的精度受限于误差分析、建模、辨识与补偿理论的缺失难以提升。本书将全面介绍半球谐振陀螺的基本原理，明确各模式下 HRG 的主要误差源，分析各误差的影响特性，构建各误差在陀螺输出端的演化模型，形成 HRG 误差解耦、辨识与补偿理论体系，推动我国高精度(惯性级和战略级)、大动态(大量程和高带宽)、低噪声 HRG 的研制。

1.2　半球谐振陀螺关键技术

科氏振动陀螺按照谐振子构型和工作模式进行分类，HRG 是科氏振动陀螺的一种，以半球谐振子为敏感核心。除了半球谐振子，谐振子构型还有音叉、单/双质量块、四质量块、圆环、圆盘、圆柱等多种。其中，音叉和单/双质量块呈轴对称分布，属于 I 类谐振子；圆环、圆盘、圆柱和半球谐振子呈周向对称分布，属于 II 类谐振子。科氏振动陀螺的工作模式可分为幅度调制(amplitude modulation，AM)和频率调制(frequency modulation，FM)两类，典型的工作模式有力平衡(force-to-rebalance，FTR)、全角(whole-angle，WA)(属于 AM 方案)和正交调频(quadrature frequency modulation，QFM)、李萨如调频(Lissajous frequency modulation，LFM)、差分调频(differential frequency modulation，DFM)(属于 FM 方案)。科氏振动陀螺的谐振子构型和工作模式如图 1-2 所示。HRG 具有高 Q 值和低频差特性，各种工作模式与 HRG 的适配性有待分析，目前主要有力平衡 HRG 和全角 HRG 两种产品或样机，FM 方案还未在 HRG 上得到应用。此外，大部分性能提升方法在不同工作模式、不同谐振子构型的科氏振动陀螺中具有普适性或可迁移性。本节将总结归纳半球谐振子研制进展以及与 HRG 相关工作模式和性能提升方法。

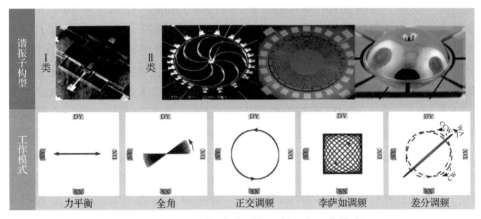

图 1-2 科氏振动陀螺的谐振子构型与工作模式

1.2.1 半球谐振子

目前公认表现最好和最具潜力的科氏振动陀螺通常使用具有三维(3D)对称结构的半球壳型谐振子，其中，尺寸较大、成本较高的 HRG 使用机械加工得到的具有高 Q 值和低频差特性的半球谐振子，力平衡和全角 HRG 均具有惯性级的导航定位精度；兼顾成本、尺寸、重量和功耗(C-SWaP)的微半球谐振陀螺(mHRG)使用玻璃吹制或模具法得到的微半球谐振子，作为谐振子制造与 MEMS 工艺结合的产物，mHRG 既继承了传统 HRG 高精度、长寿命的优点，又具备微型化、低成本的技术优势，拥有极大的发展潜力。

2012 年，佐治亚理工大学 Ayazi 教授团队[10]利用多晶硅研制了 3D 微尺度半球壳谐振子(μHSR)，由于抑制了锚损失，该谐振子直径为 1.2mm，真空环境谐振频率 412kHz 情况下，Q 值为 8×10^3，可用于便携式惯性导航。随后，该团队使用高宽比多晶硅和单晶硅(HARPSS)工艺对多晶硅μHSR 原型进行了改良，

提升陀螺 Q 值至 $4×10^4$[11]。2013 年，加州大学戴维斯分校 Horsley 教授团队[12]利用微晶金刚石制成了毫米级半球谐振子，该谐振子直径为 1.1mm，谐振频率为 18.321kHz，两个简并模态具有 $\Delta f / f$ =300ppm 的相对频率失配，此外，该谐振子采用光学检测代替了传统的电容检测。2014 年，加州大学欧文分校和洛杉矶分校分别报道了两款半球壳型谐振子。欧文分校 Shkel 教授团队[13]研制了 Q 值超 $1×10^6$、谐振频率为 105kHz、频差 $\Delta f / f$ = 132ppm、直径为 7mm 的晶圆级微玻璃吹制 3D 熔融石英酒杯状谐振子，微玻璃吹制可实现高性能谐振子的批量制造。洛杉矶分校 M'Closkey 教授团队[14]利用块状金属玻璃，制作了兼顾光滑度和对称性的 3D 金属玻璃谐振子，该谐振子直径为 3mm，在脱模状态下，谐振频率为 13.944kHz，频差 $\Delta f / f$ =350ppm，Q 值为 $6.2×10^3$。2015 年，麻省理工学院研究团队[15]研制了多晶金刚石半球谐振子，直径为 1.4mm、Q 值为 $4×10^5$、谐振频率约为 16kHz、频率裂解误差 $\Delta f / f$ = 130ppm，该谐振子参数显示出了片上集成高性能 HRG 的巨大潜力。美国密歇根大学 Najafi 教授团队常年致力于半球壳型谐振式陀螺的研制工作，鸟浴结构(类似半球壳的 3D 对称结构)谐振子是该团队的特色之一。2013 年，该团队研制了熔融石英微型鸟浴谐振陀螺(μ-BRG)，其直径为 5mm，在 10.5kHz 的谐振频率下以二阶($n=2$)振动模态工作，在室温力平衡模式下，该陀螺零偏不稳定性(bias instability，BI)为 1°/h、角度随机游走(angle random walk，ARW)为 $0.106°/\sqrt{h}$ [16]。根据该团队近几年的研究成果，当使用直径为 10mm、谐振频率为 10.5kHz、品质因数为 $1.54×10^6$ 的熔融石英谐振子时，研制出 μ-BRG 的 BI 为 0.0103°/h；当使用直径为 10mm、谐振频率为 5.6kHz、品质因数为 $5.2×10^6$ 的熔融石英谐振子时，研制出的微型精密壳集成(PSI)陀螺性能表现有了极大突破，其 ARW 为 $0.00016°/\sqrt{h}$，短期运行 BI 为 $0.0014°/h$[17-19]。

近年来，国内也有与半球壳型谐振子研制相关的报道。2015 年，东南大学研究团队[20]使用化学发泡工艺(CFP)，成功制造了具有光滑表面和对称结构的半球壳型玻璃谐振子。国防科技大学肖定邦教授团队在 mHRG 的研制方面成果不断涌现，所制造带有 T 形质量的 mHRG 独具特色。2019 年，该团队提出了一种具有 16 个 T 形质量的新型微壳谐振陀螺(MSRG)，唇沿处的 T 形结构能够实现谐振子的刚度-质量解耦，在力平衡模式下，MSRG 的 ARW 为 $0.035°/\sqrt{h}$、BI 为 $0.877°/h$[21]。2021 年，该团队研制的唇沿处带有齿状结构的 mHRG，直径为 12mm，Q 值为 $1.18×10^6$，在 4.3kHz 的谐振频率下以 $n=2$ 的振动模态工作，室温力平衡模式下其量程为±200°/s，ARW 为 $0.022°/\sqrt{h}$，BI 为 0.133°/h，该陀螺有望在全角模式下达到惯性级精度[22]。

1.2.2 工作模式

FTR 模式闭环控制科氏效应产生的检测模态振幅，进而利用闭环控制所需的力反馈控制电压获得角速度信息，此工作模式通常与音叉和单质量块等 I 类谐振子相结合。FTR 模式存在角速度测量范围、带宽与灵敏度的折中，由于 I 类谐振子具有低 Q 值、大频差的振动特性，其工作于 FTR 模式时能够具有较大的量程和带宽，但灵敏度和精度较低。II 类谐振子具有高 Q 值、低频差的振动特性，FTR 模式与 II 类谐振子的结合意味着放弃了陀螺的量程和带宽，能够实现低动态范围内的高精度角速度输出。

WA 模式的工作原理如图 1-3 所示，当陀螺仪外壳受角速度激励逆时针旋转角度为 φ 时，科氏力作用下驻波相对于外壳顺时针旋转角度为 θ ，$\theta = -K\varphi$ 。因此，检测驻波方位角便能够获得 WA 模式下的陀螺旋转角度和角速度信息。WA 模式的量程和带宽无限制，但此工作模式对谐振子的周向对称性要求极高，只能与 II 类谐振子结合。显然，FTR 和 WA 模式均需要对谐振子的振动幅值进行高精度测控，因此均属于 AM 方案。

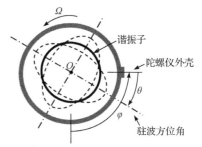

图 1-3　WA 模式的工作原理

与 AM 方案不同，FM 方案需要对谐振子的振动频率进行高精度测控。FM 方案用频率检测代替电容检测，具有标度因数稳定、信噪比高、动态范围大、直接数字输出等优点。2013 年，美国加州大学伯克利分校 Boser 教授团队[23]设计了一款 QFM 陀螺，2021 年，国防科技大学肖定邦教授团队[24]报道了 QFM 陀螺的研究进展。在 QFM 模式下，陀螺工作原理如图 1-4(a)所示，谐振子的振型被控制为圆形行波，通过对行波角频率的检测能够获得陀螺输出角速度信息。在此基础上，他们提出了共线双陀螺架构以消除固有谐振频率随温度漂移对角速度解算的影响，理论上若两陀螺具有相同的固有谐振频率及其温度敏感系数，当分别控制两陀螺内部产生顺时针(clockwise，CW)和逆时针(counter clockwise，CCW)行波时，可利用两陀螺输出角频率的差分获得角速度信息并消除温度的影响。然而，由于难以制造出完全匹配的陀螺结构，且两陀螺运行时需要严格的模态匹配和同步，故这种 FM 方案很快被一种新的 FM 方案替代。2015 年，该研究团队推出了一款标度因数非线性小于 7ppm，零偏稳定性优于 6°/h 的频率输出 MEMS 陀螺，该陀螺工作于 LFM 模式[25-26]。在 LFM 模式下，陀螺工作原理如图 1-4(b)所示，X 和 Y 模态的振动幅值相同，振动位移间的相位差随着陀螺频差变化，两振动位移能够合成李萨如图形，该图形时而为圆形，时而为椭圆形，时而为直线。在 LFM 模式下，陀螺无需实现模态匹配，X 和 Y 模态的输出角频率被频差调制，

对 X 和 Y 模态输出角频率之和进行一系列信号处理能够获得陀螺输出角速度信息，谐振子非等阻尼误差和固有谐振频率的影响也能够在角速度解算过程中被消除。简单的控制结构以及稳定的标度因数使得 LFM 陀螺的商业化成为不可阻挡的趋势。2017 年以来，米兰理工大学 Langfelder 团队致力在集成电路上实现低功耗与高性能的消费级 LFM 陀螺。其中，Minotti 等提出了一种低功耗低噪声的航向 LFM 陀螺，其具有大的动态范围和良好的线性度[27]；Zega 等提出了一种基于LFM 模式的俯仰陀螺，通过适当的机械设计，克服了平面外方向的制造工艺约束[28]；Minotti 和 Zega 等进一步提出了三轴 LFM MEMS 陀螺[29-30]，在 25～70℃，该三轴 MEMS 陀螺的标度因数稳定性为 35ppm/℃，是一款低功耗低噪声的消费级产品。然而，LFM 陀螺也有缺陷，该类陀螺的测量带宽理论上是频差的一半[31]。在 LFM 模式下，谐振子的大频差是一把双刃剑，大频差代表着良好的测量带宽，但陀螺的极限精度受频差的影响难以达到战术级乃至惯性级。因

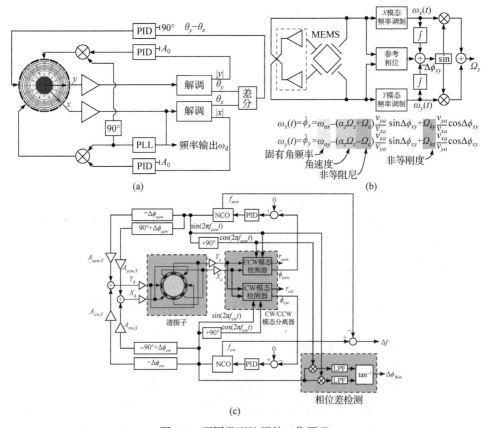

图 1-4　不同类型陀螺的工作原理

(a) 国防科技大学 QFM 陀螺的测控方案[24]；(b) 加州大学伯克利分校 LFM 陀螺的测控方案[25]；(c) 日本东北大学 DFM 陀螺的测控方案[32]

此, LFM 模式适合与低 Q 值、大频差谐振子结合, 制造低功耗低噪声的消费级 FM 陀螺。2017 年, 日本东北大学 Tsukamoto 和 Tanaka 提出了一种基于单个模态匹配谐振子的闭环 DFM 工作模式[32-33]。DFM 模式适合与高 Q 值、低频差谐振子结合, 研制低噪声、温度稳定性出色的惯性级 FM 陀螺。在 DFM 模式下, 单谐振子上能够同时产生 CW 和 CCW 方向的圆形行波, 两行波能够合成驻波(同 WA 模式)。在 DFM 模式下, 陀螺工作原理如图 1-4(c)所示, CW 和 CCW 模态谐振角频率的差分可用于解算陀螺输出角速度信息, 两模态实时相位的差分可用于解算陀螺旋转角度信息。DFM 陀螺与 WA 陀螺都是速率积分型陀螺, 可直接完成角度输出, 而高信噪比的角速度输出是 DFM 模式相较于 WA 模式的最大优势。

1.2.3 性能提升方法

1. FTR 模式

FTR 模式利用力反馈控制回路抑制角速度激励产生的检测模态振动位移, 是 AM 方案中的一种。力反馈控制回路的带宽决定了 FTR 陀螺的测量带宽, 其最大控制电压决定了 FTR 陀螺的测量范围。因此, 受限于力反馈控制回路的带宽和最大控制电压, FTR 陀螺的量程和带宽通常较小。Ⅱ类谐振子的高 Q 值特性会严重限制 FTR 陀螺的量程和带宽, 故 FTR 模式更适合于 Q 值较低的Ⅰ类谐振子结合。谐振子的非等阻尼和非等弹性误差是 FTR 陀螺的主要误差源, 两者分别会引起检测模态的同相误差和正交误差。力反馈控制回路和拟正交控制回路构成的检测模态双闭环控制能够对同相误差和正交误差进行抑制, 基于力反馈控制电压获得的角速度信息会受到同相误差的影响。此外, 测控系统的相位误差会引起检测模态双闭环控制电压间的耦合, 造成正交误差泄漏, 驱动电极的倾角误差会引起驱动和检测模态间控制电压的耦合。这两类误差均会影响力反馈控制电压的作用效果, 进而影响 FTR 陀螺的输出精度。

针对 FTR 陀螺, 谐振子的非等弹性误差表现为驱动和检测模态间的频率裂解。目前, 抑制 FTR 陀螺频率裂解, 实现其模态匹配的方法主要有机械修调和静电调谐两种。机械修调侧重于改善谐振子结构刚度的对称性, 主要技术手段包括微超声加工、研磨、抛光、蚀刻、离子束轰击和激光烧蚀等。静电调谐利用负电刚度效应施加直流调谐电压改变各模态的有效刚度, 实现驱动和检测模态匹配。相较于机械修调, 静电调谐能够在陀螺真空封装后利用调谐电极完成, 实用性和可操作性更强。机械修调和静电调谐通常叠加使用, 在利用机械修调手段获得低频差谐振子的基础上, 静电调谐方法可进一步实现 FTR 陀螺的高度模态匹配, 进而降低 FTR 陀螺的正交误差, 提高其输出精度和信噪比。此外, 针对 FTR 陀螺的模态匹配方法不断向实时和在线发展, 一些 FTR 陀螺的自动(实时)、全温和在线模态匹配方法不断出现[34-37]。

东南大学李宏生教授团队[34]设计了一款图 1-5(a)所示的带有调谐梳的解耦双质量块 MEMS 陀螺，该调谐梳能够调节谐振频率、抑制正交误差、施加反馈控制力。根据谐振子的相位特性，该团队提出了三种自动模态匹配方法以降低驱动和检测模态间的频差，并比较了三种方法的适应性。其中，基于正交耦合信息的自动模态匹配方法需要保证没有外界角速度输入，基于科氏力的自动模态匹配方法需要使用拟正交控制回路并保证输入角速度大且稳定。利用额外的静电调谐完成陀螺的自动模态匹配对残余正交误差大小和输入角速度没有要求，更具有工程应用性，该方法保证陀螺的频率裂解小于 0.26Hz。在此研究的基础上，该团队提出了一种基于检测模态上下边带信号间功率差的 FTR MEMS 陀螺在线模态匹配方法，该方法的闭环控制方案如图 1-5(b)所示[35]。由于检测模态上下边带信号间的功率差不仅取决于频率裂解，而且受科氏力的影响，因此在线模态匹配需要依据功率差的极性。实验证明了该方法的收敛性，频率环输出波动的峰峰值为0.28Hz。该在线模态匹配方法将 FTR 陀螺的标度因数提升了 10 倍，ARW 降低了 75%，BI 降低了 50%。

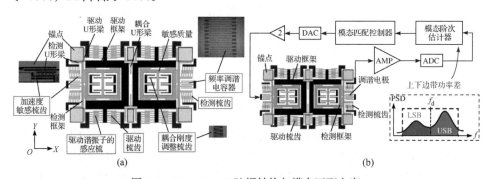

图 1-5　FTR MEMS 陀螺结构与模态匹配方案

(a) 解耦双质量块 MEMS 陀螺[34]；(b) 基于检测模态上下边带信号间功率差的 FTR MEMS 陀螺在线模态匹配方法的闭环控制方案[35]

北京大学何春华教授团队[36]提出了基于改进模糊控制+神经网络控制的 FTR MEMS 陀螺全温模态匹配方法。其中，基于改进模糊控制的 FTR 陀螺自动模态匹配方案如图 1-6(a)所示，驱动和检测模态的频率差及其微分输入改进模糊控制器，产生调谐电压，实现陀螺自动模态匹配。然而，驱动和检测模态间的频率差需要离线获得，仅靠改进模糊控制器无法实现频率裂解的实时控制。温度变化会引起频率裂解的变化，为实现频率裂解的全温控制，该团队将驱动模态谐振频率作为陀螺温度的有效量测，利用神经网络研究调谐电压与驱动模态谐振频率的关系，构建频率裂解的全温补偿方案，如图 1-6(b)所示。该方法能够在-40～80℃的温度范围实现小于 0.32Hz 的模态匹配精度，提升超 1 个数量级。

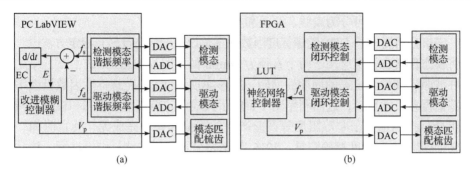

图 1-6　FTR 陀螺模态匹配方案

(a) 基于改进模糊控制的 FTR 陀螺自动模态匹配方案[36]；(b) 基于神经网络控制的 FTR 陀螺全温模态匹配方案[36]

　　南京理工大学苏岩教授团队[37]设计了如图 1-7 所示的 FTR 陀螺在线自动模态匹配方案。该方案在检测模态上分别施加对称位于驱动模态谐振角频率两侧边带角频率的驱动电压，并使用同相和正交解调参考信号对检测模态输出进行解调滤波以获得科氏力和拟正交控制力通道输出。在此基础上，利用边带角频率的同相参考信号对科氏力通道输出进行解调滤波，便可获得陀螺的频率裂解信息。该方法将陀螺频率裂解由 0.5Hz 降低至 0.01Hz 以下。

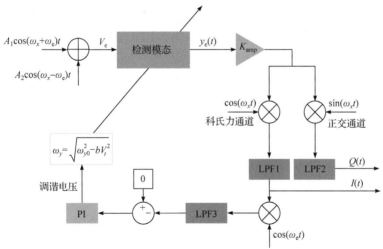

图 1-7　基于双边带驱动和解调获得频差信息的 FTR 陀螺在线自动模态匹配方案[37]

　　综上所述，驱动和检测模态频率差的获取是实现 FTR 陀螺模态匹配的关键，目前，FTR 陀螺在线模态匹配方法已相对成熟。谐振子的非等弹性误差引起的检测模态正交误差只有存在正交误差泄漏时才会影响 FTR 陀螺的角速度输出精度，而谐振子的非等阻尼误差引起的检测模态同相误差需要利用力反馈控制电压抑制，这将直接影响 FTR 陀螺的角速度输出精度。谐振子非等阻尼误差产生的 FTR 陀螺零速率输出(zero rate output，ZRO)需要被标定和补偿，这类误差的标定和补偿方法也可分为离线、全温和在线。

诺格公司提出了 FTR 陀螺标度因数和零偏误差的模态反转自标定方法[38-40]，并将模态反转自标定应用于两个直径为 30mm 的共线双 HRG 系统中[41]。单陀螺中驻波驱动和检测模态的周期性反转，能够实现该 FTR 陀螺标度因数极性不变而零偏误差极性反转，进而利用图 1-8 所示共线双陀螺正常工作态和模态反转态的组合，抑制谐振子非等阻尼等误差产生的零偏误差，完成无"死亡时间"的 FTR 陀螺输出角速度精确测量。2016 年诺格公司报道的测试结果显示，该共线双 HRG 系统性能超越惯性级，具有 0.00025°/h 的短期运行 BI 和 0.005°/$\sqrt{h}$ 的 ARW。在多天无温控情况下，该系统仍能表现出 0.001°/h 的战略级 BI[42-43]。

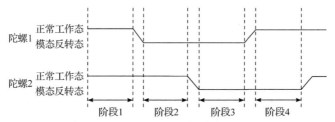

图 1-8 双陀螺在线模态反转自标定原理[41]

波音公司也将 FTR 陀螺标度因数和零偏误差的模态反转自标定方法用于其所设计的 8mm 盘型谐振陀螺中。按照图 1-9 所示 FTR 陀螺模态反转自标定原理，实现了无外界角速度激励下的 FTR 陀螺自标定[44-45]，成功将设计之初仅具有 1°/h 短期 BI 的陀螺超一周连续测量下的长期运行 BI 提升至 0.011°/h，多次上电期间的零偏重复性控制在 0.04°/h。但不同于诺格公司的共线双陀螺架构，波音公司单陀螺架构下，基于模态反转的 FTR 陀螺自标定方法不是一种在线方法。

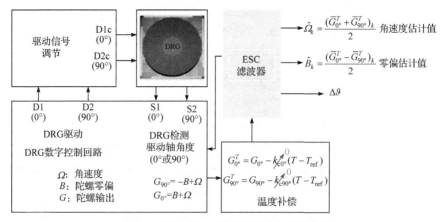

图 1-9 FTR 陀螺模态反转自标定原理[45]

北京大学何春华教授团队[46-47]提出了一种虚拟速率转台方法，该方法使用电压信号模拟由角速度输入引起的科氏力，获得陀螺的频率响应，方便且高效地实现陀螺带宽的精确测量。此外，当设置虚拟角速度的频率为 0 时，该方法还能够用于陀螺免拆卸自标定。该方法被用于 FTR MEMS 陀螺，利用系统生成的频率和幅度可编程电压信号，向陀螺施加了真实物理转台难以提供的高频角速度激励，并完成了陀螺的免拆卸自标定，确定了其标度因数和工作带宽。基于虚拟科氏效应的陀螺免拆卸自标定原理见图 1-10，利用虚拟速率转台的测试结果与理论值十分接近，说明该方法具有一定的工程应用可行性。

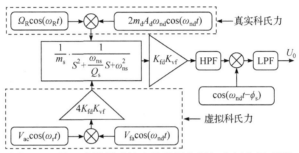

图 1-10　基于虚拟科氏效应的陀螺免拆卸自标定原理[47]

诺格公司将虚拟速率转台方法应用于四质量块陀螺(QMG)中，能够实现 FTR、WA 和自标定模式的切换。该陀螺具有三大典型功能：驻波锁定在指定位置以进行 FTR 操作，驻波响应陀螺旋转而自由进动以进行 WA 操作，驻波被命令以指定角速度进动以完成虚拟旋转和免拆卸自标定操作。QMG 利用自进动使驻波方位角遍历谐振子周向，根据图 1-11 所示自进动测试结果，可完成其阻尼、刚度、驱动和检测电极增益等误差参数的辨识。

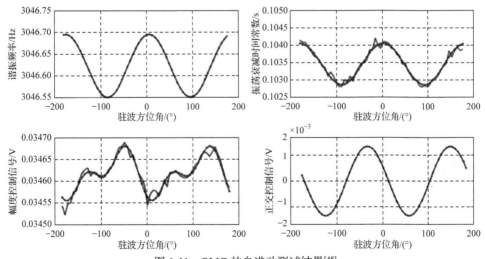

图 1-11　QMG 的自进动测试结果[48]

亚德诺半导体公司提出了周期性反转驱动力极性以消除陀螺零偏误差的双斜坡法[49-50]，其原理如图 1-12 所示。该方法不依赖于陀螺的对称性，当驱动力极性发生反转，谐振子的振荡幅值不会立刻消失而是逐渐衰减，FTR 陀螺标度因数极性不变而零偏误差极性反转，因而能够完成由谐振子非等阻尼和力不平衡所引起陀螺零偏误差的消除。接续的研究将双斜坡法与连续采样相结合[51]，应用于四质量块 MEMS 陀螺，在不损失陀螺标度因数和测量带宽的情况下，提升或保持了该陀螺的 ARW 和 BI 等性能，增强了低成本 MEMS 陀螺的短期和长期稳定性。

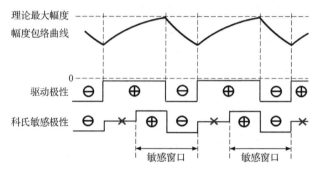

图 1-12　采样窗口为"先升后降"的双斜坡法原理[50]

为了抑制 FTR 陀螺标度因数的温度敏感性，诺格公司在如图 1-13(a)所示 QMG

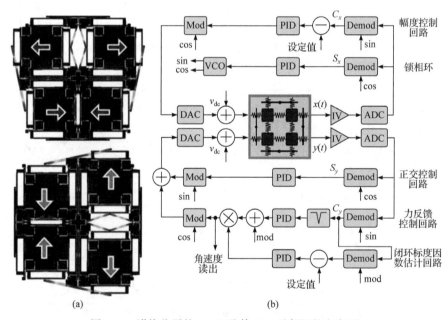

(a)　　　　　　　　　　　　(b)

图 1-13　诺格公司的 QMG 及其 FTR 陀螺测控方案[52]

(a) 诺格公司的 QMG 工作状态；(b) 带有标度因数在线闭环估计回路的 FTR 陀螺测控方案

正常工作期间，将已知抖动信号注入驻波检测模态，实现了 QMG 标度因数变化的在线估计和消除[53-54]。带有标度因数在线闭环估计回路的 FTR 陀螺测控方案如图 1-13(b)所示，通过在静电力中添加频率在陀螺工作带宽之外的方波调制信号的方式，使用标度因数在线闭环控制回路监测驻波方位角进动情况，进行标度因数估计并通过改变反馈力增益的方式完成实时补偿。实验结果表明，该方法实现了 10℃范围内 QMG 的 1ppm 标度因数稳定性。

综上所述，FTR 陀螺通常采用模态反转等方法完成其标度因数和零偏误差的标定与补偿，在输出端而非误差源层面抑制谐振子非等阻尼等误差对陀螺标定因数、零偏误差及角速度输出精度的影响。此外，FTR 陀螺标度因数和零偏误差具有温度依赖性，两者的在线标定与补偿和全温建模补偿能够有效提高陀螺的全温性能。

测控系统的相位误差存在于检测电极、驱动电极、解调滤波模块等多个部分中，一般表现为相位延迟。受这类误差的影响，谐振子在锁相环的作用下将工作于非谐振状态，对其施加的力和对应的位移响应间的相移并非 90°。测控系统的相位误差会引起驱动和检测模态内控制电压的耦合，其中，检测模态力反馈控制电压和拟正交控制电压的耦合将造成正交误差泄漏，影响力反馈控制电压的作用效果，改变 FTR 陀螺的标度因数和零偏误差。目前，研究者们针对 FTR 陀螺的相位误差提出了多种离线和在线的辨识与补偿方法[52,55-61]。

苏州大学 Bu 等[52]分析了驱动和检测模态相位误差对 FTR 陀螺 ZRO 的影响，明确了 FTR 陀螺只敏感驱动模态相位延迟而不敏感检测模态相位延迟的实际情况，提出了一种利用检测模态双闭环控制电压快速计算驱动模态相位误差的方法，并最终利用全通滤波器完成了相位误差的补偿，整体方案见图 1-14。该方法大幅降低了基于盘型谐振子的 FTR MEMS 陀螺的 ZRO，补偿 16.25°相位延迟后，ZRO 由 5.878°/s 降低至 0.051°/s。此外，在 0～70℃，该 FTR 陀螺 ZRO 的温度敏感系数由 0.055°/(s·℃)低至 0.001°/(s·℃)。该方法尽可能降低了拟正交控制电压与力反馈控制电压的耦合，减小了正交误差泄漏。若使用模态匹配方法降低谐振子频差、减小拟正交控制电压幅值及其耦合分量，FTR 陀螺的输出精度有望进一步提升。因此，针对 FTR 陀螺，模态匹配方法和相位误差辨识补偿方法需结合并在线使用。

浙江大学金仲和教授团队[55-59]深入研究了科氏振动陀螺的载波调制与边带解调方法。他们比较了基于单边带(single sideband，SSB)和双边带(double sideband，DSB)解调的幅相提取方法，明确了图 1-15(a)所示电容/电压(C/V)模块相位延迟及其变化影响对 SSB 获得相位信息和 DSB 获得幅值信息的影响[56-57]。在此基础上，他们提出了基于改进双边带(modified double sideband，MDSB)解调的幅相信息提取方法[58-59]，其原理如图 1-15(b)所示。该方法能够在精确提出振动

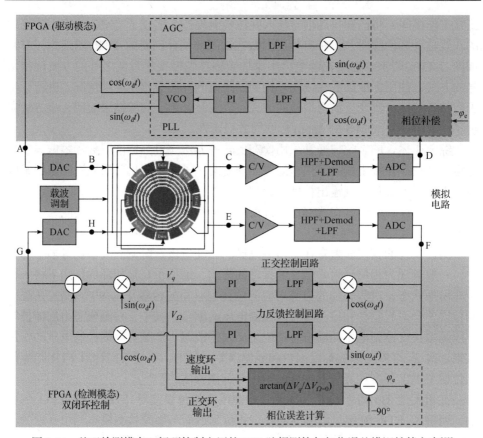

图 1-14 基于检测模态双闭环控制电压的 FTR 陀螺测控与相位误差辨识补偿方案[52]

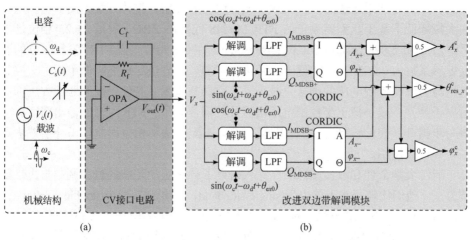

(a) (b)

图 1-15 C/V 模块原理与基于 MDSB 解调的幅相信息提取方法原理

(a) C/V 模块原理[59]；(b) 基于 MDSB 解调的幅相信息提取方法原理[59]

信号幅值和相位信息的同时，利用上下边带相位差完成 C/V 模块相位延迟的在线辨识，进而实现陀螺相位误差的在线补偿。该方法应用于载波调制 FTR MEMS 陀螺，当相位误差由−20°变化至 20°时，使用 MDSB 方法的 FTR 陀螺 ZRO 变化 0.0157°/s，而使用 SSB 和 DSB 方法的 FTR 陀螺 ZRO 分别变化 0.2604°/s 和 0.209°/s。

中国科学院半导体研究所 Xu 等[60]阐明了相位误差对检测模态同相和正交控制电压耦合，以及对 FTR 陀螺 ZRO 的影响，分析了谐振子驱动模态的幅相特性以及整个测控系统中各个信号的相位关系，提出了一种动态调节锁相环目标值以寻找幅度控制电压最小值的相位误差在线辨识与补偿方法，实施方案如图 1-16 所示。该方法消除了 FTR 陀螺检测模态的同相和正交耦合，避免了正交误差的泄漏，FTR 陀螺 ZRO 由 0.812°/s 降低至 0.095°/s，在−20~70℃，ZRO 的热漂移系数由 0.04°/(s·℃)降低至 0.0034°/(s·℃)。

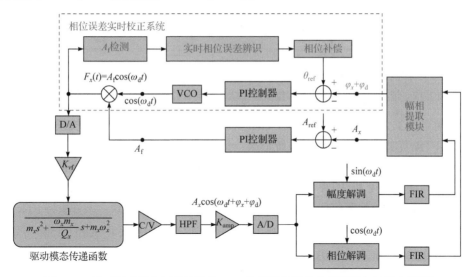

图 1-16　基于驱动模态幅相特性的 FTR 陀螺相位误差在线辨识与补偿方案[60]

东南大学李宏生教授团队[61]将非谐振驱动力施加于谐振子以获得相位误差信息，根据谐振子的相频特性，非谐振驱动力通过谐振子后的相移几乎为 0°或 180°，利用非谐振参考信号解调该驱动力产生的位移响应可获得测控系统的相位信息，进而完成 FTR 陀螺相位误差的在线辨识与补偿。该方法所施加的非谐振驱动力不影响 FTR 陀螺的正常工作状态，带有非谐振力施加下相位误差在线辨识与补偿回路的 FTR 陀螺测控方案如图 1-17 所示。该方法将 FTR 陀螺的 ZRO 由 −0.71°/s 降低至 −0.21°/s，−20~40℃，ZRO 的温度敏感系数为 0.003°/(s·℃)。

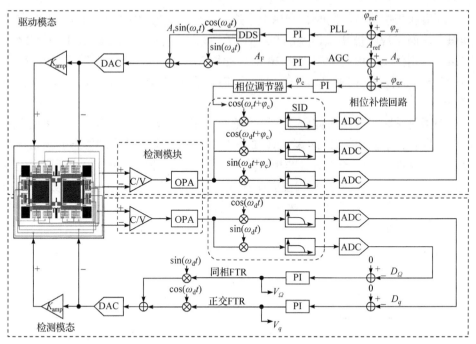

图 1-17 带有非谐振力施加下相位误差在线辨识与补偿回路的 FTR 陀螺测控方案[61]

南京理工大学苏岩教授团队[62]设计了图 1-18 所示的带有幅度校正和相位补偿的 FTR 陀螺模态匹配控制系统框架，通过向谐振子施加两个对称的非谐振驱动力，比较上下边带幅度响应差异获得陀螺频差以实现在线自动模态匹配。为进一步提高调谐精度和 FTR 输出精度，该方法在上下边带幅度响应的解调过程中获取了幅度和相位失配信息，并加入了幅度校正和相位补偿模块。该方法将 FTR 陀螺频率裂解由 1.384Hz 降低至 0.06Hz，BI 和 ARW 分别由 0.9164°/h 和 0.1524°/$\sqrt{h}$ 降低至 0.5662°/h 和 0.03935°/$\sqrt{h}$ 。

综上所述，相位误差能够利用多种方法完成在线辨识与补偿，相位误差的补偿能有效降低 FTR 陀螺的 ZRO 及其温度敏感性。相位误差的产生原因是正交误差泄漏，谐振子非等弹性误差则是由于正交误差的存在，因此模态匹配方法和相位误差辨识补偿方法的联合运用将更有利于提升 FTR 陀螺的性能。此外，这些误差都具有一定程度的温度依赖性，各误差的全温建模补偿和在线抑制是必要的。

检测电极误差对 FTR 陀螺影响较小，驱动电极增益误差影响 FTR 陀螺的标度因数，驱动电极倾角误差会引起驱动和检测模态间控制电压的耦合。FTR 陀螺的标度因数可通过多种方法标定和校准，而驱动电极倾角误差对 FTR 陀螺的影响需要从误差源层面解决。

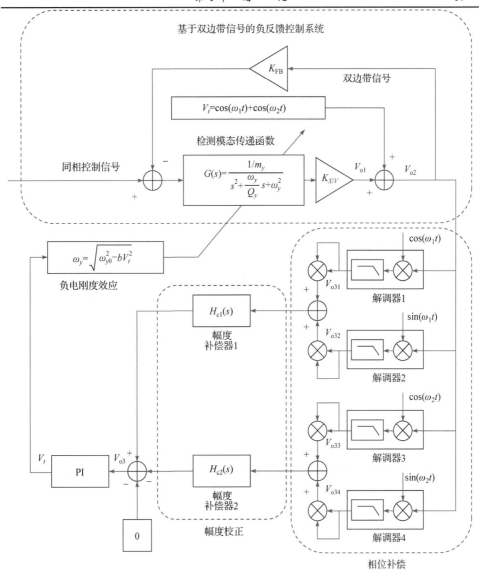

图 1-18　带有幅度校正和相位补偿的 FTR 陀螺在线自动模态匹配方案[62]

　　国防科技大学肖定邦教授团队[63]构建了驱动电极倾角误差对 FTR 陀螺标定因数和零偏误差的影响模型,提出了一种利用幅度控制电压和力反馈控制电压的角速度敏感系数辨识驱动电极倾角误差的方法,并最终按照图 1-19 所示的驱动电极倾角误差补偿方式消除驱动和检测模态间控制电压的耦合,提升陀螺的标度因数稳定性,降低其零偏误差。该方法将 FTR 陀螺±50°/s 量程下的标度因数非线性由 138.26ppm 降低至 13.46ppm。

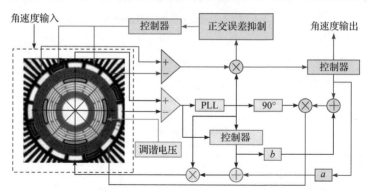

图 1-19 带有驱动电极误差补偿模块的 FTR 陀螺测控方案[63]

东南大学李宏生教授团队[64-65]针对 FTR mHRG 中谐振子和面外电极基板间的装配偏心误差(图 1-20(a)),利用输入角速度与各控制电压的关系辨识激励耦合系数,即驱动电极的倾角误差。实验结果表明,驱动电极倾角差导致驱动和检测模态耦合,降低各控制电压的稳定性,并增大了 FTR mHRG 的零偏误差。他们利用图 1-20 所示带有驱动电极误差补偿模块的 FTR 陀螺测控方案,将 FTR mHRG 的零偏误差由 74.667°/h 降低至 9.670°/h,当温度为 40℃时,FTR mHRG 的零偏稳定性由未补偿前的 177.151°/h 改善为补偿后的 9.256°/h。

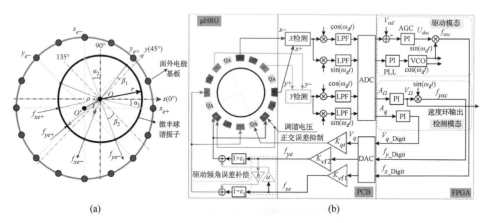

(a) (b)

图 1-20 谐振子与面外电极基板装配偏心示意图以及带有驱动电极误差补偿模块的

FTR 陀螺测控方案

(a) 谐振子与面外电极基板装配偏心示意图[64];(b) 带有驱动电极误差补偿模块的 FTR 陀螺测控方案[65]

综上所述,驱动电极倾角误差会造成驱动和检测模态控制电压的耦合,导致幅度控制电压具有角速度敏感性,这一特性被视为驱动电极倾角误差的辨识依据。针对 FTR 陀螺,各误差的耦合影响需要被进一步分析,系统性的误差解耦、辨识与补偿方法需要被提出,并逐步将针对谐振子误差、测控系统相位误差、驱动电极倾角误差的辨识与补偿方法由离线向免拆卸、全温和在线发展。

2. WA 模式

在 AM 方案中，WA 模式相较于 FTR 模式更能够发挥半球谐振子等 II 类谐振子高 Q 值、低频差的性能优势，研制标度因数稳定、动态性能出色、输出精度高的速率积分型陀螺。然而，WA 陀螺对谐振子和测控系统的对称性有极高要求。WA 陀螺要求谐振子周向刚度和阻尼的高度对称性，也要求测控系统中驱动和检测电极增益、倾角、相位的一致性。各种不对称不匹配误差的辨识与补偿是提升 WA 陀螺性能的有效途径。

WA 模式下驻波自由进动，相较于 FTR 模式需要更复杂的测控方案来维持驱动模态振动和抑制检测模态的正交误差，其中，幅度控制回路需要实时将能量施加在驻波的驱动模态上，这依赖于驻波方位角的精确测量。基于参数驱动的幅度控制使用两倍角频率的交流电压改变谐振子的刚度，将能量泵入谐振结构[66-68]。参数驱动以标量方式向谐振子提供能量，无需利用驻波方位角信息，可有效避免驻波方位角计算和控制力施加延迟带来的误差[69-75]。

清华大学张嵘教授团队实验验证了基于参数驱动的幅度控制在避免驻波方位角误差引起不良漂移、提高 WA 陀螺标度因数稳定性等方面的优势[69-71]。一般情况下，环型和星型电极能够完成参数驱动，文献[70]使用 X 和 Y 轴上的离散电极，在图 1-21(a)所示的四质量块速率积分陀螺(QMRIG)上实现参数泵浦。在 QMRIG 上，参数驱动和振动位移检测共用一套电极并在频域内分离，参数驱动在中频段，振动位移检测被载波调制到高频段。基于参数驱动的 WA 测控方

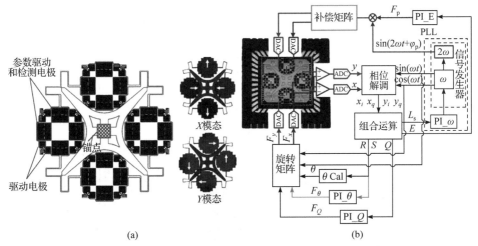

图 1-21 QMRIG 与基于参数驱动的 WA 测控方案

(a) QMRIG 工作状态[70]；(b) 基于参数驱动的 WA 测控方案[70]

案如图 1-21(b)所示，参数驱动电压利用 X 和 Y 轴平板电极改变 X 和 Y 模态的刚度，使谐振子上驻波的驱动模态振幅在衰减的稳定区和无限增大的不稳定区之间切换，直至达到预设目标值[71]。清华大学张嵘教授团队研制的 QMRIG(Q 值约 1.6×10^4，频差为 1.5Hz，非等阻尼误差幅值为 0.1rad/s)在基于参数驱动的 WA 测控方案下，考虑了检测电极的增益误差以及解调信号的相位误差。最终，该陀螺在 40~200°/s 的范围标度因数变化小于 0.015。

　　加州大学欧文分校 Shkel 教授团队[72]利用 Q 值为 1×10^5、频差小于 50mHz 的盘型(嵌套环型)谐振子[73]对 WA 模式下的传统幅度控制和基于参数驱动的幅度控制进行了实验对比。该盘型谐振子内部具有 12 个离散电极以及一颗星型参数驱动电极，星型电极使用单一驱动通道利用参数泵浦效应使添加在 X 和 Y 模态的能量与现有振幅成正比，以最小的扰动完成 WA 模式下的幅度控制。相比于传统幅度控制，基于参数驱动的幅度控制器的标量驱动特性能够避免驻波方位角误差、控制力施加延迟与 X 和 Y 模态驱动电极增益失配带来的不良影响，还能够减小驱动和检测电极间的电馈通。根据图 1-22 所示的基于参数驱动的 WA 测控方案，在不同的输入角速度下，基于参数驱动的幅度控制均能够产生更好的标度因数稳定性，且随着输入角速度的增大，传统幅度控制和参数驱动效果差异增大。实验结果表明，相比于传统幅度控制，基于参数驱动的幅度控制在未经任何误差补偿

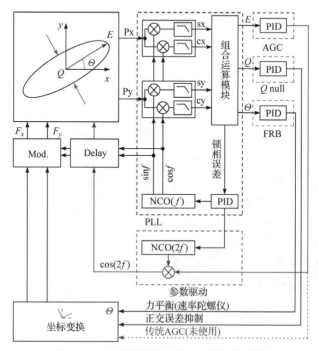

图 1-22　基于参数驱动的 WA 测控方案[72]

和温度控制的情况下，将 WA 模式下的陀螺标度因数稳定性提升至 20ppm，提升了 14 倍。实际上，早在 2009 年，诺格公司已报道了在 HRG130Y[75]上使用了基于参数驱动的幅度控制。

在基于 Lynch 平均法的 PI 控制架构下，WA 陀螺的驻波方位角、谐振频率、控制电压等输出量受谐振子阻尼和频率失配的影响。针对谐振子误差，研究者们提出了包括力补偿、虚拟旋转、机械修调、静电调谐等多种解决方法[76-83]。

亚德诺半导体公司针对 WA MEMS 陀螺，提出了一种基于虚拟旋转策略的 WA 陀螺速率死区消除方法。该方法利用电信号产生的虚拟旋转角速度，跳出由谐振子频率和阻尼失配产生的速率死区，保证 WA 陀螺低转动速率下的精确输出，并利用虚拟旋转角速度将阻尼失配产生的驻波方位角漂移误差平均化。带有虚拟旋转策略的 WA 测控方案如图 1-23 所示，在速率阈值约为 6°/s 的 MEMS 陀螺上，虚拟旋转策略能够保证陀螺测量到低于 0.1°/s 的外界激励角速度，这相较于陀螺速率阈值低超过两个数量级。此外，文献[76]首次推导了受谐振子非等阻尼和非等弹性误差影响的驻波方位角显性表达式，驻波方位角漂移误差能够被输入角速度平均化的效果得到理论证明。

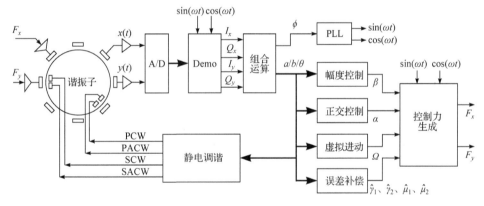

图 1-23　带有虚拟旋转策略的 WA 测控方案[76]

加州大学戴维斯分校 Horsley 教授团队[79-80]从能量分布的角度分析了谐振子非等阻尼误差对 WA 陀螺的影响，提出了一种修改能量反馈增益矩阵以抑制谐振子非等阻尼误差的方法。能量反馈增益矩阵需要谐振子非等阻尼幅值和主轴偏角信息，这些信息可以通过陀螺输出角速度中包含的角度依赖性误差得到。此外，利用扫频方法可以获得 X 和 Y 通道驱动电极间隙不一致和换能器增益不匹配而产生的驱动增益误差。按照图 1-24 所示的 WA 测控方案，调整幅度控制回路的增益以改变谐振子上的能量分布，从而抑制谐振子非等阻尼误差的不良影响，提高 WA 陀螺的角度和角速度输出精度，降低其速率死区。该方法被应用于 Q 值约

8×10^4 的盘型谐振子上，谐振子非等阻尼误差补偿后，WA 模式下陀螺最小速率阈值为 3.5°/s，驻波中包含的角度依赖性误差降低至原来的 1/30。为了进一步降低 WA 陀螺的速率阈值，虚拟旋转策略被应用[80]。

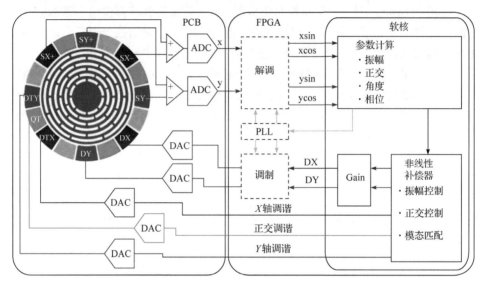

图 1-24　调整能量分布以抑制谐振子非等阻尼误差的 WA 测控方案[79]

斯坦福大学 Kenny 教授团队[81]对单晶硅盘型谐振子进行了机械修调和静电调谐。针对此盘型谐振子，调整辐条位置和角度、调整辐条和环的宽度等方法均可以有效改变谐振子的刚度，从而消除谐振子的各向异性，降低谐振子的频差。经机械修调后，此盘型谐振子的频率裂解由大于 10kHz 降低至 96Hz（$\Delta f\,/\,f<400\text{ppm}$）。在此基础上，使用调谐电极施加直流偏置电压可进一步调整各模态的谐振频率以实现模态匹配，盘型谐振子的频率裂解最终小于 0.5Hz。盘型谐振子频差测试装置如图 1-25 所示。

英国纽卡斯尔大学 Hu 等[82-83]设计了在 FTR 模式下进行谐振子频率失配"粗调"，随后在 WA 模式下对谐振子频率失配进行"精调"的静电调谐方法。根据图 1-26 所示的环型振动陀螺结构，该陀螺没有使用传统的 16 电极排布，而是在环外采用 8 电极完成谐振子的检测和驱动，这增大了检测和驱动电极的机电耦合系数，并使用环的整个内部空间最大化了静电调谐范围。如图 1-26 所示，环型谐振腔内部有 8 对调谐电极，在闭环"粗调"模式下，当陀螺输入角速度为零时，次级模态的响应源于谐振子非等阻尼和非等弹性误差产生的交叉耦合，因此利用负电刚度效应控制次级模态相对于主模态的相移，可实现谐振子频率裂解的"粗调"，但这种静电调谐方式会因为次级模态相位响应受谐振子阻尼失配的影

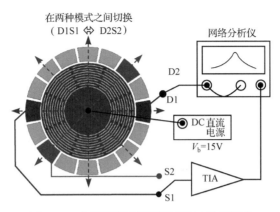

图 1-25 盘型谐振子频差测试装置示意图[81]

响而存在误差；在"精调"模式下，WA 陀螺的锁相环跟踪频率中包含精确的谐振子频率失配信息，控制驻波遍历谐振子周向便能够获得静电调谐所需参量。该方法被应用于环型振动陀螺中，此陀螺最初具有 1.4Hz 的频率裂解，在自动化的"粗调"后，频率裂解能够由 1.4Hz 降低至几十 mHz，随后经"精调"，频率裂解能够降低到 10mHz 以下。WA 陀螺频率裂解的减小能够提高拟正交控制和锁相环跟踪精度，降低角度和角速度输出误差。

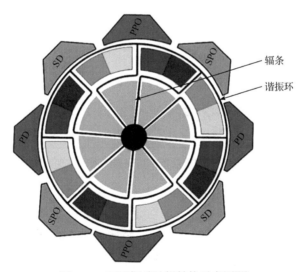

图 1-26 环型振动陀螺结构示意图[83]

综上所述，研究者们针对谐振子非等阻尼和非等弹性误差提出了多种离线标定与补偿方法，但离线方法是非常耗时的，需要大量的人工干预，且无法适应陀螺运行过程中谐振子阻尼和频率失配的变化。因此，利用自适应控制算法完成谐振子阻尼和频率失配的在线辨识与补偿更具先进性和工程适用性。目前，自适应控制、模糊控制、滑模控制、神经网络控制等算法已广泛研究并应用于 MEMS 陀螺[84-95]，其中，文献[84]～[90]基于李雅普诺夫方法直接对 MEMS 陀螺动力学模型进行分析和控制，所提出的控制架构相较于基于 Lynch 平均法的 PI 控制架构不够直观，并未真正在 MEMS 陀螺上应用。

　　加州大学伯克利分校 Horowitz 教授团队[91]设计了一款自适应控制器以完成谐振子阻尼和频率失配的在线补偿。在 WA 模式下，基于 Lynch 平均法的 PI 控制架构能够维持驱动模态的振动幅值，并抑制检测模态振动幅值在一个较低量级振荡。为了进一步消除阻尼和频率失配的影响，该团队设计了两个独立的自适应控制器用以充当正交控制回路和驻波方位角输出模块的前馈补偿器，其中，带有前馈补偿器的正交控制回路基本原理如图 1-27 所示。这两个自适应控制器利用谐振子阻尼和频率失配产生的具有角度依赖性的驱动模态振动幅值误差、检测模态振动幅值和驻波方位角输出误差，使用最小二乘法完成失配参数估计，最终生成前馈补偿输入实现谐振子阻尼和频率失配的在线抑制。此外，在一定的持续激励条件下，上述自适应控制器才能够得到收敛。然而，该团队设计的自适应控制器未进行实物实验验证，仅仅在 WA MEMS 陀螺的仿真模型上得到了验证，仿真过程中持续保持 1rad/s 的恒定角速度激励，仿真显现出明显的正交误差和驻波方位角误差的抑制效果。

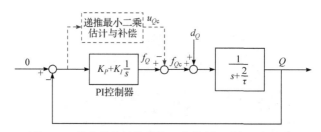

图 1-27　带有前馈补偿器的正交控制回路原理框图[17]

　　美国密歇根大学 Najafi 教授团队[92]提出了一种受振动陀螺动力学模型启发的谐振子阻尼和频率失配误差补偿方法。在原有的幅度控制和拟正交控制回路基础上，该方法借鉴文献[93]分析的控制理论，新增了两条附加控制回路用于施加补偿以对抗谐振子非等阻尼和非等弹性误差产生的视在力。仿真结果充分显现了阻尼失配控制对陀螺角速度漂移误差的抑制效果，但实物实验中上述误差的抑制效果并不明显，这主要是因为陀螺的误差模型并不完备。因此，寻找陀螺误差源并分析各误差对陀螺输出影响的工作还需要继续开展。

　　韩国科学技术院 Bang 教授团队[94-95]设计了一种由非线性降阶观测器和线性反馈补偿器组成的谐振子非等阻尼和非等弹性误差补偿系统，仿真结果表明了该误差补偿系统的有效性，WA 模式下 HRG 的角度漂移误差被充分抑制。然而，文献[91]～[95]提出的方法大多只进行了仿真验证，工程适用性有待进一步论证，某些经实验验证的方法也因陀螺误差模型的不完备而效果不理想。

东南大学李宏生教授团队和南京理工大学苏岩教授团队近年来深入开展振动陀螺自动模态匹配的研究工作[96-99]。文献[96]介绍了一种基于虚拟科氏力的 WA MEMS 盘型振动陀螺自动模态匹配方法。由于 FTR 模式下检测模态的驱动电极已用于 FTR 控制，该模式下的陀螺模态匹配需要使用外部转台提供角速度激励。然而在 WA 模式下，检测模态上可以同时施加虚拟科氏力和拟正交控制力，受谐振子非等弹性误差的影响，两个控制力相互耦合。因此，在持续的虚拟科氏力施加下，以降低正交误差、减小拟正交控制力为目标，调整调谐电压可消除谐振子非等阻尼误差的不良影响。该闭环控制架构如图 1-28(b)所示，利用图 1-28(a)所示的 16 电极配置，WA 盘型振动陀螺能够实现自动模态匹配，频率裂解由 6.27Hz 降低至 0.1Hz 以下，陀螺的噪声水平显著降低。文献[97]实现了 WA mHRG 的在线自动模态匹配。当驻波在虚拟科氏力的作用下自由进动时，拟正交控制回路输出中包含谐振子的频率失配信息，利用该信息能够完成谐振子非等弹性误差辨识，进而基于负电刚度效应实现陀螺的自动模态匹配。该方法中，基于最小二乘法的谐振子非等弹性误差在线辨识方法如图 1-28(c)所示，实现 WA mHRG 在线自动模态匹配的测控方案如图 1-28(d)所示。该方法将频率裂解由 570.7mHz 降低至 28.7mHz，与此同时，驻波方位角输出中包含的角度依赖性误差峰峰值由 25.8°降低至 7.8°。

文献[98]～[99]针对 MEMS 盘型振动陀螺提出了多种在线自动模态匹配方法。文献[98]提出了一种基于驻波虚拟旋转获得陀螺频差以实现在线自动模态匹配的方法，WA 陀螺的整体测控方案如图 1-29(a)所示。该方法在全温范围内将驻波方位角输出中包含的角度依赖性误差峰值保持在 1°附近，离线模态匹配方法的一次性标定只能保证20℃时误差为 1°，而温度变为–30℃时误差增大至 6.1°。

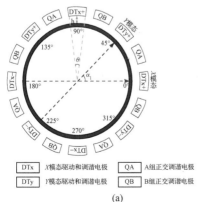

(a)

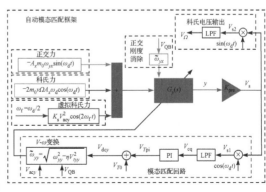

(b)

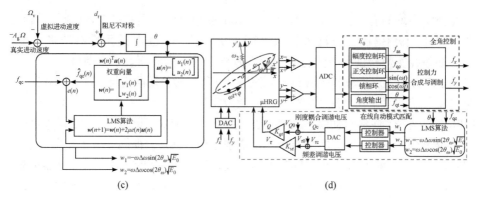

(c)　　　　　　　　　　　　　　　(d)

图 1-28　WA 陀螺自动模态匹配电极配置与方案

(a) 东南大学盘型振动陀螺的电极配置[96]；(b) 基于虚拟科氏力的自动模态匹配方案[96]；(c) 基于最小二乘法的谐振子非等弹性误差在线辨识方法[97]；(d) 带有在线自动模态匹配回路的 WA 测控方案[97]

文献[99]设计了一种利用虚拟科氏力和相移虚拟科氏力获得陀螺频差信息、实现在线自动模态匹配的方法。依据图 1-29(b)所示的驱动和解调方案，当施加的相移虚拟科氏力相移量为 45°或 225°时，同相和正交解调获得的检测模态位移放大电压之和包含频差信息，利用 PI 控制器控制检测模态同相和正交位移放大电压之和为零便能够实现在线自动模态匹配。

中国海洋大学李崇教授团队[100]使用在线学习控制器(OLC)优化了陀螺的频相跟踪回路，实现了 mHz 级的频率跟踪，并提出了一种与模态反转技术配合的自动分频调谐(AFST)方法。基于 OLC-PLL 和 AFST 方法的 WA 测控方案如图 1-30 所示，基于 OLC-PLL 和 AFST 方法的在线自动模态匹配将陀螺频差控制在 mHz 量级。

英国纽卡斯尔大学 Gallacher 教授团队[101]在得出与振动速度关联的阻尼是谐振子能量耗散的主要原因、位移反馈能够有效改变谐振子刚度值的基础上，重新设计了陀螺测控方案，舍弃了基于 Lynch 平均法的传统测控方案，使用"速度反

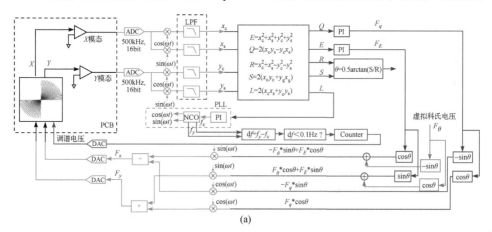

(a)

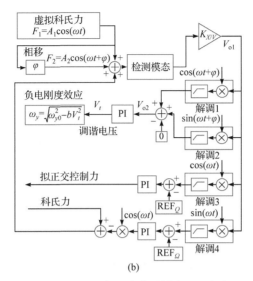

图 1-29 WA 陀螺在线自动模态匹配方案

(a) 基于虚拟旋转获得频差信息实现在线自动模态匹配的 WA 测控方案[98]；(b) 基于虚拟科氏力和相移虚拟科氏力的 WA 陀螺在线自动模态匹配方案[99]

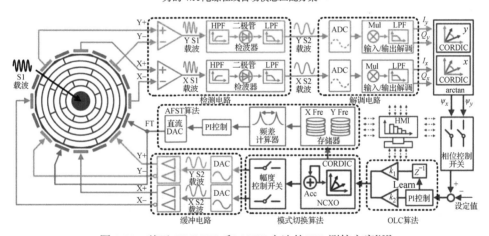

图 1-30 基于 OLC-PLL 和 AFST 方法的 WA 测控方案[100]

馈+位置反馈"的方式实现陀螺的闭环控制和谐振子缺陷补偿，提出可并肩 Lynch 平均法的扰动分析法[102]，为此新型测控方案提供了强大的理论支撑。在此基础上，该团队 Hu 等[103]提出了一种基于扩展卡尔曼滤波(EKF)的谐振子误差在线辨识与补偿方法，依据该方法的 WA 测控方案如图 1-31 所示。该方法能够在陀螺正常工作下完成其自身状态估计，且不受激励角速度是否恒定的限制，在完成谐振子误差辨识后，依然采用"速度反馈+位置反馈"的方式对陀螺进行实时控制与补偿。

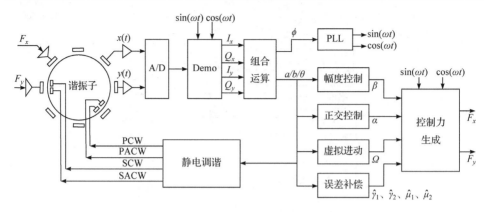

图 1-31　利用 EKF 完成谐振子误差在线辨识与补偿的 WA 测控方案[103]

综上所述，在 WA 陀螺中，由谐振子本体缺陷引起的非等阻尼、非等弹性误差已经被广泛研究，在 WA 模式下依据陀螺基本原理、自适应控制、智能控制、状态估计等技术手段，提出了多种谐振子误差离线和在线辨识与补偿方法。然而，在对周向对称性和电路测控精度要求极高的 WA 陀螺中，测控系统误差需要被率先标定与补偿。否则，受测控系统误差的影响，谐振子误差特性将不会在高 Q 值、低频差 WA 陀螺中凸显。WA 陀螺的性能受制于除谐振子非等阻尼和非等弹性误差之外的其他误差源而难以提升，对谐振子误差采取的力补偿、虚拟旋转、静电调谐等方法也会因电路测控精度不足而降低或丧失作用效果。因此，明确 WA 陀螺的主要误差源，完善各误差的演化模型，设计系统性的误差解耦、辨识与补偿方法体系，才能充分发挥上述谐振子误差在线辨识与补偿方法的实用性。

在 WA 陀螺中，测控系统误差主要有检测和驱动电极的增益失配和倾角失准，电容检测和静电驱动的非线性误差，检测、驱动和解调滤波等模块的相位延迟，检测和驱动模块间的电馈通等。近几年来，高性能科氏振动陀螺领域的研究者们逐渐由控制谐振子误差的影响转为辨识与补偿测控系统误差的影响[104-114]。

国防科技大学肖定邦教授团队[104-107]详细分析了检测和驱动电极装配误差(包括增益失配和倾角失准)、测控系统相位误差以及电容检测非线性对 WA 模式微壳谐振陀螺的影响，提出了一系列的辨识与补偿方法以降低陀螺的标度因数非线性和 BI，提高陀螺的测控和输出精度。文献[104]理论分析了检测电极增益失配和倾角失准会引起驻波方位角估计误差，进而造成驱动和检测模态控制回路间的耦合，在驻波方位角和陀螺输出角速度中产生额外的角度依赖性漂移误差。该文献利用仿真和实验的一致性结果明确了检测电极增益和倾角误差与 4 次正、余弦谐波形式驻波方位角误差的强关联性，在此基础上利用图 1-32(a)中的检测误差补偿矩阵，在 500°/s 高速转台激励下，以消除驻波方位角中包含的 4 次正、余弦谐波误差为目标，迭代调节检测增益和倾角补偿量，完成检测误差的辨识与补偿。该方法能够大幅降低 WA 陀螺的标度因数非线性，被测试的 WA 微壳谐振陀螺标度因数非线性降低至原来的 1/36，由 86.57ppm 降低至 2.4ppm。文献[105]和[106]分别对驱动电极误差和测控系统相位误差进行了建模与分析，阐明了这两类误差会引起驱动和检测模态间、各模态内控制回路的耦合。文献[105]利用仿真和实验的一致性结果明确了驱动电极增益和倾角误差与不同方位下陀螺角速度漂移误差的强关联性，文献[106]利用理论证明了在陀螺输出角速度中测控系统相位误差与谐振子非等弹性误差的强关联性，在此基础上利用图 1-32(b)和(c)中设置的开关，分别以断开幅度控制力和拟正交控制力前后陀螺角速度漂移误差保持一致为目标，调节驱动和相位误差补偿量，完成这两类误差的辨识与补偿。这两种方法能够在检测误差高精度补偿的基础上进一步提高 WA 陀螺控制和输出精度。文献[107]利用一倍频和三倍频的参考信号解调振动位移放大电压，进而将低通滤波得到的慢变量进行组合运算获得电容检测非线性信息，实时保持线性化的电容检测效果。该方法将三倍频解调滤波模块嵌入在基本的 WA 测控方案中，整体方案如图 1-32(d)所示，实验结果证明了该方法的有效性，WA 微壳谐振陀螺最终具有

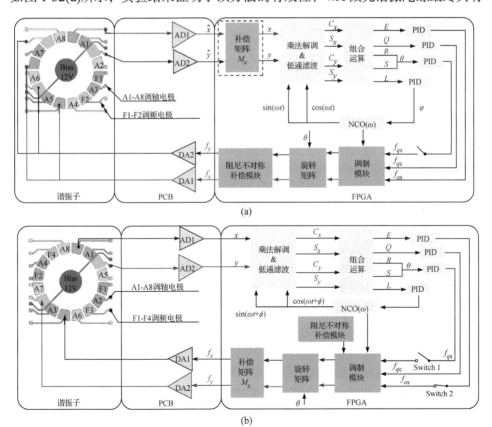

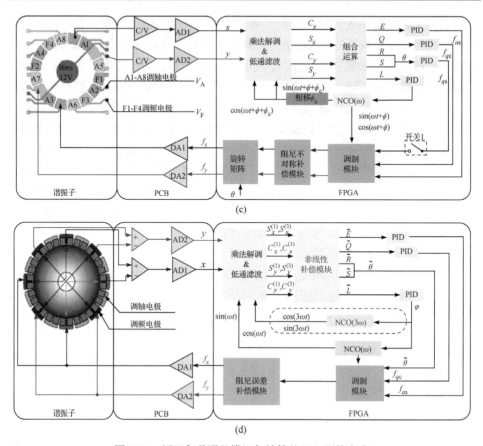

图 1-32　用于各种误差辨识与补偿的 WA 测控方案

(a) 带有检测电极误差辨识与补偿模块的 WA 测控方案[104]；(b) 带有驱动电极误差辨识与补偿模块的 WA 测控方案[105]；(c) 带有测控系统相位误差辨识与补偿模块的 WA 测控方案[106]；(d) 带有三倍频解调滤波模块的 WA 测控方案[107]

0.79ppm 的标度因数非线性，提升 14 倍。文献[104]～[106]提出的检测、驱动和相位误差辨识与补偿方法是离线的、定性的，具有繁琐的操作步骤，需要频繁的人工干预，尚未有清晰的误差标定公式和定量的误差标定方法。

　　哈尔滨工业大学王常虹和伊国兴教授团队[108-110]对测控系统中的部分误差进行了分析与建模，将误差定量表征在陀螺输出端，并提出了相应的辨识与补偿方法。文献[108]和[109]将检测电极误差建模在陀螺的输出角速度中，利用公式明确了检测电极的增益和倾角误差将分别产生 4 次余、正弦谐波形式的陀螺输出角速度误差，检测电极的相位误差与谐振子非等阻尼误差耦合。在精确建模的基础上，文献[108]和[109]分别提出了基于非线性优化和基于非线性最小二乘法的检测误差辨识方法，在转台施加的恒定角速度激励下完成了检测增益、倾角和相位误差的辨识，其中，检测增益和倾角误差在图 1-33(a)所示的解调滤波模块中进行补偿。文献[110]认为检测、驱动、相位和谐振子误差的影响是相互作用的、耦合的，很难全面分析出 WA HRG 输出误差机理并建立误差模型。因此，该文献利用一种改进的变分模式分解(VMD)方法来获得精确的 WA HRG 输出，将精确的 WA HRG 输出当作训练集，进而利用长短期记忆(LSTM)神经网络构建 WA HRG 动态输出误差的补偿模型，以全面抑制各种误差的耦合影响。WA HRG 动态输出误差补偿模型构建的整体流程如图 1-33(b)所示。

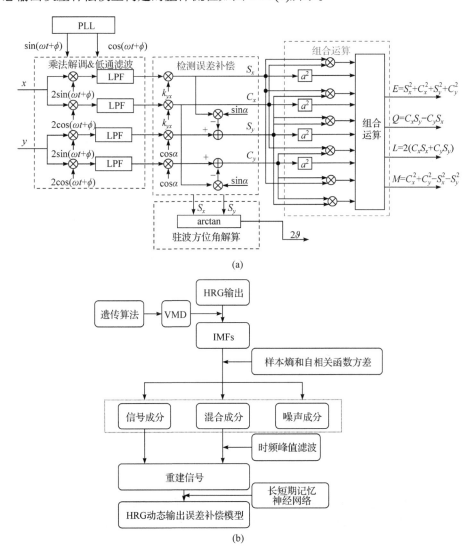

(a)

(b)

图 1-33 解调滤波模块与动态输出误差补偿模型构建流程

(a) 带有检测增益和倾角误差补偿的解调滤波模块[108]；(b) WA HRG 动态输出误差补偿模型构建流程[110]

电容式科氏振动陀螺固有的检测、驱动和动力学非线性问题在小尺寸、低 Q 值 MEMS 振动陀螺中最为凸显。研究者们为抑制上述非线性误差对 MEMS 振动陀螺的影响，提出了多种误差辨识与补偿方法[111-112]。英国纽卡斯尔大学 Hu 和 Gallacher[111]按照电容检测和静电驱动的基本原理构建了位移到其放大电压、控制电压到控制力的非线性模型，并进一步构建了 MEMS 振动陀螺的非线性动力学模型，在 WA 模式下对陀螺动力学模型进行了分析，提出了一种位移放大电压的非线性校正方法。该方法在他们先前工作[101]通过抑制谐振子误差降低 WA MEMS 陀螺中驻波二次谐波漂移的基础上，有效降低了驻波的四次谐波漂移。加州大学欧文分校 Vatanparvar 和 Shkel[112]研究了非线性机制下 WA MEMS 陀螺的工作状态，明确了由动力学非线性引起的刚度各向异性。受动力学非线性的影响，谐振子周向的刚度既具有角度依赖性，又具有幅度依赖性。该文献为优化非线性机制下 WA MEMS 陀螺的工作状态，改进了其测控方案，如图 1-34 所示。该测控方案对检测和动力学非线性进行了辨识与补偿，其中，在辨识出达芬(Duffing)非线性系数的基础上，动力学非线性的影响利用非线性前馈补偿抑制。此外，针对小尺寸 MEMS 陀螺，该文献详细分析了动力学非线性的影响，而没有考虑静电驱动非线性的影响。然而，针对大尺寸科氏振动陀螺，动力学非线性可忽略不计，静电驱动非线性需要被分析、建模、辨识与补偿，特别是在刻意施加较大量级虚拟科氏电压的情况下。

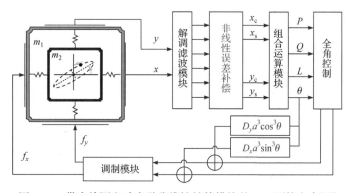

图 1-34　带有检测和动力学非线性补偿模块的 WA 测控方案[112]

在传统的双通道 WA 测控方案下，检测和驱动电极间存在的电馈通会引起耦合误差，影响陀螺的测控和输出精度。哈尔滨工程大学张勇刚教授团队[113]设计并实现了单通道分时复用的 WA 测控方案。该测控方案既不同时完成 X 和 Y 模态的驱动，也不同时进行 X 和 Y 模态的检测，整体方案如图 1-35 所示，该方案只使用一套模数(A/D)转换器、数模(D/A)转换器、跨阻放大器、带通滤波器等硬件设备，能够有效降低 X 和 Y 通道的增益和相位不平衡误差，抑制其不良影响。实验结果显示，单通道分时复用测控方案下，WA HRG 的驻波方位角误差是双通道测控方案的 1/5。此外，该单通道 WA 测控方案按照 "X 驱动、X 检测、Y 驱动、Y 检测" 的顺序执行，检测和驱动不同时进行也能够从原理上消除电馈通的影响。

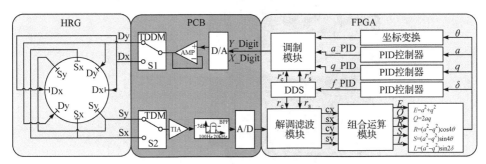

图 1-35　单通道分时复用的 WA 测控方案[113]

西北工业大学王小旭教授团队[114]综合分析了检测和驱动电极增益、倾角、非线性误差、测控系统相位误差和谐振子误差对 WA HRG 的影响，构建了各误差在 WA HRG 输出端的演化模型，定量表征了检测增益、倾角、非线性误差与 4 次正余弦谐波、8 次正弦谐波形式驻波方位角估计误差的强相关性；驱动增益、倾角、非线性误差与虚拟科氏电压激励下 4 次正余弦谐波、8 次正弦谐波形式驻波方位角漂移误差的强相关性；测控系统相位误差与虚拟科氏电压激励下拟正交控制电压均值的强相关性，在各误差精确建模的基础上提出了一套系统性的误差自激解耦、标定与补偿(SE-DCC)流程，如图 1-36(b)所示。该流程首先在高速转台激励下，利用驻波方位角估计误差特性完成检测误差的标定；其次在尽可能大的虚拟科氏电压激励下，利用驻波方位角漂移误差和拟正交控制电压均值特性完成驱动和相位误差的标定；最后，高 Q 值、低频差 HRG 的谐振子误差特性能够在陀螺输出端显现，非等阻尼误差的力补偿参数被精确辨识，补偿力被精准施加。该流程巧妙利用了 HRG 的高 Q 值、低频差特性，充分发掘了科氏振动陀螺特有的误差自激励、自标定和自补偿潜力。该流程适用于所有具有高 Q 值、低频差特性的科氏振动陀螺。用于 WA HRG 误差 SE-DCC 流程验证的室温测试系统如图 1-36(a)所示。实验结果显示，SE-DCC 流程能够逐步完成检测、驱动、相位和谐振子误差的标定与补偿，该流程将角度依赖性零偏误差的峰峰值由 31.44°/h 降低至 0.25°/h；±500°/s 量程下的陀螺标度因数非线性由 74.6ppm 降低至 0.879ppm(<1ppm)，降低至原来的 1/85；陀螺 BI 由 0.0991°/h 降低至 0.0092°/h (<0.01°/h)，降低了 1 个数量级。综合上述测试数据可以判断，SE-DCC 流程将被测试 WA HRG 的室温精度提升至惯性级，这是现有报道中 WA 科氏振动陀螺的最佳性能表现。

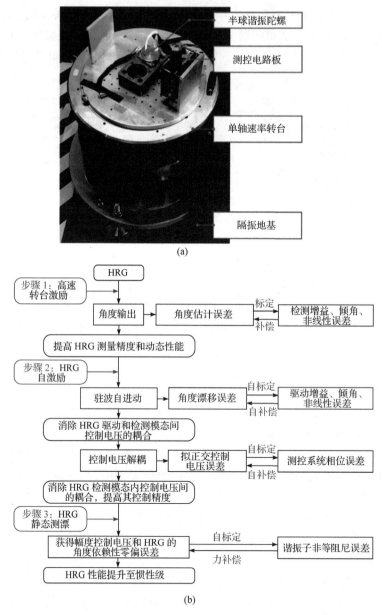

图 1-36　WA HRG 的室温测试系统与误差自激解耦、标定与补偿流程
(a) WA HRG 的室温测试系统[114]；(b) WA HRG 误差自激解耦、标定与补偿流程[114]

　　综上所述，研究者们正不断填补着 WA 陀螺测控系统误差分析、建模、辨识与补偿方法的缺失。目前，WA 陀螺中存在的确定性误差已基本被分析和建模，各误差的辨识与补偿方法正不断由离线向免拆卸再向在线转变，由误差定性辨识向定量标定转变。然而，针对 WA 陀螺中部分误差的在线辨识、控制与补偿方法

通常并未全面考虑 WA 陀螺中各误差的耦合影响，这些方法可能会存在应用局限性。更重要的是，针对具有高 Q 值、低频差特性的 WA HRG，谐振子误差特性并不会在陀螺输出端率先凸显且容易被噪声淹没。测控系统误差的精确辨识与补偿是 WA HRG 实现高精度测控和输出的前提。因此，为研制高精度(惯性级)、大动态(适用于海陆空天)、全温性能出色、输出信噪比高的速率积分型 HRG，WA 测控方案的优化、误差在线辨识、控制与补偿方法的改进是未来研究重点。

3. DFM 模式

在 FM 方案中，DFM 模式相较于 LFM 模式更适配于具有高 Q 值和低频差特性的半球谐振子等 II 类谐振子。DFM 模式本质上是 CW QFM 模式和 CCW QFM 模式在单个谐振子上的同时激发，相较于传统 QFM 模式具有温度稳定性的优势。因此，DFM 模式与 II 类谐振子的结合是研制大动态高精度速率积分型陀螺的一条有效途径。相较于 WA 陀螺，DFM 陀螺还具有角速度输出信噪比高、温度稳定性强等优势。但 DFM 陀螺与 WA 陀螺一样，对谐振子和测控系统的对称性有极高要求。

日本东北大学 Tsukamoto 和 Tanaka 利用一个高度模态匹配的环型谐振子、两个瑞士苏黎世仪器的 UHF-LI 数字锁相放大器和一个速率转台搭建了首个 DFM 陀螺的测试验证系统[32-33, 115]，如图 1-37(a)所示。实验结果显示，在未进行任何补偿的情况下，DFM 陀螺中 CW 和 CCW 模态的频率差没有明显的温度依赖性，这保证了 DFM 陀螺标度因数的温度稳定性[32]。在此基础上，他们提出了通过调整驱动电压的相位和幅度来补偿谐振子 Q 值和频率失配的方法[33, 115]。理论上，当谐振子存在 Q 值和频率失配时，CW 和 CCW 模态将产生非本征振荡且相互干扰，其中，Q 值失配会影响各模态的幅值，频率失配会影响各模态的相位。因此，为了激发各模态的本征模，各模态驱动电压的幅值和相位需要被调整。文献[33]通过对谐振子进行 CW 或 CCW 单模态激发，观测未被激发模态的幅值，并通过调整被激发模态所需控制电压的幅值和相位，尽可能抑制未被激发模态的幅值，进而最终得到 CW 和 CCW 模态控制电压的幅值和相位补偿量共 4 个参量。文献[115]通过实验验证了测量并最小化由 CCW/CW 模态驱动电压激励出的 CW/CCW 模态分量前后 DFM 陀螺频率和角速度的输出状态。实验结果显示，未补偿谐振子的 Q 值和频差失配时，DFM 陀螺的频率和角速度输出存在明显的周期性波动，谐振子误差补偿后，上述周期性波动基本被噪声淹没。为了跳出 DFM 陀螺的速率死区，他们进一步提出了通过改变 CW 和 CCW 模态锁相环目标值使 DFM 陀螺产生虚拟旋转角速度的方法[116-117]。根据图 1-37(b)所示的 DFM 测控方案，当设置 CW 和 CCW 模态的锁相环目标值分别为–110°和–70°时(原来都是–90°)，DFM 陀螺能够产生 0.163Hz 的 CW 和 CCW 模态频率差，相当于产生约 53°/s 的虚拟旋转角速度。文献[117]利用谐振频率充当温度信息对虚拟旋转角速度进行了温度建模补偿。

日本东北大学研究团队利用 Q 值约 3×10^4、$\Delta Q/Q \approx 0.17$、频率约 14kHz、$\Delta f/f < 10$ppm 的环型谐振子和测控电路板搭建了 DFM 环型振动陀螺的原理样机。文献[118]的实验结果显示，DFM 陀螺的速率死区小于 1°/s，Q 值失配补偿将非等阻尼误差由 0.186 rad/s 降低至 0.00144 rad/s。受制于谐振子性能和除谐振子误差之外其他误差源的影响，此 DFM 陀螺精度较低，大致处于速率级。文献[119]从理论层面分析了 Q 值失配引起的 CW 和 CWW 模态幅值耦合。文献[120]对 CW 和 CCW 模态的幅度控制回路目标值进行方波调制，以此来实现对 Q 值失配引起的 CW 和 CCW 模态幅值耦合的调制，进而使用方波调制信号对两模态幅值比进行同步解调便能够实时获得 Q 值失配信息，如图 1-37(c)所示。由于 CW 和 CCW 模态振幅被方波调制并不会影响除 DFM 陀螺信噪比之外的任何输出状态，文献[120]利用方波调制的幅度控制电压实现了谐振子 Q 值失配的在线辨识与补偿。

综上所述，DFM 模式与低性能环型谐振子的结合证明了该测控方案的可行性。环型谐振子 Q 值和频率失配在 DFM 模式下的辨识与补偿是提升 DFM 陀螺性能的初步探索。目前，DFM 模式还未有效应用于高性能半球谐振子，并充分发挥半球谐振子的潜力。理论上讲，相较于 WA HRG，DFM HRG 利用频率差分输出角速度、利用相位差输出角度的方式应当具有更出色的角度和角速度输出信噪比。高输出信噪比的 DFM HRG 也将更有助于误差解耦、辨识、控制与补偿工作的开展。然而，同 WA HRG，谐振子误差特性并不会在 DFM HRG 输出端率先凸显，测控系统误差的分析、建模、辨识、控制与补偿需要在 DFM 模式下被完善。因此，DFM 模式与半球谐振子的结合或许是研制高精度、大动态、全温性能出色、输出信噪比高速率积分型 HRG 的最优解，但 DFM HRG 的误差分析、建模、辨识、控制与补偿方法研究工作还需要进一步开展，并逐步从离线

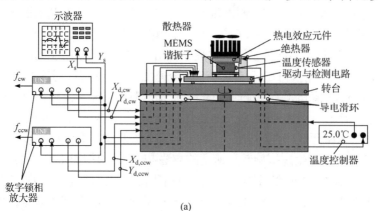

(a)

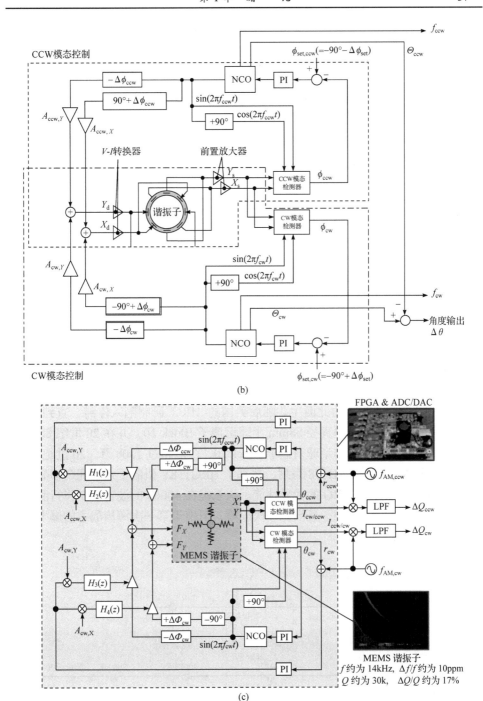

图 1-37 DFM 陀螺测试系统及其测控方案

(a) 日本东北大学搭建的首个 DFM 陀螺测试验证系统[115]; (b) 带有虚拟旋转和谐振子 Q 值和频率失配补偿的
DFM 测控方案[117]; (c) 利用方波调制的幅度控制电压在线辨识与补偿 Q 值失配的 DFM 测控方案[120]

向免拆卸、全温和在线发展。此外，DFM HRG 的自激励、自标定与自补偿("三自")潜力还需要进一步挖掘。

1.3　半球谐振陀螺研究现状

HRG 是继传统的机械转子陀螺和两光(激光、光纤)陀螺之后发展起来的一种新型高精度陀螺，具有高精度、长寿命、高可靠的特点，是现阶段主流的高精度惯性器件之一。由于 HRG 具备周向进动工作特性、精密结构、复杂工艺等技术特征，其制作工艺过程及工作模式等与传统的陀螺差异较大，研制难度很大。目前，根据相关文献调研仅有美国、法国和中国研制出 HRG 产品并在工程型号中成功应用，俄罗斯虽然在 HRG 研制上起步较早，但由于各种原因，目前尚未开展大规模的 HRG 应用[2-9, 121-131]。

1.3.1　美国

美国是世界上最早研制 HRG 的国家，其发展历程见图 1-38。在振动的壳体旋转时，由于科氏力的存在，驻波相对于壳体和惯性空间发生进动，这是 HRG 的理论基础，由英国物理学家 Byran 在 1890 年发现，称为 Byran 效应。1965 年，德科公司(现已被诺格公司收购)工程师论证了将 Byran 效应应用于角速度测量的可行性，第一个 HRG 由此诞生。随后美国的 HRG 研制陷入停滞，直到 1975 年，德科公司工程师研制直径 58mm 半球谐振子 Block 10，并在 20 世纪 80 年代初采用熔融石英材料制作半球谐振子 Block 20，Q 值超过 1000 万。20 世纪 80 年代，德科公司研制了 HRG158 系列，并基于 HRG158Y 研制了六轴冗余惯导系统 Carousel-404，展示了 HRG 的优异性能。该系统在 4000h 的波音 747 飞行测试中导航精度达到 0.8 n mile/h，且没有一次故障。但由于第一次海湾战争的爆发，该系统没能投产。

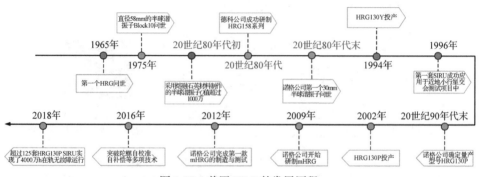

图 1-38　美国 HRG 的发展历程

20 世纪 80 年代末，在海军资助下，美国诺格公司第一个 30mm 半球谐振子问世。这一阶段，美国 HRG 的许多关键技术得到发展，如谐振子加工工艺的提高、谐振子 Q 值的进一步提高、谐振子机械修调技术的出现、陀螺测控电路性能的提升等。1994 年，HRG130Y 投产。1996 年，基于 HRG130Y 的第一套空间惯性参考单元(space inertial reference unit，SIRU)发射升空。美国 HRG 技术在此时期的迅速发展激发了俄罗斯(苏联)、法国和中国等国家对 HRG 的研制兴趣。

20 世纪 90 年代末，经过一系列结构及工艺改进，美国诺格公司的 HRG 最终确定量产型号 HRG130P。2002 年，HRG130P 投产。诺格公司曾公开报道 HRG130P 的 BI 达到 0.0001°/h，ARW 达到 0.00002°/$\sqrt{\text{h}}$，这是当前最高精度的 HRG 产品。针对太空应用领域的 SIRU 系列产品为基于 HRG130P 的主要产品。截至 2018 年，超过 125 套 HRG130P SIRU(约 89 颗卫星)在空间飞行超过 4000 万 h，100%任务成功率，充分验证了 HRG 的高可靠性、长寿命和连续工作的优势。

随着 HRG 技术的成熟和 MEMS 工艺的推广，惯性市场对低成本、小型化和高性能惯性器件的需求不断增加。2009 年，诺格公司开始研制 mHRG，其核心零部件只有 4 个，具有良好的 C-SWaP 特性。2012 年，诺格公司完成了第一款 mHRG 的制造和测试[121]，其 BI 小于 0.003°/h，ARW 小于 0.0003°/$\sqrt{\text{h}}$。为进一步提高 mHRG 精度，诺格公司在 2012～2016 年突破陀螺自校准、自补偿等多项技术[41, 43]将 mHRG 精度提升了 1 个数量级[122]。基于 mHRG 和陀螺自校准、自补偿算法，诺格公司研制了小型陆基惯性传感单元(inertial sensors assembly，ISA)。总的来说，美国 HRG 的发展历程大致分为三个阶段，具体如表1-2所示。

表 1-2　美国 HRG 的发展历程

阶段	第一阶段	第二阶段	第三阶段
时间	1980～2002 年	2002～2012 年	2012 年至今
陀螺	HRG130Y	HRG130P	mHRG
精度	0.01～0.002°/h	0.001～0.0005°/h	0.005～0.0005°/h

1.3.2　俄罗斯

俄罗斯(苏联)作为传统的军事强国，在美国 HRG 技术迅速发展的同时，投入大量技术力量开展 HRG 研制工作。在理论研究领域，Zhuravlev 和 Klimov 于 1985 年出版的《固体波动陀螺》成为 HRG 领域的重要理论参考书。在工程应用领域，梅吉科公司和拉明斯克机械制造局等单位主要参与了俄罗斯 HRG 产品的生产。

拉明斯克机械制造局是俄罗斯最早研制 HRG 工程样机的单位之一。该单位早期研制直径为 100mm 的 HRG，20 世纪 90 年代，进一步研制了直径为 50mm 的 HRG，零偏稳定性为 0.005～0.01°/h，预测寿命可达 20 年。2002 年底，拉明斯克机械制造局研制的 HRG 经过严格论证已满足武器系统应用要求，可以考虑投入使用，但未见后续应用报道。梅吉科公司的 HRG 型号为 HRG-30ig，该型号 HRG 采用 30mm 半球谐振子，采用两件套 HRG 结构和全角测控方案，动态范围大于 600°/s，零偏稳定性优于 0.01°/h[123]。

1.3.3　法国

法国惯性设备生产商赛峰集团为法国海军提供主力战舰惯导设备。赛峰集团旗下萨基姆公司从 20 世纪 90 年代在法国国家空间研究中心和法国武器装备部的大力支持下，开展 HRG 研制工作。萨基姆公司采用两件套的 HRG 结构和全角测控方案，与美国诺格公司具有成熟技术的三件套 HRG 结构和力平衡测控方案差异很大。虽然法国开始研制 HRG 的时间远落后于美国和俄罗斯，但是近些年来，其 HRG 产品实现了重大的技术创新，对整个惯性领域产生了重大的影响[124-130]。

1994 年，萨基姆公司实现了对 HRG 的全角测控。1998 年，其使用高精度内圆磨床进行谐振子机加工，采用轮廓仪、多普勒激光测振仪进行检测，实现了高 Q 值谐振子的加工制造。2009 年，采用激光和离子束调平技术对谐振子进行了精密调平。此外，萨基姆公司的两件套 HRG 结构将原始的球面电极改成了平面电极，使装配间隙更容易被控制，装配精度得到了提升。目前，萨基姆公司的 HRG 产品型号为 Regys 20，具备年产 25000 轴的能力，其产品精度分布在 0.0001～0.1°/h，实现了 HRG 在海陆空天各领域的应用。

航海领域是萨基姆公司的重点发展方向[126]。BlueNatue 系列 HRG 产品广泛应用于海警船、水下机器人、后勤补给舰、科考船以及游轮等。基于萨基姆公司 HRG 的惯性测量单元 OnyxTM 宣称已达到"1 升、1 公斤、1 海里"的目标[127]。在军事陆用车辆领域，Sigma 20 系列 HRG 产品已被用于车辆定位和火炮位姿稳定中。在航空航天领域，萨基姆公司还具有 SkyNatue 和 SpaceNatue 系列 HRG 产品[128-129]。

在 2018 年电气电子工程师学会(IEEE)惯性器件与系统学术年会上，赛峰集团市场部负责人 Fabrice Delhaye 做了题为 *HRG by SAFRAN: The game-changing technology* 的报告，介绍了他们在 HRG 方面的设计理念、研究成果和应用情况，展示了萨基姆公司 HRG 的可扩展性[130]。目前，该公司仍在 HRG 谐振子加工、镀膜、平衡修调和陀螺电路优化方面持续研发投入。一项时长 2000h 测试结果显示，优化的全角 HRG 的零偏稳定性优于 0.0001°/h，标度因数非线性优于 0.1ppm。

1.3.4　中国

20世纪90年代初，受美俄在HRG领域研制进展的鼓舞，我国开始进行HRG技术突破。20世纪90年代主要为理论研究和原理验证阶段，集中于半球谐振子的壳体振动特性理论研究及实验验证。

1997年，我国对HRG进行立项，由中国电子科技集团公司第二十六研究所进行HRG样机研制。2002年，该所研制出第一批样机，工作于力平衡模式，并且建成了一条HRG批量生产线。2003年该所完成第二批样机，其随机漂移精度小于0.2°/h，灵敏度比第一批样机提高了2个数量级。随后，该所在谐振子加工及平衡、电路的优化设计方面不断改进，使力平衡HRG初步达到导航级工作性能。2012年10月，该所力平衡HRG成功完成为期2年的空间卫星飞行实验，并进一步验证HRG在轨工作寿命、可靠性和空间环境适应能力。2014年，由该所承担的国家863项目"长寿命高可靠卫星平台用半球谐振陀螺仪"顺利通过验收，2016年，该项目进行了科技成果认定[131]。2017年1月，HRG首次在型号任务卫星通信技术试验卫星二号上成功应用，这是我国HRG技术首次进入卫星平台核心控制领域。2018年5月，HRG再次随高分五号卫星发射升空，开启新的应用。

2018年以来，我国HRG技术迅速发展，研究所和高校广泛投入HRG的研制中。在表头方面，我国逐步突破了半球谐振子超精密加工技术、调平和镀膜工艺、精密装配等技术；在测控电路方面，我国基于Lynch模型集中力量开展全角测控技术研究，完成了锁相控制、稳幅控制、正交控制和进动控制；在HRG误差分析与建模、辨识与补偿方面，科研人员推导出增益、相位、角度等误差对陀螺性能的影响关系，并通过控制和处理算法对陀螺进行补偿，试验结果和理论计算结果可以较好地吻合。

近几年来，虽然我国HRG技术飞速发展，但技术水平较美法还有较大差距，差距主要体现在：

(1) 全角HRG的性能差距。国内生产的HRG样机只有在力平衡模式下才能达到较高精度，但此时动态性能很差，只能用于卫星姿态测量等低动态场景，而法国赛峰集团和美国诺格公司的HRG已经能够在全角模式下具备极高的导航定位精度。

(2) HRG表头的制造水平差距。半球谐振子加工制造过程中，其精度和产能迫切需要提升。半球谐振子加工制造涉及粗胚加工、精密研磨、化学抛光、质量调平、球面镀膜、真空封装等多个环节，高精度HRG要求半球谐振子的高 Q 值以及阻尼和刚度的各向同性。我国在制造HRG表头时需进一步抑制 Q 值不均匀、频率裂解、质量不均匀和电极间隙不均匀等，确定"半球谐振子+面外平板电极"的两件套 HRG 表头研制路线。

(3) mHRG 的研究基础与研制能力差距。国外 HRG 技术的发展分为四个阶段，第一阶段以理论研究和原理样机研制为主；第二阶段以型号为背景，开展产品研究；第三阶段在型号基础上，将典型产品系列化，推广到更多的应用领域；第四阶段与 MEMS 技术相结合，以小型化、低成本、高性能为目标，开拓更广阔的市场。近十年来，国外逐步开始研制高 Q 值、低频差微半球谐振子和 mHRG，不断提升陀螺的 C-SWaP，增强 HRG 的市场竞争力。我国研制的全角 HRG 仍处在试验阶段，距离市场应用和追赶 mHRG 这一重要发展方向还有很长的路要走，很多的工作需要开展。

参 考 文 献

[1] 翟羽婧, 杨开勇, 潘瑶, 等. 陀螺仪的历史、现状与展望[J]. 飞航导弹, 2018 (12): 84-88.

[2] 毛海燕, 梁宇, 袁小平, 等. 半球谐振陀螺现状及发展趋势[J]. 压电与声光, 2014, 36(4): 584-587.

[3] 潘瑶, 曲天良, 杨开勇, 等. 半球谐振陀螺研究现状与发展趋势[J]. 导航定位与授时, 2017, 4(2): 9-13.

[4] 帅鹏, 魏学宝, 邓亮. 半球谐振陀螺发展综述[J]. 导航定位与授时, 2018, 5(6): 17-24.

[5] 贾智学, 付丽萍, 任佳婧. 半球谐振陀螺技术发展趋势[J]. 导航与控制, 2018, 17(3): 83-87.

[6] 彭慧, 方针, 谭文跃, 等. 半球谐振陀螺发展的技术特征[J]. 导航定位与授时, 2019, 6(4): 108-114.

[7] 刘付成, 赵万良, 杨浩, 等. 半球谐振陀螺技术[J]. 导航与控制, 2020, 19(Z1): 208-215.

[8] 金鑫, 刘晓豪, 李绍良, 等. 半球谐振陀螺装配技术的发展现状及趋势[J]. 飞控与探测, 2021, 4(1): 1-10.

[9] 曲天良. 半球谐振陀螺研究现状、关键技术和发展趋势分析[J]. 光学与光电技术, 2022, 20(2): 1-16.

[10] Sorenson L D, Gao X, Ayazi F. 3-D micromachined hemispherical shell resonators with integrated capacitive transducers[C]. 25th International Conference on Micro Electro Mechanical Systems, Paris, France, 2012: 168-171.

[11] Shao P, Tavassoli V, Mayberry C L, et al. A 3D-HARPSS polysilicon microhemispherical shell resonating gyroscope: Design, fabrication, and characterization[J]. IEEE Sensors Journal, 2015, 15(9): 4974-4985.

[12] Heidari A, Chan M L, Yang H A, et al. Hemispherical wineglass resonators fabricated from the microcrystalline diamond[J]. Journal of Micromechanics and Microengineering, 2013, 23(12): 125016.

[13] Senkal D, Ahamed M J, Ardakani M H A, et al. Demonstration of 1 million Q-factor on microglassblown wineglass resonators with out-of-plane electrostatic transduction[J]. Journal of Microelectromechanical Systems, 2015, 24(1): 29-37.

[14] Kanik M, Bordeenithikasem P, Kim D, et al. Metallic glass hemispherical shell resonators[J]. Journal of Microelectromechanical Systems, 2015, 24(1): 19-28.

[15] Bernstein J J, Bancu M G, Bauer J M, et al. High Q diamond hemispherical resonators: Fabrication and energy loss mechanisms[J]. Journal of Micromechanics and Microengineering, 2015, 25(8): 85006.

[16] Cho J Y, Woo J K, Yan J, et al. Fused-silica micro birdbath resonator gyroscope (μ-BRG)[J]. Journal of Microelectromechanical Systems, 2014, 23(1): 66-77.

[17] Cho J Y, Woo J K, He G, et al. 1.5-million Q-factor vacuum-packaged birdbath resonator gyroscope (BRG)[C]. 32nd International Conference on Micro Electro Mechanical Systems, Seoul, Korea, 2019: 210-213.

[18] Cho J Y, Singh S, Woo J K, et al. 0.00016 deg/$\sqrt{hr}$ angle random walk (ARW) and 0.0014 deg/hr bias instability (BI)

from a 5.2M-Q and 1-cm precision shell integrating (PSI) gyroscope[C]. 7th IEEE International Symposium on Inertial Sensors and Systems, Sapporo, Japan, 2020: 1-4.

[19] Cho J, Singh S, Nagourney T, et al. High-Q navigation-grade fused-silica micro birdbath resonator gyroscope[C]. 2021 IEEE Sensors, Orlando, FL, USA, 2021: 1-4.

[20] Luo B, Shang J, Zhang Y. Hemispherical glass shell resonators fabricated using chemical foaming process[C]. 65th Electronic Components and Technology Conference, San Diego, CA, USA, 2015: 2217-2221.

[21] Li W, Xi X, Lu K, et al. A novel micro shell resonator gyroscope with sixteen T-shape masses[C]. 20th International Conference on Solid-State Sensors, Actuators and Microsystems, Kauai, HI, USA, 2019: 434-437.

[22] Shi Y, Xi X, Li B, et al. Micro hemispherical resonator gyroscope with teeth-like tines[J]. IEEE Sensors Journal, 2021, 21(12): 13098-13106.

[23] Kline M, Yeh Y, Eminoglu B, et al. Quadrature FM gyroscope[C]. 26th IEEE International Conference on Micro Electro Mechanical Systems, Taipei, Taiwan, China, 2013: 604-608.

[24] Ren X, Zhou X, Tao Y, et al. Radially pleated disk resonator for gyroscopic application[J]. Journal of Microelectromechanical Systems, 2021, 30(6): 825-835.

[25] Izyumin, I, Kline M, Yeh Y, et al. A 7ppm, 6 degree/hr frequency-output MEMS gyroscope[C]. 28th IEEE International Conference on Micro Electro Mechanical Systems, Estoril, Portugal, 2015: 33-36.

[26] Izyumin I. Readout circuits for frequency-modulated gyroscopes[D]. Berkeley: UC Berkeley, 2015.

[27] Minotti P, Mussi G, Dellea S, et al. A 160 mu A, 8 mdps/root Hz frequency-modulated MEMS yaw gyroscope[C]. 4th IEEE International Symposium on Inertial Sensors and Systems, Kauai, HI, USA, 2017: 148-151.

[28] Zega V, Comi C, Fedeli P, et al. A dual-mass frequency-modulated (FM) pitch gyroscope: mechanical design and modelling[C]. 5th IEEE International Symposium on Inertial Sensors and Systems, Moltrasio, Como, Italy, 2018: 61-64.

[29] Zega V, Comi C, Minotti P, et al. A new MEMS three-axial frequency-modulated (FM) gyroscope: A mechanical perspective[J]. European Journal of Mechanics A-Solids, 2018, 70: 203-212.

[30] Minotti P, Mussi G, Langfelder G, et al. A system-level comparison of amplitude-vs frequency-modulation approaches exploited in low-power MEMS vibratory gyroscopes[C]. 5th IEEE International Symposium on Inertial Sensors and Systems, Moltrasio, Como, Italy, 2018: 1-4.

[31] Eminoglu B, Yeh Y, Izyumin I, et al. Comparision of long-term stability of AM versus FM gyroscopes[C]. 29th IEEE International Conference on Micro Electro Mechanical Systems, Shanghai, China, 2016: 954-957.

[32] Tsukamoto T, Tanaka S. FM/Rate integrating MEMS gyroscope using independently controlled CW/CCW mode oscillations on a single resonator[C]. 4th IEEE International Symposium on Inertial Sensors and Systems, Kauai, HI, USA, 2017: 1-4.

[33] Tsukamoto T, Tanaka S. Fully-differential single resonator FM/whole angle gyroscope using CW/CCW mode separator[C]. 30th IEEE International Conference on Micro Electro Mechanical Systems, Las Vegas, NV, USA, 2017: 1118-1121.

[34] Xu L, Li H, Yang C, et al. Comparison of three automatic mode-matching methods for silicon micro-gyroscopes based on phase characteristic[J]. IEEE Sensors Journal, 2016, 16(3): 610-619.

[35] Ding X, Ruan Z, Jia J, et al. In-Run mode-matching of MEMS gyroscopes based on power symmetry of readout signal in sense mode[J]. IEEE Sensors Journal, 2021, 21(21): 23806-23817.

[36] He C, Zhao Q, Huang Q, et al. A MEMS vibratory gyroscope with real-time mode-matching and robust control for the sense mode[J]. IEEE Sensors Journal, 2015, 15(4): 2069-2077.

[37] Zhou Y, Ren J B, Liu M X, et al. An in-run automatic mode-matching method for *N*=3 MEMS disk resonator gyroscope[J]. IEEE Sensors Journal, 2021, 21(24): 27601-27611.

[38] Wyse S F, Lynch D D. Vibrating mass gyroscope and method for minimizing bias errors therein[P]. US, 07188523, 2007.

[39] Lee C A. Self-calibration for an inertial instrument based on real time bias estimator[P]. US, 07103477, 2006.

[40] Rozelle D M. Self calibrating gyroscope system[P]. US, 07912664, 2011.

[41] Trusov A A, Phillips M R, Mccammon G H, et al. Continuously self-calibrating CVG system using hemispherical resonator gyroscopes[C]. 2nd IEEE International Symposium on Inertial Sensors and Systems, Orlando, FL, USA, 2015: 18-21.

[42] Trusov A A, Meyer A D, Mccammon G H, et al. Toward software defined coriolis vibratory gyroscopes with dynamic self-calibration[C]. 2016 DGON Inertial Sensors and Systems, Nuremberg, Germany, 2016: 1-11.

[43] Trusov A A, Phillips M R, Bettadapura A, et al. mHRG: Miniature CVG with beyond navigation grade performance and real time self-calibration[C]. 3rd IEEE International Symposium on Inertial Sensors and Systems, Estoril, Portugal, 2016: 29-32.

[44] Challoner A D, Ge H H, Liu J Y. Boeing disc resonator gyroscope[C]. 2014 IEEE/ION Position, Location and Navigation Symposium, Monterey, California, USA, 2014: 504-514.

[45] Ge H H, Liu J Y, Buchanan B. Bias self-calibration techniques using silicon disc resonator gyroscope[C]. 2nd IEEE International Symposium on Inertial Sensors and Systems, Laguna Beach, California, USA, 2015: 1-4.

[46] Cui J, He C, Yang Z, et al. Virtual rate-table method for characterization of microgyroscopes[J]. IEEE Sensors Journal, 2012, 12(6): 2192-2198.

[47] Zhang J, He C, Liu Y, et al. A novel scale factor calibration method for a MEMS gyroscope based on virtual coriolis force[C]. 10th IEEE International Conference on Nano/Micro Engineered and Molecular Systems, Xi'an, China, 2015: 58-62.

[48] Trusov A A, Atikyan G, Rozelle D M, et al. Force rebalance, whole angle, and self-calibration mechanization of silicon MEMS quad mass gyro[C]. 1st IEEE International Symposium on Inertial Sensors and Systems, Waikoloa Village, Hawaii, USA, 2014: 1-2.

[49] Geen J A, Chang J. MEMS gyroscopes with reduced errors[P]. US, 20130283908, 2013.

[50] Prikhodko I P, Gregory J A, Merritt C, et al. In-run bias self-calibration for low-cost MEMS vibratory gyroscopes[C]. 2014 IEEE/ION Position, Location and Navigation Symposium, Monterey, California, USA, 2014: 515-518.

[51] Prikhodko I P, Merritt C, Gregory J A, et al. Continuous self-calibration canceling drive-induced errors in MEMS vibratory gyroscopes[C]. 18th International Conference on Solid-State Sensors, Actuators and Microsystems, Anchorage, AK, USA, 2015: 35-38.

[52] Bu F, Guo S W, Cheng M M, et al. Effect of circuit phase delay on bias stability of MEMS gyroscope under force rebalance detection and self-compensation method[J]. Journal of Micromechanics and Microengineering, 2019, 29(9): 95002.

[53] Rozelle D M. Closed loop scale factor estimation[P]. US, 20090095078, 2009.

[54] Trusov A A, Prikhodko I P, Rozelle D M, et al. 1 ppm precision self-calibration of scale factor in MEMS coriolis vibratory gyroscopes[C]. 17th International Conference on Solid-State Sensors, Actuators and Microsystems, Barcelona, Spain, 2013: 2531-2534.

[55] Zhu H, Jin Z, Hu S, et al. Constant-frequency oscillation control for vibratory micro-machined gyroscopes[J]. Sensors and Actuators A: Physical, 2013: 193-200.

[56] Liu S, Ma W, Lin Y, et al. Comparison of DSB and SSB demodulation methods in general control system of MEMS gyroscopes[C]. 12th International Conference on Nano/Micro Engineered and Molecular Systems, Xi'an, China, 2017:

222-225.

[57] Zheng X, Liu S, Lin Y, et al. An improved phase-robust configuration for vibration amplitude-phase extraction for capacitive MEMS gyroscopes[J]. Micromachines, 2018, 9(7): 362-373.

[58] Wu H B, Zheng X D, Lin Y Y, et al. A novel amplitude-phase information extraction architecture for mems vibratory gyroscopes using a modified double side-band demodulation configuration[C]. 2018 IEEE Sensors, New Delhi, India, 2018: 1134-1137.

[59] Wu H, Zheng X, Wang X, et al. Effects of both the drive- and sense-mode circuit phase delay on MEMS gyroscope performance and real-time suppression of the residual fluctuation phase error[J]. Journal of Micromechanics and Microengineering, 2021, 31(5): 15-30.

[60] Xu P F, Wei Z Y, Guo Z Y, et al. A real-time circuit phase delay correction system for MEMS vibratory gyroscopes[J]. Micromachines, 2021, 12(5): 506-530.

[61] Liu X W, Qin Z C, Li H S. Online compensation of phase delay error based on P-F characteristic for MEMS vibratory gyroscopes[J]. Micromachines, 2022, 13(5): 647.

[62] Ren J B, Zhou T, Zhou Y, et al. An in-run automatic mode-matching method with amplitude correction and phase compensation for MEMS disk resonator gyroscope[J]. IEEE Transactions on Instrumentation and Measurement, 2023, 72: 1-11.

[63] Wang P, Xu Y, Song G, et al. Calibration and compensation of the misalignment angle errors for the disk resonator gyroscopes[C].7th IEEE International Symposium on Inertial Sensors and Systems, Hiroshima, Japan, 2020: 1-3.

[64] Ruan Z, Ding X, Qin Z, et al. Compensation of assembly eccentricity error of micro hemispherical resonator gyroscope[C]. 2021 IEEE International Symposium on Robotic and Sensors Environments, Tianjin, China, 2021: 1-5.

[65] Ruan Z H, Ding X K, Gao Y, et al. Analysis and compensation of bias drift of force-to-rebalanced micro-hemispherical resonator gyroscope caused by assembly eccentricity error[J]. Journal of Microelectromechanical Systems, 2023, 32(1): 16-28.

[66] Gallacher B J, Burdess J S, Harish K M. A control scheme for a MEMS electrostatic resonant gyroscope excited using combined parametric excitation and harmonic forcing[J]. Journal of Micromechanics and Microengineering, 2006, 16(2): 320.

[67] Oropeza-Ramos L A, Burgner C B, Turner K L. Inherently robust micro gyroscope actuated by parametric resonance[C]. 21st IEEE International Conference on Micro Electro Mechanical Systems, Tucson, AZ, USA, 2008: 872-875.

[68] Harish K M, Gallacher B J, Burdess J S, et al. Experimental investigation of parametric and externally forced motion in resonant MEMS sensors[J]. Journal of Micromechanics and Microengineering, 2009, 19(1): 15021.

[69] Song M, Zhou B, Zhang Y, et al. Control scheme and error suppression method for micro rate integrating gyroscopes[C]. 7th IEEE Chinese Guidance, Navigation and Control Conference, Nanjing, China, 2016: 2371-2376.

[70] Song M, Zhou B, Zhang T, et al. Parametric drive of a micro rate integrating gyroscope using discrete electrodes[C]. 4th IEEE International Symposium on Inertial Sensors and Systems, Kauai, HI, USA, 2017: 70-73.

[71] Song M, Zhou B, Chen Z, et al. Parametric drive MEMS resonator with closed-loop vibration control at ambient pressure[C]. 3rd IEEE International Symposium on Inertial Sensors and Systems, Hiroshima, Japan, 2016: 85-88.

[72] Senkal D, Ng E J, Hong V, et al. Parametric drive of a toroidal MEMS rate integrating gyroscope demonstrating < 20 ppm scale factor stability[C]. 28th IEEE International Conference on Micro Electro Mechanical Systems, Estoril, Portugal, 2015: 29-32.

[73] Senkal D, Askari S, Ahamed M J, et al. 100K Q-factor toroidal ring gyroscope implemented in wafer-level epitaxial silicon encapsulation process[C]. 27th IEEE International Conference on Micro Electro Mechanical Systems, San Francisco, CA, USA, 2014: 24-27.

[74] Zhao W, Yang H, Liu F, et al. The energy compensation of the HRG based on the double-frequency parametric excitation of the discrete electrode[J]. Sensors, 2020, 20(12): 3549.

[75] Rozelle D. The hemispherical resonator gyro: From wineglass to the planets[J]. Advances in the Astronautical Sciences, 2009, 134: 1157-1178.

[76] Prikhodko I P, Gregory J A, Bugrov D I, et al. Overcoming limitations of rate integrating gyroscopes by virtual rotation[C]. 3rd IEEE International Symposium on Inertial Sensors and Systems, Hiroshima, Japan, 2016: 5-8.

[77] Prikhodko I P, Gregory J A, Judy M W. Virtually rotated MEMS gyroscope with angle output[C]. 30th IEEE International Conference on Micro Electro Mechanical Systems, Las Vegas, NV, USA, 2017: 323-326.

[78] Taheri-Tehrani P, Izyumin O, Izyumin I, et al. Disk resonator gyroscope with whole-angle mode operation[C]. 2nd IEEE International Symposium on Inertial Sensors and Systems, Hakone, Japan, 2015: 1-4.

[79] Taheri-Tehrani P, Challoner A D, Izyumin O, et al. A new electronic feedback compensation method for rate integrating gyroscopes[C]. 3rd IEEE International Symposium on Inertial Sensors and Systems, Hiroshima, Japan, 2016: 9-12.

[80] Taheri-Tehrani P, Challoner A D, Horsley D A. Micromechanical rate integrating gyroscope with angle-dependent bias compensation using a self-precession method[J]. IEEE Sensors Journal, 2018, 18(9): 3533-3543.

[81] Ahn C H, Ng E J, Hong V A, et al. Mode-matching of wineglass mode disk resonator gyroscope in (100) single crystal silicon[J]. Journal of Microelectromechanical Systems, 2015, 24(2): 343-350.

[82] Hu Z, Gallacher B J. Precision mode tuning towards a low angle drift MEMS rate integrating gyroscope[J]. Mechatronics, 2018, 56: 306-317.

[83] Hu Z X, Gallacher B J, Burdess J S, et al. A systematic approach for precision electrostatic mode tuning of a MEMS gyroscope[J]. Journal of Micromechanics and Microengineering, 2014, 24(12): 125003.

[84] Sungsu P, Horowitz R. Adaptive control for the conventional mode of operation of MEMS gyroscopes[J]. Journal of Microelectromechanical Systems, 2003, 12(1): 101-108.

[85] Leland R P. Adaptive control of a MEMS gyroscope using Lyapunov methods[J]. IEEE Transactions on Control Systems Technology, 2006, 14(2): 278-283.

[86] Park S, Horowitz R, Tan C-W. Dynamics and control of a MEMS angle measuring gyroscope[J]. Sensors and Actuators A: Physical, 2008, 144(1): 56-63.

[87] Dong L, Zheng Q, Gao Z. A novel oscillation controller for vibrational MEMS gyroscopes[C]. 2007 American Control Conference, New York, NY, USA, 2007: 3204-3209.

[88] Zheng Q, Dong L, Lee D H, et al. Active disturbance rejection control for MEMS gyroscopes[J]. IEEE Transactions on Control Systems Technology, 2009, 17(6): 1432-1438.

[89] Fei J, Ding H, Yang Y. Adaptive sliding mode control of MEMS triaxial gyroscope based on RBF network[C]. 2011 IEEE International Conference on Mechatronics and Automation, Beijing, China, 2011: 331-336.

[90] Fei J, Zhou J. Robust adaptive control of MEMS triaxial gyroscope using fuzzy compensator[J]. IEEE Transactions on Systems, Man, and Cybernetics, Part B (Cybernetics), 2012, 42(6): 1599-1607.

[91] Zhang F, Keikha E, Shahsavari B, et al. Adaptive mismatch compensation for vibratory gyroscopes[C]. 1st IEEE International Symposium on Inertial Sensors and Systems, San Diego, CA, USA, 2014: 1-4.

[92] Gregory J A, Cho J, Najafi K. Novel mismatch compensation methods for rate-integrating gyroscopes[C]. Proceedings

of the 2012 IEEE/ION Position, Location and Navigation Symposium, Savannah, GA, USA, 2012: 252-258.

[93] Zhbanov Y K. Amplitude control contour in a hemispherical resonator gyro with automatic compensation for difference in Q-factors[J]. Mechanics of Solids, 2008, 43(3): 328-332.

[94] Pi J, Myung H, Bang H. A control strategy for hemispherical resonator gyros using feedback linearization[C]. 11th International Conference on Control, Automation and Systems, Gyeongju, the Republic of Korea, 2011: 1880-1883.

[95] Pi J, Bang H. Imperfection parameter observer and drift compensation controller design of hemispherical resonator gyros[J]. International Journal of Aeronautical and Space Sciences, 2013, 14(4): 379-386.

[96] Ruan Z H, Ding X K, Qin Z C, et al. Automatic mode-matching method for MEMS disk resonator gyroscopes based on virtual coriolis force[J]. Micromachines, 2020, 11(2): 210-231.

[97] Ruan Z, Ding X, Pu Y, et al. In-run automatic mode-matching of whole-angle micro-hemispherical resonator gyroscope based on standing wave self-precession[J]. IEEE Sensors Journal, 2022, 22(14): 13945-13957.

[98] Fan Q, Zhou Y, Liu M, et al. A MEMS rate-integrating gyroscope (RIG) with in-run automatic mode-matching[J]. IEEE Sensors Journal, 2022, 22(3): 2282-2291.

[99] Ren J B, Zhou T, Zhou Y, et al. A real-time automatic mode-matching method based on phase-shifted virtual coriolis force for MEMS disk resonator gyroscope[J]. IEEE Sensors Journal, 2023, 23(23): 28673-28683.

[100] Li C, Wang Y, Ahn C K, et al. Milli-hertz frequency tuning architecture toward high repeatable micromachined axisymmetry gyroscopes[J]. IEEE Transactions on Industrial Electronics, 2023, 70(6): 6425-6434.

[101] Hu Z, Gallacher B. Control and damping imperfection compensation for a rate integrating MEMS gyroscope[C]. 2015 DGON Inertial Sensors and Systems Symposium, Bremen, Germany, 2015: 1-15.

[102] Bowles S R, Gallacher B J, Hu Z X, et al. Control scheme to reduce the effect of structural imperfections in a rate integrating MEMS gyroscope[J]. IEEE Sensors Journal, 2015, 15(1): 552-560.

[103] Hu Z, Gallacher B. Extended kalman filtering based parameter estimation and drift compensation for a MEMS rate integrating gyroscope[J]. Sensors and Actuators A: Physical, 2016, 250: 96-105.

[104] Sun J, Yu S, Zhang Y, et al. Characterization and compensation of detection electrode errors for whole-angle micro-shell resonator gyroscope[J]. Journal of Microelectromechanical Systems, 2022, 31(1): 19-28.

[105] Sun J, Yu S, Xi X, et al. Investigation of angle drift induced by actuation electrode errors for whole-angle micro-shell resonator gyroscope[J]. IEEE Sensors Journal, 2022, 22(4): 3105-3112.

[106] Sun J, Liu K, Yu S, et al. Identification and correction of phase error for whole-angle micro-shell resonator gyroscope[J]. IEEE Sensors Journal, 2022, 22(20): 19228-19236.

[107] Sun J, Yu S, Zhang Y, et al. 0.79 ppm scale-factor nonlinearity whole-angle microshell gyroscope realized by real-time calibration of capacitive displacement detection[J]. Microsystems and Nanoengineering, 2021, 7(1): 79.

[108] Wang R, Yi G, Xie W, et al. Modeling, identification and compensation for assembly error of whole-angle mode hemispherical resonator gyro[J]. Measurement, 2022, 204: 112064.

[109] Wang Q, Xie W, Xi B, et al. Rate integrating hemispherical resonator gyroscope detection error analysis and compensation[J]. IEEE Sensors Journal, 2023, 23(7): 7068-7076.

[110] Li Y, Xi B, Ren S, et al. Precision enhancement by compensation of hemispherical resonator gyroscope dynamic output errors[J]. IEEE Transactions on Instrumentation and Measurement, 2023, 72: 1-10.

[111] Hu Z, Gallacher B J. Effects of nonlinearity on the angular drift error of an electrostatic MEMS rate integrating gyroscope[J]. IEEE Sensors Journal, 2019, 19(22): 10271-10280.

[112] Vatanparvar D, Shkel A M. Rate-integrating gyroscope operation in the non-linear regime[C]. 2022 DGON Inertial

Sensors and Systems, Darmstadt, Germany, 2022: 1-18.

[113] Xu R, Gao Z, Nan F, et al. Single-channel control for hemispherical resonator gyro based on time division multiplexing and demultiplexing[J]. IEEE Sensors Journal, 2021, 21(19): 21342-21348.

[114] Yan K, Wang X, Zou K, et al. Self-excitation enabled decoupling, calibration, and compensation of errors for whole-angle hemispherical resonator gyroscope[J]. IEEE Transactions on Instrumentation and Measurement, 2024, 73: 1-13.

[115] Tsukamoto T, Tanaka S. Fully differential single resonator FM gyroscope using CW/CCW mode separator[J]. Journal of Microelectromechanical Systems, 2018, 27(6): 985-994.

[116] Tsukamoto T, Tanaka S. Virtually rotated MEMS whole angle gyroscope using independently controlled CW/CCW oscillations[C]. 5th IEEE International Symposium on Inertial Sensors and Systems, Hiroshima, Japan, 2018: 89-92.

[117] Tsukamoto T, Tanaka S. MEMS rate integrating gyroscope with temperature corrected virtual rotation[C]. 6th IEEE International Symposium on Inertial Sensors and Systems, Hiroshima, Japan, 2019: 1-4.

[118] Tsukamoto T, Tanaka S. Rate integrating gyroscope using independently controlled CW and CCW modes on single resonator[J]. Journal of Microelectromechanical Systems, 2020, 30(1): 15-23.

[119] Tsukamoto T, Tanaka S. Theoretical consideration of mismatch compensation for MEMS resonator having unaligned principle axes[C]. 8th IEEE International Symposium on Inertial Sensors and Systems, Hiroshima, Japan, 2021, 1-4.

[120] Tsukamoto T, Tanaka S. Real time Q-factor mismatch detection for rate integrating gyroscope using amplitude modulated driving signal[C]. 9th IEEE International Symposium on Inertial Sensors and Systems, Hiroshima, Japan, 2022: 1-4.

[121] Meyer A D, Rozelle D M. Milli-HRG inertial navigation system[C]. Proceedings of the 2012 IEEE/ION Position, Location and Navigation Symposium, Savannah, GA, USA, 2012: 24-29.

[122] Rozelle D M, Meyer A D, Trusov A A, et al. Milli-HRG inertial sensor assembly — A reality[C]. 2nd IEEE International Symposium on Inertial Sensors and Systems, Hakone, Japan, 2015: 1-4.

[123] Perelyaev S E, Bodunov B P, Bodunov S B. Solid-state wave gyroscope: A new-generation inertial sensor[C]. 24th Saint Petersburg International Conference on Integrated Navigation Systems, Saint Petersburg, Russia, 2017: 1-3.

[124] Remillieux G, Delhaye F. Sagem coriolis vibrating gyros: A vision realized[C]. 2014 DGON Inertial Sensors and Systems, Bremen, Germany, 2014: 1-13.

[125] Jeanroy A, Grosset G, Goudon J C, et al. HRG by Sagem from laboratory to mass production[C]. 3rd IEEE International Symposium on Inertial Sensors and Systems, Hiroshima, Japan, 2016: 1-4.

[126] Jeanroy A, Bouvet A, Remillieux G. HRG and marine applications[J]. Gyroscopy and Navigation, 2014, 5(2): 67-74.

[127] Deleaux B, Lenoir Y. The world smallest, most accurate and reliable pure inertial navigator: ONYX™[C]. 2018 DGON Inertial Sensors and Systems, Bremen, Germany, 2018: 1-24.

[128] Delhaye F, Leprevier C D. SkyNaute by Safran — How the HRG technological breakthrough benefits to a disruptive IRS (Inertial Reference System) for commercial aircraft[C]. 2019 DGON Inertial Sensors and Systems, Bremen, Germany, 2019: 1-13.

[129] Delhaye F, Girault J P. SpaceNaute®: HRG technological breakthrough for advanced space launcher inertial reference system[C]. 25th Saint Petersburg International Conference on Integrated Navigation Systems, Saint Petersburg, Russia, 2018: 1-5.

[130] Delhaye F. HRG by SAFRAN: The game-changing technology[C]. 5th IEEE International Symposium on Inertial Sensors and Systems, Hiroshima, Japan, 2018: 1-4.

[131] 方针. 长寿命高可靠卫星平台用半球谐振陀螺仪[R]. 重庆: 中国电子科技集团公司第二十六研究所, 2016-08-31.

第2章 半球谐振陀螺的理论基础

2.1 物 理 基 础

科氏效应、基尔霍夫假设、薄壳理论、瑞利函数是 HRG 的物理基础[1-15]。科氏效应是 HRG 敏感外界角速度的物理本质；基尔霍夫假设和薄壳理论用于分析半球谐振子球面上任意一点应力、应变、球壳单元应力、力矩以及力平衡方程；瑞利函数是球面坐标系下不可拉伸薄壳二阶固有振型振动位移的解析表达式。

2.1.1 科氏效应

半球谐振陀螺等科氏振动陀螺均基于科氏效应敏感外界角度和角速度信息。科氏作用力、科氏加速度和科氏效应由法国科学家科里奥利(Coriolis)在 1835 年提出并命名。科氏加速度源于相对运动和牵连运动互相作用产生的科氏力。下面利用转动坐标系的求导法则，简单导出科氏作用力，引出科氏加速度，从而阐明科氏效应[1]。

考虑任意一个矢量 $\boldsymbol{P}$ 的变化率在静止的参考坐标系(惯性系)和转动坐标系(非惯性系)之间的换算。如果矢量 $\boldsymbol{P}$ 相对于转动坐标系是恒定的，则在参考坐标系看来它以角速度 $\boldsymbol{\omega}$ 旋转，在从 t 到 $t+\Delta t$ 时间间隔内转过 $\omega\Delta t$，其增量 $\Delta\boldsymbol{P}$ 为

$$|\Delta\boldsymbol{P}| \approx |\boldsymbol{\omega}||\boldsymbol{P}|\sin\theta\Delta t \tag{2-1}$$

图 2-1 为转动坐标系中质点的运动分析，根据右手螺旋法则，$\Delta\boldsymbol{P}$ 的方向即矢量叉乘 $\boldsymbol{\omega}\times\boldsymbol{P}$ 的方向，该方向与 $\boldsymbol{\omega}$ 和 $\boldsymbol{P}$ 都垂直，进而可得

$$\Delta\boldsymbol{P} \approx \boldsymbol{\omega}\times\boldsymbol{P}\Delta t \tag{2-2}$$

因此，矢量 $\boldsymbol{P}$ 的时间变化率为

$$\frac{\mathrm{D}\boldsymbol{P}}{\mathrm{D}t} = \lim_{\Delta t\to 0}\frac{\Delta\boldsymbol{P}}{\Delta t} = \boldsymbol{\omega}\times\boldsymbol{P} \tag{2-3}$$

其中，D 为微分符号，表示求导是对静止的参考坐标系而言的，以区别于相对于转动坐标系的微分符号 d。在式(2-3)中假定 $\boldsymbol{P}$ 在转动坐标系中是恒矢量，若 $\boldsymbol{P}$ 不是恒矢量，则式(2-3)将进一步表示为

$$\frac{\mathrm{D}\boldsymbol{P}}{\mathrm{D}t} = \boldsymbol{\omega}\times\boldsymbol{P} + \frac{\mathrm{d}\boldsymbol{P}}{\mathrm{d}t} \tag{2-4}$$

矢量 $\boldsymbol{P}$ 可以看作转动坐标系中质点的位移矢量 $\boldsymbol{r}$，定义 $\boldsymbol{v}=\dfrac{\mathrm{d}\boldsymbol{r}}{\mathrm{d}t}$ 为质点相对于

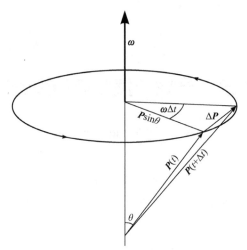

图 2-1　转动坐标系中质点的运动分析

转动坐标系的速度，则式(2-4)可改写为

$$\frac{\mathrm{D}\boldsymbol{r}}{\mathrm{D}t} = \boldsymbol{\omega} \times \boldsymbol{r} + \boldsymbol{v} \tag{2-5}$$

将式(2-5)再次对静止的参考坐标系求导，可得

$$\frac{\mathrm{D}^2\boldsymbol{r}}{\mathrm{D}t^2} = \boldsymbol{\omega} \times \frac{\mathrm{D}\boldsymbol{r}}{\mathrm{D}t} + \frac{\mathrm{D}\boldsymbol{v}}{\mathrm{D}t}$$

$$= \boldsymbol{\omega} \times (\boldsymbol{\omega} \times \boldsymbol{r}) + \boldsymbol{\omega} \times \boldsymbol{v} + \boldsymbol{\omega} \times \boldsymbol{v} + \frac{\mathrm{d}\boldsymbol{v}}{\mathrm{d}t}$$

$$= \boldsymbol{\omega} \times (\boldsymbol{\omega} \times \boldsymbol{r}) + 2\boldsymbol{\omega} \times \boldsymbol{v} + \boldsymbol{a} \tag{2-6}$$

其中，$\boldsymbol{a} = \dfrac{\mathrm{d}\boldsymbol{v}}{\mathrm{d}t}$，为质点相对于转动坐标系的加速度。定义 $\boldsymbol{A} = \dfrac{\mathrm{D}^2\boldsymbol{r}}{\mathrm{D}t^2}$，为质点相对于静止的参考坐标系的加速度，将式(2-6)两侧同乘质点质量 m 可得

$$m\boldsymbol{a} = m\boldsymbol{A} - m\boldsymbol{\omega} \times (\boldsymbol{\omega} \times \boldsymbol{r}) - 2m\boldsymbol{\omega} \times \boldsymbol{v} \tag{2-7}$$

式(2-7)右侧第一项为静止的参考坐标系(惯性系)能观测到的真实作用力，$F_1 = m\boldsymbol{A}$，而 $F_2 = m\boldsymbol{a}$ 为转动坐标系(非惯性系)能观测到的作用力，非惯性系下的牛顿第二定律不再成立。定义式(2-7)右侧第二项和第三项分别为惯性离心力 f_c 和科氏作用力 f_g，有

$$\begin{cases} \boldsymbol{f}_c = -m\boldsymbol{\omega} \times (\boldsymbol{\omega} \times \boldsymbol{r}) \\ \boldsymbol{f}_g = -2m\boldsymbol{\omega} \times \boldsymbol{v} \end{cases} \tag{2-8}$$

惯性离心力 f_c 与质点在转动坐标系中的速度无关，而科氏作用力 f_g 与质点在转动坐标系中的速度相关，从而科氏加速度 $\boldsymbol{a}_g$ 为

$$a_{\mathrm{g}} = 2\boldsymbol{\omega} \times \boldsymbol{v} \tag{2-9}$$

由式(2-9)可以看出，科氏加速度可由矢量叉乘 $\boldsymbol{\omega} \times \boldsymbol{v}$ 得到，其方向即矢量叉乘 $\boldsymbol{\omega} \times \boldsymbol{v}$ 的方向，符合右手螺旋法则。科氏加速度是由质点的牵连旋转角速度 $\boldsymbol{\omega}$ 和质点相对于转动坐标系的运动速度 $\boldsymbol{v}$ 两者相互作用产生的，牵连旋转运动使得质点或者刚体的相对运动速度方向发生了变化，从而产生了第一项附加加速度 $\boldsymbol{\omega} \times \boldsymbol{v}$，同时，质点或者刚体的相对运动使得牵连旋转速度的大小发生了变化，从而产生了第二项附加加速度 $\boldsymbol{\omega} \times \dfrac{\mathrm{d}\boldsymbol{r}}{\mathrm{d}t}$，这两项附加加速度的和为科氏加速度。科氏力和科氏加速度的作用效果为科氏效应。

2.1.2　基尔霍夫假设

基尔霍夫(Kirchhoff)假设是在结构力学和弹性理论中常用于分析薄板和薄壳行为的一种假设。该假设的主要内容是：在薄板或薄壳的理论分析中，对于中性面附近的变形可以假定为平面截面保持平直。这意味着即使在变形之后，中性面附近的每个横截面仍然是平面的，不发生弯曲[2-4]。

由于薄壳厚度 h 远小于壳体中面的最小曲率半径 R，因此半球谐振子的半球壳符合薄壳的条件。为建立符合半球谐振子振动特性的薄壳弹性力学几何方程，有以下假设：

(1) 垂直于中面的正应变可以忽略不计。

(2) 中面法线保持为直线，而且中面法线及其垂直线段之间的直角保持不变，也就是该方向的切应变为零。

(3) 与中面平行的截面上的正应力，远小于其垂直面上的正应力，因而它对应变的影响可以忽略不计。

(4) 薄壳上所有加载的面力均可转化为作用于中面的载荷。一般认为，垂直于截面的应力分量称为正应力。该点处，某一方向的截面上所分布的法向应力所产生的长度方向的应变称为正应变。

2.1.3　薄壳理论

弹性力学问题是客观存在的，与使用何种坐标系表示无关。弹性力学基本方程可以在直角坐标系或正交曲线坐标系下建立。以半球壳为例，图 2-2 建立了半球壳的正交曲

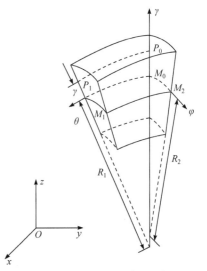

图 2-2　半球壳的正交曲线坐标系

线坐标系。

图 2-2 中，θ、φ、γ 为正交曲面坐标系的三个轴向。定义 θ、φ、γ 三个方向的拉梅系数为 H_1、H_2、H_3，可得

$$\begin{cases} H_1 = \sqrt{\left(\dfrac{\partial x}{\partial \theta}\right)^2 + \left(\dfrac{\partial y}{\partial \theta}\right)^2 + \left(\dfrac{\partial z}{\partial \theta}\right)^2} \\[3mm] H_2 = \sqrt{\left(\dfrac{\partial x}{\partial \varphi}\right)^2 + \left(\dfrac{\partial y}{\partial \varphi}\right)^2 + \left(\dfrac{\partial z}{\partial \varphi}\right)^2} \\[3mm] H_3 = \sqrt{\left(\dfrac{\partial x}{\partial \gamma}\right)^2 + \left(\dfrac{\partial y}{\partial \gamma}\right)^2 + \left(\dfrac{\partial z}{\partial \gamma}\right)^2} \end{cases} \tag{2-10}$$

由于直线的拉梅系数为 1，即 $H_3 = 1$。定义半球壳中曲面内一点 M_0 沿 θ 和 φ 方向的拉梅系数分别为 A、B，则有

$$\begin{cases} A = \left(H_1\right)_{\gamma=0} = \sqrt{\left(\dfrac{\partial x}{\partial \theta}\right)^2 + \left(\dfrac{\partial y}{\partial \theta}\right)^2 + \left(\dfrac{\partial z}{\partial \theta}\right)^2} \\[3mm] B = \left(H_2\right)_{\gamma=0} = \sqrt{\left(\dfrac{\partial x}{\partial \varphi}\right)^2 + \left(\dfrac{\partial y}{\partial \varphi}\right)^2 + \left(\dfrac{\partial z}{\partial \varphi}\right)^2} \end{cases} \tag{2-11}$$

因此，在 M_0 点沿 θ 和 φ 方向的微分弧长 M_0M_1 和 M_0M_2 分别为

$$\begin{cases} M_0M_1 = A\mathrm{d}\theta \\ M_0M_2 = B\mathrm{d}\varphi \end{cases} \tag{2-12}$$

对于半球壳上任意一点 P_0，它沿 θ 方向的微分弧长 $P_0P_1 = H_1\mathrm{d}\theta$，由图 2-2 可以看出，存在比例关系式 $\dfrac{P_0P_1}{M_0M_1} = \dfrac{R_1+\gamma}{R_1}$，其中 R_1 为半球壳中曲面上的点 M_0 沿 θ 方向的半径。将 $P_0P_1 = H_1\mathrm{d}\theta$ 与 $M_0M_1 = A\mathrm{d}\theta$ 代入上述比例关系式，可得

$$\frac{H_1}{A} = 1 + \frac{\gamma}{R_1} = 1 + k_1\gamma \tag{2-13}$$

其中，$k_1 = \dfrac{1}{R_1}$，为点 M_0 沿 θ 方向的主曲率半径。同理可得

$$\frac{H_2}{B} = 1 + \frac{\gamma}{R_2} = 1 + k_2\gamma \tag{2-14}$$

其中，R_2 和 k_2 分别为点 M_0 沿 φ 方向的半径和主曲率半径，$k_2 = \dfrac{1}{R_2}$。进而可得半球壳上任意一点 P_0 沿 θ 和 φ 方向的拉梅系数：

$$\begin{cases} H_1 = A(1+k_1\gamma) \\ H_2 = B(1+k_2\gamma) \end{cases} \tag{2-15}$$

正交曲线坐标系下弹性体位移形变如图 2-3 所示，定义半球壳上任意一点 P_0 沿 θ、φ、γ 方向的位移分别为 u_1、u_2、u_3 ，沿坐标轴方向的正应变为 τ_1、τ_2、τ_3 ，切应变为 τ_{23}、τ_{31}、τ_{12}。

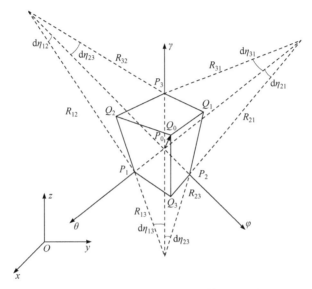

图 2-3　正交曲线坐标系下弹性体位移形变

当位移形变使 P_0 到达 Q_0 时，Q_0 的坐标为 $[\theta+\mathrm{d}\theta,\varphi+\mathrm{d}\varphi,\gamma+\mathrm{d}\gamma]$。建立弹性体应变与位移的几何方程，在 P_0 处取体积微元，体积微元的所有边都沿着 θ、φ、γ 方向。首先求通过 P_0 的 P_0P_1、P_0P_2、P_0P_3 三条边的半径和曲率半径。针对边 P_0P_1，需计算 P_0P_3 与 P_1Q_2 的夹角 $\mathrm{d}\eta_{13}$ ，即

$$\mathrm{d}\eta_{13} = \frac{P_3Q_2 - P_0P_1}{P_0P_3} = \frac{\left(H_1\mathrm{d}\theta + \dfrac{\partial H_1\mathrm{d}\theta}{\partial \gamma}\mathrm{d}\gamma\right) - H_1\mathrm{d}\theta}{H_3\mathrm{d}\gamma} = \frac{1}{H_3}\frac{\partial H_1}{\partial \gamma}\mathrm{d}\theta \tag{2-16}$$

因此，P_0P_1 在 $\theta\gamma$ 面内的曲率半径 k_{13} 和半径 R_{13} 为

$$k_{13} = \frac{1}{R_{13}} = \frac{\mathrm{d}\eta_{13}}{P_0P_1} = \frac{\mathrm{d}\eta_{13}}{H_1\mathrm{d}\theta} = \frac{1}{H_1 H_3}\frac{\partial H_1}{\partial \gamma} \tag{2-17}$$

针对边 P_0P_1，还需计算 P_0P_2 与 P_1Q_3 的夹角 $\mathrm{d}\eta_{12}$ ，即

$$\mathrm{d}\eta_{12} = \frac{P_2Q_3 - P_0P_1}{P_0P_2} = \frac{\left(H_1\mathrm{d}\theta + \dfrac{\partial H_1\mathrm{d}\theta}{\partial \varphi}\mathrm{d}\varphi\right) - H_1\mathrm{d}\theta}{H_2\mathrm{d}\varphi} = \frac{1}{H_2}\frac{\partial H_1}{\partial \varphi}\mathrm{d}\theta \tag{2-18}$$

因此，P_0P_1 在 $\theta\varphi$ 面内的曲率半径 k_{12} 和半径 R_{12} 为

$$k_{12} = \frac{1}{R_{12}} = \frac{\mathrm{d}\eta_{12}}{P_0P_1} = \frac{\mathrm{d}\eta_{12}}{H_1\mathrm{d}\theta} = \frac{1}{H_1H_2}\frac{\partial H_1}{\partial\varphi} \tag{2-19}$$

同理可得 P_0P_2、P_0P_3 在不同面内的曲率半径 k_{21}、k_{23}，k_{31}、k_{32} 和半径 R_{21}、R_{23}，R_{31}、R_{32}。综上可得

$$\begin{cases} k_{12} = \dfrac{1}{R_{12}} = \dfrac{1}{H_1H_2}\dfrac{\partial H_1}{\partial\varphi} \\[2mm] k_{13} = \dfrac{1}{R_{13}} = \dfrac{1}{H_1H_3}\dfrac{\partial H_1}{\partial\gamma} \\[2mm] k_{23} = \dfrac{1}{R_{23}} = \dfrac{1}{H_2H_3}\dfrac{\partial H_2}{\partial\gamma} \\[2mm] k_{21} = \dfrac{1}{R_{21}} = \dfrac{1}{H_2H_1}\dfrac{\partial H_2}{\partial\theta} \\[2mm] k_{31} = \dfrac{1}{R_{31}} = \dfrac{1}{H_3H_1}\dfrac{\partial H_3}{\partial\theta} \\[2mm] k_{32} = \dfrac{1}{R_{32}} = \dfrac{1}{H_3H_2}\dfrac{\partial H_3}{\partial\varphi} \end{cases} \tag{2-20}$$

由于 P_0 沿 θ、φ、γ 方向的位移为 u_1、u_2、u_3，与 u_1、u_2、u_3 对应的 P_0P_1 的正应变 τ_1'、τ_1''、τ_1''' 可分别表示为

$$\begin{cases} \tau_1' = \dfrac{\left(u_1 + \dfrac{\partial u_1}{\partial s_1}\mathrm{d}s_1\right) - u_1}{\mathrm{d}s_1} = \dfrac{\partial u_1}{\partial s_1} = \dfrac{1}{H_1}\dfrac{\partial u_1}{\partial\theta} \\[3mm] \tau_1'' = \dfrac{(R_{12}+u_2)\mathrm{d}\eta_{12} - R_{12}\mathrm{d}\eta_{12}}{R_{12}\mathrm{d}\eta_{12}} = \dfrac{u_2}{R_{12}} \\[3mm] \tau_1''' = \dfrac{(R_{13}+u_3)\mathrm{d}\eta_{13} - R_{13}\mathrm{d}\eta_{13}}{R_{13}\mathrm{d}\eta_{13}} = \dfrac{u_3}{R_{13}} \end{cases} \tag{2-21}$$

因此，P_0P_1 的正应变总和为

$$\tau_1 = \tau_1' + \tau_1'' + \tau_1''' = \frac{1}{H_1}\frac{\partial u_1}{\partial\theta} + \frac{u_2}{R_{12}} + \frac{u_3}{R_{13}} \tag{2-22}$$

将式(2-20)代入式(2-22)可得

$$\tau_1 = \frac{1}{H_1}\frac{\partial u_1}{\partial\theta} + \frac{1}{H_1H_2}\frac{\partial H_1}{\partial\varphi}u_2 + \frac{1}{H_1H_3}\frac{\partial H_1}{\partial\gamma}u_3 \tag{2-23}$$

进一步考虑直角 $\angle P_1P_0P_2$ 的切应变。对于位移 u_2、P_0P_1 向 P_0P_2 的转角为

$$\frac{\left(u_2+\dfrac{\partial u_2}{\partial s_1}\mathrm{d}s_1\right)-u_2}{\mathrm{d}s_1}=\frac{\partial u_2}{\partial s_1}=\frac{1}{H_1}\frac{\partial u_2}{\partial\theta}\text{，对于位移 }u_1\text{、}P_0P_1\text{ 向 }P_0P_2\text{ 的转角为}-\frac{u_1}{R_{12}}\text{，}$$

故 P_0P_1 向 P_0P_2 的总转角为 $\dfrac{1}{H_1}\dfrac{\partial u_2}{\partial\theta}-\dfrac{u_1}{R_{12}}$。同理可得，$P_0P_2$ 向 P_0P_1 的总转角为

$\dfrac{1}{H_2}\dfrac{\partial u_1}{\partial\varphi}-\dfrac{u_2}{R_{21}}$。因此，直角 $\angle P_1P_0P_2$ 的切应变为

$$\tau_{12}=\frac{1}{H_1}\frac{\partial u_2}{\partial\theta}-\frac{u_1}{R_{12}}+\frac{1}{H_2}\frac{\partial u_1}{\partial\varphi}-\frac{u_2}{R_{21}} \tag{2-24}$$

根据式(2-23)和式(2-24)的建立过程，可得弹性力学几何方程的六个表达式，即

$$\begin{cases}\tau_1=\dfrac{1}{H_1}\dfrac{\partial u_1}{\partial\theta}+\dfrac{1}{H_1H_2}\dfrac{\partial H_1}{\partial\varphi}u_2+\dfrac{1}{H_1H_3}\dfrac{\partial H_1}{\partial\gamma}u_3\\[3mm]
\tau_2=\dfrac{1}{H_2}\dfrac{\partial u_2}{\partial\varphi}+\dfrac{1}{H_2H_3}\dfrac{\partial H_2}{\partial\gamma}u_3+\dfrac{1}{H_2H_1}\dfrac{\partial H_2}{\partial\theta}u_1\\[3mm]
\tau_3=\dfrac{1}{H_3}\dfrac{\partial u_3}{\partial\gamma}+\dfrac{1}{H_3H_1}\dfrac{\partial H_3}{\partial\theta}u_1+\dfrac{1}{H_3H_2}\dfrac{\partial H_3}{\partial\varphi}u_2\\[3mm]
\tau_{23}=\dfrac{H_3}{H_2}\dfrac{\partial}{\partial\varphi}\left(\dfrac{u_3}{H_3}\right)+\dfrac{H_2}{H_3}\dfrac{\partial}{\partial\gamma}\left(\dfrac{u_2}{H_2}\right)\\[3mm]
\tau_{31}=\dfrac{H_1}{H_3}\dfrac{\partial}{\partial\gamma}\left(\dfrac{u_1}{H_1}\right)+\dfrac{H_3}{H_1}\dfrac{\partial}{\partial\theta}\left(\dfrac{u_3}{H_3}\right)\\[3mm]
\tau_{12}=\dfrac{H_2}{H_1}\dfrac{\partial}{\partial\theta}\left(\dfrac{u_2}{H_2}\right)+\dfrac{H_1}{H_2}\dfrac{\partial}{\partial\varphi}\left(\dfrac{u_1}{H_1}\right)\end{cases} \tag{2-25}$$

根据基尔霍夫假设的第一、二条，针对符合薄壳条件的半球壳有

$$\begin{cases}\tau_3=0\\ \tau_{31}=0\\ \tau_{23}=0\end{cases} \tag{2-26}$$

定义中曲面上的点沿 θ、φ、γ 方向的位移分别为 $(u_1)_{\gamma=0}=u,(u_2)_{\gamma=0}=v,(u_3)_{\gamma=0}=w$，可得

$$\begin{cases}u_1=\left(1+k_1\gamma\right)u-\dfrac{\gamma}{A}\dfrac{\partial w}{\partial\theta}\\[3mm]
u_2=\left(1+k_2\gamma\right)v-\dfrac{\gamma}{B}\dfrac{\partial w}{\partial\varphi}\\[3mm]
u_3=w\end{cases} \tag{2-27}$$

将式(2-15)、式(2-26)、式(2-27)以及 $H_3 = 1$ 代入式(2-25)，可得

$$
\begin{cases}
\tau_1 = \dfrac{1}{A(1+k_1\gamma)}\dfrac{\partial}{\partial\theta}\left[(1+k_1\gamma)u - \dfrac{\gamma}{A}\dfrac{\partial w}{\partial\theta}\right] + \dfrac{k_1}{1+k_1\gamma}w \\[2mm]
\qquad + \dfrac{\dfrac{\partial}{\partial\varphi}\left[A(1+k_1\gamma)\right]}{AB(1+k_1\gamma)(1+k_2\gamma)}\left[(1+k_2\gamma)v - \dfrac{\gamma}{B}\dfrac{\partial w}{\partial\varphi}\right] \\[2mm]
\tau_2 = \dfrac{1}{B(1+k_2\gamma)}\dfrac{\partial}{\partial\varphi}\left[(1+k_2\gamma)v - \dfrac{\gamma}{B}\dfrac{\partial w}{\partial\varphi}\right] + \dfrac{k_2}{1+k_2\gamma}w \\[2mm]
\qquad + \dfrac{\dfrac{\partial}{\partial\theta}\left[B(1+k_2\gamma)\right]}{AB(1+k_1\gamma)(1+k_2\gamma)}\left[(1+k_1\gamma)u - \dfrac{\gamma}{A}\dfrac{\partial w}{\partial\theta}\right] \\[2mm]
\tau_{12} = \dfrac{B(1+k_2\gamma)}{A(1+k_1\gamma)}\dfrac{\partial}{\partial\theta}\dfrac{(1+k_2\gamma)v - \dfrac{\gamma}{B}\dfrac{\partial w}{\partial\varphi}}{B(1+k_2\gamma)} + \dfrac{A(1+k_1\gamma)}{B(1+k_2\gamma)}\dfrac{\partial}{\partial\varphi}\dfrac{(1+k_1\gamma)u - \dfrac{\gamma}{A}\dfrac{\partial w}{\partial\theta}}{A(1+k_1\gamma)}
\end{cases}
\tag{2-28}
$$

由于 γ 最大绝对值为球壳厚度的一半，故可将 $\dfrac{1}{1+k_1\gamma}$ 和 $\dfrac{1}{1+k_2\gamma}$ 进一步展开为

$$
\begin{cases}
\dfrac{1}{1+k_1\gamma} = 1 - k_1\gamma \\[2mm]
\dfrac{1}{1+k_2\gamma} = 1 - k_2\gamma
\end{cases}
\tag{2-29}
$$

因此，式(2-28)可进一步化简为

$$
\begin{cases}
\tau_1 = \varepsilon_1 + \chi_1\gamma \\
\tau_2 = \varepsilon_2 + \chi_2\gamma \\
\tau_{12} = \varepsilon_{12} + \chi_{12}\gamma
\end{cases}
\tag{2-30}
$$

其中，ε_1、ε_2、ε_{12}、χ_1、χ_2、χ_{12} 分别为

$$
\begin{cases}
\varepsilon_1 = \dfrac{1}{A}\dfrac{\partial u}{\partial\theta} + \dfrac{1}{AB}\dfrac{\partial A}{\partial\varphi}v + k_1 w \\[2mm]
\varepsilon_2 = \dfrac{1}{B}\dfrac{\partial v}{\partial\varphi} + \dfrac{1}{AB}\dfrac{\partial B}{\partial\theta}u + k_2 w \\[2mm]
\varepsilon_{12} = \dfrac{A}{B}\dfrac{\partial}{\partial\varphi}\left(\dfrac{u}{A}\right) + \dfrac{B}{A}\dfrac{\partial}{\partial\theta}\left(\dfrac{v}{B}\right) \\[2mm]
\chi_1 = \dfrac{\partial k_1}{\partial\theta}\dfrac{u}{A} + \dfrac{\partial k_1}{\partial\varphi}\dfrac{v}{B} - k_1^2 w - \dfrac{1}{A}\dfrac{\partial}{\partial\theta}\left(\dfrac{1}{A}\dfrac{\partial w}{\partial\theta}\right) - \dfrac{1}{AB^2}\dfrac{\partial A}{\partial\varphi}\dfrac{\partial w}{\partial\varphi}
\end{cases}
$$

$$\chi_2 = \frac{\partial k_2}{\partial \theta}\frac{v}{B} + \frac{\partial k_2}{\partial \theta}\frac{u}{A} - k_2^2 w - \frac{1}{B}\frac{\partial}{\partial \varphi}\left(\frac{1}{B}\frac{\partial w}{\partial \varphi}\right) - \frac{1}{A^2 B}\frac{\partial B}{\partial \theta}\frac{\partial w}{\partial \theta}$$

$$\chi_{12} = \frac{k_1 - k_2}{2}\left[\frac{A}{B}\frac{\partial}{\partial \varphi}\left(\frac{u}{A}\right) - \frac{B}{A}\frac{\partial}{\partial \theta}\left(\frac{v}{B}\right)\right] \qquad (2\text{-}31)$$

$$- \frac{1}{AB}\left(\frac{\partial^2 w}{\partial \theta \partial \varphi} - \frac{1}{A}\frac{\partial A}{\partial \varphi}\frac{\partial w}{\partial \theta} - \frac{1}{B}\frac{\partial B}{\partial \theta}\frac{\partial w}{\partial \varphi}\right)$$

由式(2-30)可得 $(\tau_1)_{\gamma=0} = \varepsilon_1, (\tau_2)_{\gamma=0} = \varepsilon_2, (\tau_{12})_{\gamma=0} = \varepsilon_{12}$。因此，$\varepsilon_1$、$\varepsilon_2$ 为正应变，ε_{12} 为切应变，χ_1、χ_2 为曲率改变量，χ_{12} 为扭转改变量。针对半球壳有 $\tau_3 = 0, \tau_{31} = 0, \tau_{23} = 0$，故式(2-31)建立了半球壳中曲面应变与位移的关系，是半球壳变形的几何方程。半球壳模型如图 2-4 所示。

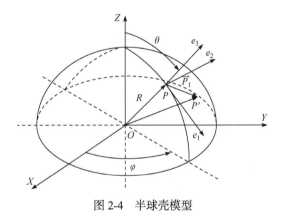

图 2-4 半球壳模型

对于图 2-4 所示半球壳模型，球壳上任意一点 P 在 XYZ 坐标系中的位移 x、y、z 可表示为

$$\begin{cases} x = R\sin\theta\cos\varphi \\ y = R\sin\theta\sin\varphi \\ z = R\cos\theta \end{cases} \qquad (2\text{-}32)$$

球壳中曲面上的点沿 θ、φ 方向的拉梅系数可由式(2-15)进一步表示为

$$\begin{cases} A = (H_1)_{\gamma=0} = \sqrt{\left(\frac{\partial x}{\partial \theta}\right)^2 + \left(\frac{\partial y}{\partial \theta}\right)^2 + \left(\frac{\partial z}{\partial \theta}\right)^2} = R \\ B = (H_2)_{\gamma=0} = \sqrt{\left(\frac{\partial x}{\partial \varphi}\right)^2 + \left(\frac{\partial y}{\partial \varphi}\right)^2 + \left(\frac{\partial z}{\partial \varphi}\right)^2} = R\sin\theta \end{cases} \qquad (2\text{-}33)$$

半球壳沿经线和纬线的曲率半径有

$$k_1 = k_2 = \frac{1}{R} \tag{2-34}$$

将式(2-33)和式(2-34)代入式(2-31)，可将其进一步化简为

$$
\begin{cases}
\varepsilon_1 = \dfrac{1}{R}\dfrac{\partial u}{\partial \theta} + \dfrac{w}{R} \\[2mm]
\varepsilon_2 = \dfrac{1}{R\sin\theta}\dfrac{\partial v}{\partial \varphi} + \dfrac{u}{R}\cot\theta + \dfrac{w}{R} \\[2mm]
\varepsilon_{12} = \dfrac{1}{R\sin\theta}\dfrac{\partial u}{\partial \varphi} + \dfrac{1}{R}\left(\dfrac{\partial v}{\partial \theta} - v\cot\theta\right) \\[2mm]
\chi_1 = -\dfrac{1}{R^2}\dfrac{\partial^2 w}{\partial \theta^2} - \dfrac{w}{R^2} \\[2mm]
\chi_2 = -\dfrac{1}{R^2\sin^2\theta}\dfrac{\partial^2 w}{\partial \varphi^2} - \dfrac{1}{R^2}\cot\theta + \dfrac{\partial w}{\partial \alpha} - \dfrac{w}{R^2} \\[2mm]
\chi_{12} = -\dfrac{1}{R^2\sin\theta}\left(\dfrac{\partial^2 w}{\partial \theta\partial \varphi} - \cot\theta\dfrac{\partial w}{\partial \varphi}\right)
\end{cases}
\tag{2-35}
$$

得到式(2-35)所示的半球壳变形的几何方程后，可进一步获得表示应变与应力关系的半球壳物理方程，并可最终构建内力和外力共同作用下的半球壳平衡方程。半球壳物理方程和平衡方程的构建服从弹性力学基本理论，且沿用了薄壳理论中的基尔霍夫假设，具体推导方法可参考弹性力学相关书籍，此处直接给出半球壳的物理方程和平衡方程。半球壳的物理方程为

$$
\begin{cases}
T_1 = \dfrac{Nh^2}{12R}(\chi_1 + \mu\chi_2) \\[2mm]
T_2 = \dfrac{Nh^2}{12R}(\chi_2 + \mu\chi_1) \\[2mm]
T_{12} = T_{21} = \dfrac{N_1 h^2}{6R}\chi_{12} \\[2mm]
M_1 = D(\chi_1 + \mu\chi_2) \\[2mm]
M_2 = D(\chi_2 + \mu\chi_1) \\[2mm]
M_{12} = M_{21} = D_1\chi_{12}
\end{cases}
\tag{2-36}
$$

其中，$N = \dfrac{Eh}{1-\mu^2}$；$N_1 = \dfrac{Eh}{2(1+\mu)}$；半球壳的弯曲刚度 $D = \dfrac{Eh^3}{12(1-\mu^2)}$；半球壳的

扭转刚度 $D_1 = \dfrac{Eh^3}{12(1+\mu)}$；$T_1$、$T_2$、$T_{12}$、$T_{21}$ 为中面内力；M_1、M_2、M_{12}、M_{21} 为

弯曲内力。半球壳的平衡方程为

$$
\begin{cases}
R\cos\theta\left(T_1 - T_2\right) + R\dfrac{\partial T_1}{\partial\theta} + \dfrac{R}{\sin\theta}\dfrac{\partial T_{12}}{\partial\varphi} \\[2mm]
+\cot\theta\left(M_1 - M_2\right) + \dfrac{\partial M_1}{\partial\theta} + \dfrac{1}{\sin\theta}\dfrac{\partial M_{12}}{\partial\varphi} = -R^2 X \\[2mm]
R\dfrac{1}{\sin\theta}\dfrac{\partial T_2}{\partial\varphi} + 2R\cot\theta T_{12} + R\dfrac{\partial T_{12}}{\partial\theta} + \dfrac{\partial M_{12}}{\partial\theta} \\[2mm]
+2\cot\theta M_{12} + \dfrac{1}{\sin\theta}\dfrac{\partial M_2}{\partial\varphi} = -R^2 Y \\[2mm]
-R\left(T_1 + T_2\right) - \left(M_1 - M_2\right) + 2\cot\theta\dfrac{\partial M_1}{\partial\theta} - \cot\theta\dfrac{\partial M_2}{\partial\theta} \\[2mm]
+\dfrac{\partial^2 M_1}{\partial\theta^2} + \dfrac{1}{\sin^2\theta}\dfrac{\partial^2 M_2}{\partial\varphi^2} + 2\dfrac{\cot\theta}{\sin\theta}\dfrac{\partial M_{12}}{\partial\varphi} + \dfrac{2}{\sin\theta}\dfrac{\partial^2 M_{12}}{\partial\theta\partial\varphi} = -R^2 Z
\end{cases}
\tag{2-37}
$$

其中，X、Y、Z 为单位中面面积内的外力载荷。式(2-37)可以在 $\theta \in \left(0, \dfrac{\pi}{2}\right]$ 的任意取值下进行半球壳的振动特性分析。

2.1.4 瑞利函数

根据半球壳中曲面不可拉伸的假设，有 $\varepsilon_1 = \varepsilon_2 = \varepsilon_{12} = 0$ ，即

$$
\begin{cases}
\dfrac{\partial u}{\partial\theta} + w = 0 \\[2mm]
\dfrac{u}{R}\cos\theta + \dfrac{\partial v}{\partial\varphi} + w\sin\theta = 0 \\[2mm]
\dfrac{\partial u}{\partial\varphi} + \dfrac{\partial v}{\partial\theta}\sin\theta - v\cos\theta = 0
\end{cases}
\tag{2-38}
$$

将半球壳中曲面上点沿 θ、φ、γ 方向的位移沿不可拉伸薄壳的二阶固有振型展开为[12-15]

$$
\begin{cases}
u = U(\theta)\left[\cos 2\varphi\, x(t) + \sin 2\varphi\, y(t)\right] \\[2mm]
v = V(\theta)\left[\sin 2\varphi\, x(t) - \cos 2\varphi\, y(t)\right] \\[2mm]
w = W(\theta)\left[\cos 2\varphi\, x(t) + \sin 2\varphi\, y(t)\right]
\end{cases}
\tag{2-39}
$$

其中，$U(\theta)$、$V(\theta)$、$W(\theta)$ 为确定不可拉伸薄壳二阶固有振型振动的瑞利函数；$x(t)$、$y(t)$ 为 XYZ 坐标系中谐振子二阶振动的位移函数。将式(2-39)代入式(2-38)，在分离圆周角 φ 后，可以简化得到关于母线角 θ 的二阶线性微分方程

$$V''\sin^2\theta - V'\sin\theta\cos\theta - 3V = 0 \tag{2-40}$$

进而可求解得

$$V(\theta) = \sin\theta\tan^2\frac{\theta}{2} \tag{2-41}$$

将式(2-41)代入式(2-38)可得

$$\begin{cases} U(\theta) = V(\theta) = \sin\theta\tan^2\dfrac{\theta}{2} \\ W(\theta) = -(2+\cos\theta)\tan^2\dfrac{\theta}{2} \end{cases} \tag{2-42}$$

综上，式(2-41)和式(2-42)即为半球壳(不可拉伸薄壳)二阶固有振型振动瑞利函数 $U(\theta)$、$V(\theta)$、$W(\theta)$ 的解析形式。

2.2　数　学　基　础

布勒诺夫-伽辽金法是利用球壳单元力平衡方程和瑞利函数求解 HRG 动力学模型的一种数学方法。坐标变换方法多用于位移和力的合成与分解。布勒诺夫-伽辽金法和坐标变换方法是 HRG 的数学基础。

2.2.1　布勒诺夫-伽辽金法

应用势能原理可以建立一系列近似求解弹性力学问题的方法，如瑞利-里茨法与布勒诺夫-伽辽金法。下面重点介绍 HRG 动力学模型求解中主要采用的布勒诺夫-伽辽金法[16]。

布勒诺夫-伽辽金法基于最小势能原理，即变分方程、平衡方程及应力边界条件等价，所以在求解一个弹性力学问题时，只要能够找到满足位移边界条件的位移分量 u、v、w，而且由它们及给定外力(体力及面力)共同计算出的弹性体势能最小，那么这组位移分量就是所论弹性力学问题的解。由于任何一个连续可微的函数都可以用完备、正交的函数(多项式、三角函数等)序列去逼近，因此如果选择的完备正交序列为 u_m、v_m、w_m，那么弹性体中的位移分量总可以用这些已知函数表示为

$$\begin{cases} u = u_0 + \sum_m A_m u_m \\ v = v_0 + \sum_m B_m v_m \\ w = w_0 + \sum_m C_m w_m \end{cases} \tag{2-43}$$

其中，A_m、B_m、C_m 为 $3m$ 个独立的待定系数；u_0、v_0、w_0 与位移边界上给定的位移分量一致，u_m、v_m、w_m 在位移边界上为零，这样给出的函数满足位移边界条件。如果式(2-43)中的 m 遍及正交完备函数序列中的所有函数取和，则由该式给出的弹性体的位移解即是弹性力学问题的准确解，否则得到的问题的近似解。

假设选择的位移函数不仅满足位移边界条件，而且满足应力边界条件，即它使弹性力学问题的全部边界条件都能得到满足，那么可以使用布勃诺夫-伽辽金法使半球壳平衡方程与振动位移函数乘积的体积分为零，对弹性力学问题进行求解。由式(2-39)可得振动位移函数为

$$
\begin{aligned}
L &= u\boldsymbol{e}_1 + v\boldsymbol{e}_2 + w\boldsymbol{e}_3 \\
&= \left[U(\theta)\cos 2\varphi \boldsymbol{e}_1 + V(\theta)\sin 2\varphi \boldsymbol{e}_2 + W(\theta)\cos 2\varphi \boldsymbol{e}_3 \right] x(t) \\
&\quad + \left[U(\theta)\sin 2\varphi \boldsymbol{e}_1 - V(\theta)\cos 2\varphi \boldsymbol{e}_2 + W(\theta)\sin 2\varphi \boldsymbol{e}_3 \right] y(t) \\
&= L_1 x(t) + L_2 y(t)
\end{aligned}
\tag{2-44}
$$

将式(2-37)所示半球壳平衡方程中的三式定义为 M_x、M_y、M_z，则半球谐振子唇沿处的平衡方程可表示为

$$
M = M_x \boldsymbol{e}_1 + M_y \boldsymbol{e}_2 + M_z \boldsymbol{e}_3
\tag{2-45}
$$

由布勃诺夫-伽辽金法可得振动位移函数需要满足以下条件：

$$
\begin{cases}
\iiint\limits_{V} M \cdot L_1 \mathrm{d}V = 0 \\
\iiint\limits_{V} M \cdot L_2 \mathrm{d}V = 0
\end{cases}
\tag{2-46}
$$

其中，V 为半球壳体积。式(2-46)的体积分可具体表示为

$$
\begin{cases}
\int_0^{2\pi} \int_0^{\frac{\pi}{2}} \int_{R-\frac{h}{2}}^{R+\frac{h}{2}} M \cdot L_1 r^2 \sin\theta \mathrm{d}r \mathrm{d}\theta \mathrm{d}\varphi = 0 \\
\int_0^{2\pi} \int_0^{\frac{\pi}{2}} \int_{R-\frac{h}{2}}^{R+\frac{h}{2}} M \cdot L_2 r^2 \sin\theta \mathrm{d}r \mathrm{d}\theta \mathrm{d}\varphi = 0
\end{cases}
\tag{2-47}
$$

并可进一步化简为

$$
\begin{cases}
\int_0^{2\pi} \int_0^{\frac{\pi}{2}} M \cdot L_1 \sin\theta \mathrm{d}\theta \mathrm{d}\varphi = 0 \\
\int_0^{2\pi} \int_0^{\frac{\pi}{2}} M \cdot L_2 \sin\theta \mathrm{d}\theta \mathrm{d}\varphi = 0
\end{cases}
\tag{2-48}
$$

式(2-48)即为用布勃诺夫-伽辽金法解决半球壳动力学建模问题的关系式。

2.2.2　坐标变换方法

1) 旋转矩阵

旋转矩阵能够用来表示任意两个坐标系之间的坐标变换关系。二维坐标的旋转变换如图 2-5 所示。

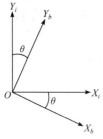

图 2-5　二维坐标的旋转变换

在图 2-5 中，定义二维载体坐标系(b 系)中某点的坐标为 $p_b = \begin{bmatrix} x_b \\ y_b \end{bmatrix}$，假设二维载体坐标系($b$ 系)在初始时刻时与二维参考坐标系(i 系)重合，随后 b 系相对于 i 系绕通过 O 点且垂直于坐标轴平面向外的法线方向作定轴转动。当 b 系相对于 i 系顺时针转动角度 θ 后(相当于 i 系相对于 b 系逆时针转动角度 θ)，该点在 i 系中的坐标为 $p_i = \begin{bmatrix} x_i \\ y_i \end{bmatrix}$，则坐标 p_i 和 p_b 两者间满足关系式

$$\begin{cases} x_i = x_b \cos\theta + y_b \sin\theta \\ y_i = -x_b \sin\theta + y_b \cos\theta \end{cases} \tag{2-49}$$

即

$$p_i = \begin{bmatrix} x_i \\ y_i \end{bmatrix} = R_\theta p_b = \begin{bmatrix} \cos\theta & \sin\theta \\ -\sin\theta & \cos\theta \end{bmatrix} \begin{bmatrix} x_b \\ y_b \end{bmatrix} \tag{2-50}$$

其中，R_θ 为 b 系下坐标 p_b 向 i 系下坐标 p_i 变换的旋转矩阵。i 系下的坐标 p_i 可利用 $R_{-\theta}$ 向 b 系下坐标 p_b 变换，即

$$p_b = \begin{bmatrix} x_b \\ y_b \end{bmatrix} = R_{-\theta} p_i = \begin{bmatrix} \cos\theta & -\sin\theta \\ \sin\theta & \cos\theta \end{bmatrix} \begin{bmatrix} x_i \\ y_i \end{bmatrix} \tag{2-51}$$

其中，$R_{-\theta}$ 表示 b 系相对于 i 系顺时针旋转角度 θ 的坐标变换矩阵。

二维坐标旋转矩阵可以用泡利(Pauli)旋转矩阵表示。Pauli 旋转矩阵是一组三个 2×2 的复矩阵，分别为

$$\sigma_1 = \begin{pmatrix} 0 & 1 \\ 1 & 0 \end{pmatrix}, \quad \sigma_2 = \begin{pmatrix} 0 & -i \\ i & 0 \end{pmatrix}, \quad \sigma_3 = \begin{pmatrix} 1 & 0 \\ 0 & -1 \end{pmatrix} \tag{2-52}$$

它们与 2×2 单位矩阵 I (通常也称为零号 Pauli 矩阵 σ_0)的关系为

$$\sigma_1^2 = \sigma_2^2 = \sigma_3^2 = -i\sigma_1\sigma_2\sigma_3 = I = \sigma_0 \tag{2-53}$$

此外，对于矩阵 $e^{-i\sigma_2}$，有 $e^{-i\sigma_2} = e^{\begin{pmatrix} 0 & -1 \\ 1 & 0 \end{pmatrix}}$，定义 $A = \begin{pmatrix} 0 & -1 \\ 1 & 0 \end{pmatrix}$，将矩阵 A 化为

Jordan 标准型，可得 $A = PJP^{-1}$，其中

$$J = \begin{pmatrix} i & 0 \\ 0 & -i \end{pmatrix}, \ P = \begin{pmatrix} 1 & 1 \\ -i & i \end{pmatrix}, \ P^{-1} = \frac{1}{2}\begin{pmatrix} 1 & i \\ 1 & -i \end{pmatrix} \tag{2-54}$$

由于 $e^A = Pe^J P^{-1}$，$A = PJP^{-1}$ 且 $e^J = \begin{pmatrix} e^i & 0 \\ 0 & e^{-i} \end{pmatrix}$，可得

$$e^A e^\theta = e^{-i\sigma_2\theta} = \frac{1}{2}\begin{pmatrix} e^{i\theta} & e^{-i\theta} \\ -ie^{i\theta} & ie^{-i\theta} \end{pmatrix}\begin{pmatrix} 1 & i \\ 1 & -i \end{pmatrix}$$

$$= \begin{pmatrix} \dfrac{1}{2}\left(e^{i\theta} + e^{-i\theta}\right) & \dfrac{i}{2}\left(e^{i\theta} - e^{-i\theta}\right) \\ \dfrac{i}{2}\left(-e^{i\theta} + e^{-i\theta}\right) & \dfrac{i}{2}(-i)\left(e^{i\theta} + e^{-i\theta}\right) \end{pmatrix} = \begin{pmatrix} \cos\theta & -\sin\theta \\ \sin\theta & \cos\theta \end{pmatrix} \tag{2-55}$$

因此，$e^{-i\sigma_2\theta}$ 和 $e^{i\sigma_2\theta}$ 可分别表示顺时针和逆时针旋转角度 θ 的坐标变换矩阵，即 $R_{-\theta} = e^{-i\sigma_2\theta}$，$R_\theta = e^{i\sigma_2\theta}$。

三维坐标绕 X 轴的旋转变化如图 2-6 所示，定义三维载体坐标系(b 系)中某点的坐标为 $p_b = \begin{bmatrix} x_b \\ y_b \\ z_b \end{bmatrix}$。

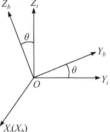

图 2-6　三维坐标绕 X 轴的旋转变化

假设三维载体坐标系(b 系)在初始时刻时与三维参考坐标系(i 系)重合，随后 b 系相对于 i 系绕 X_b 轴(同 X_i 轴)做定轴转动。当 b 系相对于 i 系逆时针转动角度 θ 后(相当于 i 系相对于 b 系顺时针转动角度 θ)，该点在 i 系中的坐标为 $p_i = \begin{bmatrix} x_i \\ y_i \\ z_i \end{bmatrix}$，则坐标 p_i 和 p_b 两者间满足关系式

$$\begin{cases} x_i = x_b \\ y_i = y_b\cos\theta - z_b\sin\theta \\ z_i = y_b\sin\theta + z_b\cos\theta \end{cases} \tag{2-56}$$

即

$$p_i = \begin{bmatrix} x_i \\ y_i \\ z_i \end{bmatrix} = R_{-\theta,X}p_b = \begin{bmatrix} 1 & 0 & 0 \\ 0 & \cos\theta & -\sin\theta \\ 0 & \sin\theta & \cos\theta \end{bmatrix}\begin{bmatrix} x_b \\ y_b \\ z_b \end{bmatrix} \tag{2-57}$$

其中，$R_{-\theta,X}$ 表示 i 系相对于 b 系绕 X_i 轴顺时针旋转角度 θ 的坐标变换矩阵。i 系下的坐标 p_i 向 b 系下坐标 p_b 的变换可表示为

$$p_b = \begin{bmatrix} x_b \\ y_b \\ z_b \end{bmatrix} = R_{\theta,X} p_i = \begin{bmatrix} 1 & 0 & 0 \\ 0 & \cos\theta & \sin\theta \\ 0 & -\sin\theta & \cos\theta \end{bmatrix} \begin{bmatrix} x_i \\ y_i \\ z_i \end{bmatrix} \tag{2-58}$$

其中，$R_{\theta,X}$ 表示 b 系相对于 i 系绕 X_b 轴逆时针旋转角度 θ 的坐标变换矩阵。同理可得，当 b 系相对于 i 系绕 Y_b 轴和 Z_b 轴逆时针旋转角度 θ 时的变换，如图 2-7 所示。

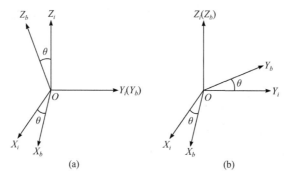

图 2-7　三维坐标绕 Y 轴和 Z 轴的旋转变换
(a) Y 轴；(b) Z 轴

i 系下的坐标 p_i 向 b 系下坐标 p_b 的变换可分别表示为

$$p_b = \begin{bmatrix} x_b \\ y_b \\ z_b \end{bmatrix} = R_{\theta,Y} p_i = \begin{bmatrix} \cos\theta & 0 & -\sin\theta \\ 0 & 1 & 0 \\ \sin\theta & 0 & \cos\theta \end{bmatrix} \begin{bmatrix} x_i \\ y_i \\ z_i \end{bmatrix} \tag{2-59}$$

$$p_b = \begin{bmatrix} x_b \\ y_b \\ z_b \end{bmatrix} = R_{\theta,Z} p_i = \begin{bmatrix} \cos\theta & \sin\theta & 0 \\ -\sin\theta & \cos\theta & 0 \\ 0 & 0 & 1 \end{bmatrix} \begin{bmatrix} x_i \\ y_i \\ z_i \end{bmatrix} \tag{2-60}$$

其中，$R_{\theta,Y}$ 和 $R_{\theta,Z}$ 分别表示 b 系相对于 i 系绕 Y_b 轴和 Z_b 轴逆时针旋转角度 θ 的坐标变换矩阵。综上所示，式(2-58)～式(2-60)分别表示了 b 系相对于 i 系绕 X_b 轴、Y_b 轴和 Z_b 轴逆时针旋转角度 θ 的坐标变换表达式，$R_{\theta,X}$、$R_{\theta,Y}$ 和 $R_{\theta,Z}$ 为相对应的坐标变换矩阵，但绕不同轴的旋转顺序代表着不同的坐标变换结果，如 $R_{\theta,X} R_{\theta,Y} R_{\theta,Z} \neq R_{\theta,Z} R_{\theta,Y} R_{\theta,X}$。

2) 欧拉角

欧拉角能够用来描述定点转动刚体相对于参考坐标系的方向。欧拉角是三个一组的独立角参量，由俯仰角 θ、横滚角 γ 和航向角 ψ 组成。若载体坐标系(b 系)相对于参考坐标系(i 系)按照先绕 Z_b 轴，再绕 X_b 轴，最后绕 Y_b 轴的顺序逆时针旋转角度 θ、γ 和 ψ。定义 b 系相对于 i 系的旋转矩阵 $R_{ZXY} = R_{\gamma,Y}R_{\theta,X}R_{\psi,Z}$，则 R_{ZYX}^{-1} 可表示为

$$
\begin{aligned}
R_{ZYX}^{-1} &= R_{\psi,Z}^{-1}R_{\theta,X}^{-1}R_{\gamma,Y}^{-1} \\
&= \begin{bmatrix} \cos\psi & -\sin\psi & 0 \\ \sin\psi & \cos\psi & 0 \\ 0 & 0 & 1 \end{bmatrix} \begin{bmatrix} 1 & 0 & 0 \\ 0 & \cos\theta & -\sin\theta \\ 0 & \sin\theta & \cos\theta \end{bmatrix} \begin{bmatrix} \cos\gamma & 0 & \sin\gamma \\ 0 & 1 & 0 \\ -\sin\gamma & 0 & \cos\gamma \end{bmatrix} \\
&= \begin{bmatrix} \cos\psi\cos\gamma - \sin\psi\sin\theta\sin\gamma & -\sin\psi\cos\theta & \cos\psi\sin\gamma + \sin\psi\sin\theta\cos\gamma \\ \sin\psi\cos\gamma + \cos\psi\sin\theta\sin\gamma & \cos\psi\cos\theta & \sin\psi\sin\gamma - \cos\psi\sin\theta\cos\gamma \\ -\cos\theta\sin\gamma & \sin\theta & \cos\theta\cos\gamma \end{bmatrix} \\
&= \begin{bmatrix} r_{11} & r_{12} & r_{13} \\ r_{21} & r_{22} & r_{23} \\ r_{31} & r_{32} & r_{33} \end{bmatrix}
\end{aligned}
\tag{2-61}
$$

当俯仰角 $\theta \neq \pm 90°$ 时，可由式(2-61)构建的旋转矩阵 R_{ZYX}^{-1} 表示欧拉角 θ、γ、ψ 为

$$
\begin{cases}
\theta = \arcsin(r_{32}) \\
\gamma = -\arctan 2(r_{31}, r_{33}) \\
\psi = -\arctan 2(r_{12}, r_{22})
\end{cases}
\tag{2-62}
$$

为了防止欧拉角 $\theta = \pm 90°$ 出现奇点，θ 超过 90° 出现万向节锁死现象，需要使用四元数替代欧拉角表示载体姿态。

3) 四元数

四元数能够用来描述刚体转动和姿态变换。四元数 q 由四个一组的独立参量 s、x、y、z 组成，可表示为"实部+虚部"的形式，即

$$
q = s + xi + yj + zk = [s, v]
\tag{2-63}
$$

其中，s、x、y、z 均为实数；s 为四元数 q 的实部；$v = xi + yj + zk$ 为四元数 q 的虚部。假设四元数 $q_a = s_a + x_a i + y_a j + z_a k = [s_a, a]$，$q_b = s_b + x_b i + y_b j + z_b k = [s_b, b]$，四元数有如下运算法则：

$$\begin{cases} \boldsymbol{q}_a + \boldsymbol{q}_b = \left[s_a + s_b, \boldsymbol{a} + \boldsymbol{b} \right] \\ \boldsymbol{q}_a \boldsymbol{q}_b = \left[s_a, \boldsymbol{a} \right]\left[s_b, \boldsymbol{b} \right] \\ \qquad = \left(s_a s_b - x_a x_b - y_a y_b - z_a z_b \right) \\ \qquad\quad + \left(s_a x_b + s_b x_a + y_a z_b - y_b z_a \right)\boldsymbol{i} \\ \qquad\quad + \left(s_a y_b + s_b y_a + z_a x_b - z_b x_a \right)\boldsymbol{j} \\ \qquad\quad + \left(s_a z_b + s_b z_a + x_a y_b - x_b y_a \right)\boldsymbol{k} \end{cases} \tag{2-64}$$

假设四元数 $\boldsymbol{q} = \left[s, \boldsymbol{v} \right]$，其共轭四元数 $\boldsymbol{q}^* = \left[s, -\boldsymbol{v} \right]$，即

$$\boldsymbol{q}\boldsymbol{q}^* = \left[s, \boldsymbol{v} \right]\left[s, -\boldsymbol{v} \right] = \left[s^2 - \boldsymbol{v}(-\boldsymbol{v}), -s\boldsymbol{v} + s\boldsymbol{v} + \boldsymbol{v} \times (-\boldsymbol{v}) \right] = \left[s^2 + \boldsymbol{v}^2, 0 \right] \tag{2-65}$$

此外，四元数 $\boldsymbol{q}$ 的逆可表示为

$$\boldsymbol{q}^{-1} = \frac{\boldsymbol{q}^*}{|\boldsymbol{q}|^2} \tag{2-66}$$

若已知四元数 $\boldsymbol{q} = s + x\boldsymbol{i} + y\boldsymbol{j} + z\boldsymbol{k}$，则相对应的旋转矩阵 $R(q)$ 可表示为

$$R(q) = \begin{bmatrix} s^2 + x^2 - y^2 - z^2 & 2(xy - sz) & 2(xz + sy) \\ 2(xy + sz) & s^2 - x^2 + y^2 - z^2 & 2(yz - sx) \\ 2(xz - sy) & 2(yz + sx) & s^2 - x^2 - y^2 + z^2 \end{bmatrix} \tag{2-67}$$

对于单位四元数 $\boldsymbol{q} = \left[\cos\dfrac{\theta}{2}, \sin\dfrac{\theta}{2}\boldsymbol{v} \right]$，有 $|\boldsymbol{q}| = 1$，$\boldsymbol{v}$ 为单位转轴，θ 为逆时针旋转角度。因此，式(2-61)所示旋转矩阵 R_{ZYX}^{-1} 可以用四元数 $q(\theta, \gamma, \psi)$ 表示为

$$\begin{aligned} q(\theta, \gamma, \psi) &= \left[\cos\frac{\psi}{2}, -\sin\frac{\psi}{2}\boldsymbol{k} \right]\left[\cos\frac{\theta}{2}, -\sin\frac{\theta}{2}\boldsymbol{i} \right]\left[\cos\frac{\gamma}{2}, -\sin\frac{\gamma}{2}\boldsymbol{j} \right] \\ &= \left[\cos\frac{\theta}{2}\cos\frac{\psi}{2}, -\sin\frac{\theta}{2}\cos\frac{\psi}{2}\boldsymbol{i} + \sin\frac{\theta}{2}\sin\frac{\psi}{2}\boldsymbol{j} - \cos\frac{\theta}{2}\sin\frac{\psi}{2}\boldsymbol{k} \right]\left[\cos\frac{\gamma}{2}, -\sin\frac{\gamma}{2}\boldsymbol{j} \right] \\ &= \cos\frac{\theta}{2}\cos\frac{\gamma}{2}\cos\frac{\psi}{2} + \sin\frac{\theta}{2}\sin\frac{\gamma}{2}\sin\frac{\psi}{2} \\ &\quad - \left(\sin\frac{\theta}{2}\cos\frac{\gamma}{2}\cos\frac{\psi}{2} + \cos\frac{\theta}{2}\sin\frac{\gamma}{2}\sin\frac{\psi}{2} \right)\boldsymbol{i} \\ &\quad - \left(\sin\frac{\theta}{2}\cos\frac{\gamma}{2}\sin\frac{\psi}{2} - \cos\frac{\theta}{2}\sin\frac{\gamma}{2}\cos\frac{\psi}{2} \right)\boldsymbol{j} \\ &\quad - \left(\cos\frac{\theta}{2}\cos\frac{\gamma}{2}\sin\frac{\psi}{2} - \sin\frac{\theta}{2}\sin\frac{\gamma}{2}\cos\frac{\psi}{2} \right)\boldsymbol{k} \end{aligned} \tag{2-68}$$

　　一般情况下，旋转矩阵、欧拉角和四元数之间可由"欧拉角到四元数、四元数到旋转矩阵、旋转矩阵到欧拉角"形成闭环。

参 考 文 献

[1] 王国庆. MEMS 陀螺仪误差机理分析及测试方法研究[D]. 哈尔滨: 哈尔滨工业大学, 2019.

[2] 徐泽远. 半球谐振陀螺误差机理与仿真研究[D]. 哈尔滨: 哈尔滨工业大学, 2017.

[3] 徐泽远, 伊国兴, 魏振楠, 等. 一种半球谐振陀螺谐振子动力学建模方法[J]. 航空学报, 2018, 39(3): 139-149.

[4] 赵洪波. 半球谐振陀螺仪的参数计算及误差测试方法的研究[D]. 哈尔滨: 哈尔滨工业大学, 2010.

[5] 祁家毅. 半球谐振陀螺仪误差分析与测试技术[D]. 哈尔滨: 哈尔滨工业大学, 2009.

[6] 陈雪. 半球谐振陀螺仪的误差机理分析和实验方法的研究[D]. 哈尔滨: 哈尔滨工业大学, 2009.

[7] 李巍. 半球谐振陀螺仪的误差机理分析与测试[D]. 哈尔滨: 哈尔滨工业大学, 2013.

[8] 谢阳光. 基于半球谐振陀螺仪的姿态测量系统研究[D]. 哈尔滨: 哈尔滨工业大学, 2013.

[9] 雷霆. 半球谐振陀螺控制技术研究[D]. 重庆: 重庆大学, 2006.

[10] 明坤. 半球谐振陀螺频率裂解机理与平衡方法研究[D]. 哈尔滨: 哈尔滨工业大学, 2019.

[11] 冯士伟. 半球谐振陀螺误差分析与测试方法设计[D]. 哈尔滨: 哈尔滨工业大学, 2008.

[12] Журавлев В Ф, Климов Д М, 陈子玉. 固体波动陀螺(一)[J]. 压电与声光, 1990(5): 73-82.

[13] Журавлев В Ф, Климов Д М, 于波. 固体波动陀螺(二)[J]. 压电与声光, 1990(6): 65-78.

[14] Журавлев В Ф, Климов Д М, 曾乃真. 固体波动陀螺(三)[J]. 压电与声光, 1991(1): 68-90.

[15] Журавлев В Ф, Климов Д М, 曾乃真. 固体波动陀螺(四)[J]. 压电与声光, 1991(2): 55-76.

[16] 方针, 刘书海, 余波. 半球谐振陀螺的基础理论研究[J]. 导航定位与授时, 2017, 4(2): 72-78.

第 3 章 半球谐振子的动力学建模

半球谐振子是 HRG 的工作主体。半球谐振子动力学模型的构建是分析其振动特性(Q值与频差)、设计和执行各模式下陀螺测控方案、完成HRG误差分析、建模、解耦、标定与补偿的基础。

本章首先对半球谐振子任意微元进行形变分析和受力分析，根据微元受力平衡方程并利用布勃诺夫–伽辽金法，实现由"点"到"面"的半球谐振子动力学建模，获得谐振子唇沿处的二阶振动方程。其次，进一步分析存在密度缺陷时谐振子的振动特性，构建带有密度不均匀的半球谐振子动力学模型。最后，半球谐振子的误差模型由物理层演化至动力学表现层，其频率裂解与密度不均匀的关系被定量表示[1-8]。

3.1　半球谐振子形变与受力分析

3.1.1　半球谐振子形变分析

半球谐振子 XYZ 坐标系与 P 点局部 $e_1e_2e_3$ 坐标系如图 3-1 所示。半球谐振子受力平衡方程的建立，需要以其中曲面任意一点受应力和产生应变的情况展开。半球谐振子中曲面指的是平分其厚度的曲面，图 3-1 为中曲面结构。

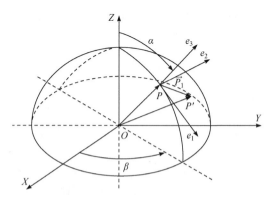

图 3-1　半球谐振子 XYZ 坐标系与 P 点局部 $e_1e_2e_3$ 坐标系

图 3-1 中具有两个坐标系，一个是半球谐振子 XYZ 坐标系，简称为 g 系；另一个是中曲面某点 P 的局部坐标系 $e_1e_2e_3$，由 P 点处沿经线和纬线的切向单位矢

量 e_1、e_2 与法向单位矢量 e_3 构成，简称为 e 系。以 P 点在半球谐振子上的经纬度定义上述两坐标系间的转换矩阵 C_g^e，即

$$C_g^e = \begin{bmatrix} \cos\alpha\cos\beta & \cos\alpha\sin\beta & -\sin\alpha \\ -\sin\beta & \cos\beta & 0 \\ \sin\alpha\cos\beta & \sin\alpha\sin\beta & \cos\alpha \end{bmatrix} \tag{3-1}$$

其中，α 和 β 分别为 P 点处的谐振子母线角与周向角。当谐振子工作在二阶固有振型时，其中曲面上任意一点的位移在 $e_1e_2e_3$ 坐标系三个坐标轴上的分量为

$$\begin{bmatrix} u \\ v \\ w \end{bmatrix} = \begin{bmatrix} U(\alpha)\cos 2\beta \\ V(\alpha)\sin 2\beta \\ W(\alpha)\cos 2\beta \end{bmatrix} x(t) + \begin{bmatrix} U(\alpha)\sin 2\beta \\ -V(\alpha)\cos 2\beta \\ W(\alpha)\sin 2\beta \end{bmatrix} y(t) \tag{3-2}$$

其中，$U(\alpha)$、$V(\alpha)$、$W(\alpha)$ 为确定不可拉伸薄壳二阶固有振型振动的瑞利函数，且 $U(\alpha)=V(\alpha)=\sin\alpha\tan^2\dfrac{\alpha}{2}$，$W(\alpha)=-(2+\cos\alpha)\tan^2\dfrac{\alpha}{2}$；$x(t)$、$y(t)$ 为 XYZ 坐标系中谐振子二阶振动的位移函数。

3.1.2　惯性力方程的推导

如图 3-1 所示，半球谐振子的形变使 P 点移动至 P' 点，在 P 点局部坐标系（e 系）中，使用位移矢量 P_1 表示 P 点至 P' 点的移动。为了计算 P 点相对于惯性坐标系（i 系）的绝对加速度，在惯性空间中，根据科氏定理可得

$$\left.\frac{\mathrm{d}P_1}{\mathrm{d}t}\right|_i = \left.\frac{\mathrm{d}P_1}{\mathrm{d}t}\right|_e + \Omega^e \times P_1 = \dot{P}_1 + \Omega^e \times P_1 \tag{3-3}$$

其中，$\left.\dfrac{\mathrm{d}P_1}{\mathrm{d}t}\right|_e = \dot{P}_1$，为 P 点相对于 e 系的速度；P 点相对于 i 系的速度 $\left.\dfrac{\mathrm{d}P_1}{\mathrm{d}t}\right|_i$ 等于其相对于 e 系的速度 $\dot{P}_1$ 加牵连速度 $\Omega^e \times P_1$；Ω^e 表示 e 系相对于 i 系的转动角速度。由于谐振子敏感其轴向角速度，故输入角速度沿 XYZ 坐标系 Z 轴方向，忽略 g 系相对于 i 系的运动，可得 $\Omega^e = C_g^e \begin{bmatrix} 0 \\ 0 \\ \Omega \end{bmatrix} = \begin{bmatrix} -\Omega\sin\alpha \\ 0 \\ \Omega\cos\alpha \end{bmatrix}$。

再次在惯性空间中对式(3-3)进行微分，可得 P 点相对于惯性坐标系的绝对加速度 a 为

$$a = \left.\frac{\mathrm{d}^2 P_1}{\mathrm{d}t^2}\right|_i = \left.\frac{\mathrm{d}\dot{P}_1}{\mathrm{d}t}\right|_i + \left.\frac{\mathrm{d}}{\mathrm{d}t}\left(\Omega^e \times P_1\right)\right|_i \tag{3-4}$$

其中，$\left.\dfrac{\mathrm{d}\dot{P}_1}{\mathrm{d}t}\right|_i$、$\left.\dfrac{\mathrm{d}}{\mathrm{d}t}\left(\boldsymbol{\Omega}^e \times \boldsymbol{P}_1\right)\right|_i$ 分别为相对加速度和牵连加速度。对 $\left.\dfrac{\mathrm{d}\dot{P}_1}{\mathrm{d}t}\right|_i$ 部分再次使用科氏定理得

$$\left.\frac{\mathrm{d}\dot{P}_1}{\mathrm{d}t}\right|_i = \left.\frac{\mathrm{d}\dot{P}_1}{\mathrm{d}t}\right|_e + \boldsymbol{\Omega}^e \times \dot{P}_1 = \ddot{P}_1 + \boldsymbol{\Omega}^e \times \dot{P}_1 \tag{3-5}$$

对于 $\left.\dfrac{\mathrm{d}}{\mathrm{d}t}\left(\boldsymbol{\Omega}^e \times \boldsymbol{P}_1\right)\right|_i$ 部分有

$$\left.\frac{\mathrm{d}}{\mathrm{d}t}\left(\boldsymbol{\Omega}^e \times \boldsymbol{P}_1\right)\right|_i = \boldsymbol{\Omega}^e \times \left.\frac{\mathrm{d}P_1}{\mathrm{d}t}\right|_i + \left.\frac{\mathrm{d}\boldsymbol{\Omega}^e}{\mathrm{d}t}\right|_e \times \boldsymbol{P}_1 \tag{3-6}$$

将式(3-3)代入式(3-6)，可得

$$\left.\frac{\mathrm{d}}{\mathrm{d}t}\left(\boldsymbol{\Omega}^e \times \boldsymbol{P}_1\right)\right|_i = \boldsymbol{\Omega}^e \times \left(\dot{P}_1 + \boldsymbol{\Omega}^e \times \boldsymbol{P}_1\right) + \dot{\boldsymbol{\Omega}}^e \times \boldsymbol{P}_1 \tag{3-7}$$

将式(3-5)和式(3-7)代入式(3-4)，可得

$$\boldsymbol{a} = \ddot{P}_1 + 2\boldsymbol{\Omega}^e \times \dot{P}_1 + \boldsymbol{\Omega}^e \times \left(\boldsymbol{\Omega}^e \times \boldsymbol{P}_1\right) + \dot{\boldsymbol{\Omega}}^e \times \boldsymbol{P}_1 \tag{3-8}$$

根据式(3-2)，P 点的振动位移矢量 $\boldsymbol{P}_1$ 可表示为 $\boldsymbol{P}_1 = u\boldsymbol{e}_1 + v\boldsymbol{e}_2 + w\boldsymbol{e}_3$，因此式(3-8)右侧各矢量可进一步表示为

$$\begin{cases} \ddot{P}_1 = \ddot{u}\boldsymbol{i} + \ddot{v}\boldsymbol{j} + \ddot{w}\boldsymbol{k} \\ 2\boldsymbol{\Omega}^e \times \dot{P}_1 = -2\dot{v}\Omega\cos\alpha\,\boldsymbol{i} + \left(2\dot{u}\Omega\cos\alpha + 2\dot{w}\Omega\sin\alpha\right)\boldsymbol{j} - 2\dot{v}\Omega\sin\alpha\,\boldsymbol{k} \\ \boldsymbol{\Omega}^e \times \left(\boldsymbol{\Omega}^e \times \boldsymbol{P}_1\right) = -\left(u\Omega^2\cos^2\alpha + w\Omega^2\sin\alpha\cos\alpha\right)\boldsymbol{i} - v\Omega^2\boldsymbol{j} \\ \qquad\qquad\qquad - \left(u\Omega^2\sin\alpha\cos\alpha + w\Omega^2\sin^2\alpha\right)\boldsymbol{k} \\ \dot{\boldsymbol{\Omega}}^e \times \boldsymbol{P}_1 = -v\dot{\Omega}\cos\alpha\,\boldsymbol{i} + \left(u\dot{\Omega}\cos\alpha + w\dot{\Omega}\sin\alpha\right)\boldsymbol{j} - v\dot{\Omega}\sin\alpha\,\boldsymbol{k} \end{cases} \tag{3-9}$$

进而可得 P 点的绝对加速度 $\boldsymbol{a} = \left[a_{e1}, a_{e2}, a_{e3}\right]^{\mathrm{T}}$ 为

$$\begin{cases} a_{e1} = \ddot{u} - 2\dot{v}\Omega\cos\alpha - \left(u\Omega^2\cos^2\alpha + w\Omega^2\sin\alpha\cos\alpha\right) - v\dot{\Omega}\cos\alpha \\ a_{e2} = \ddot{v} + \left(2\dot{u}\Omega\cos\alpha + 2\dot{w}\Omega\sin\alpha\right) - v\Omega^2 + \left(u\dot{\Omega}\cos\alpha + w\dot{\Omega}\sin\alpha\right) \\ a_{e3} = \ddot{w} - 2\dot{v}\Omega\sin\alpha - \left(u\Omega^2\sin\alpha\cos\alpha + w\Omega^2\sin^2\alpha\right) - v\dot{\Omega}\sin\alpha \end{cases} \tag{3-10}$$

在谐振子局部坐标系中，沿 $\boldsymbol{e}_1$、$\boldsymbol{e}_2$、$\boldsymbol{e}_3$ 三个方向谐振子单位面积上的惯性力分别为

$$\begin{cases} F_{ae1} = -\rho h a_{e1} \\ F_{ae2} = -\rho h a_{e2} \\ F_{ae3} = -\rho h a_{e3} \end{cases} \tag{3-11}$$

其中，ρ、h 分别为谐振子的密度和厚度。

3.1.3　受力平衡方程的建立

对谐振子中曲面上 P 点的受力情况进行分析，如图 3-2 所示。

设无阻尼时谐振子面素单位面积上的内力与外载荷分别为 f 和 F，根据达朗贝尔原理，可得谐振子面素单位面积上的力平衡方程为

$$\begin{cases} F_{ae1} + f_{e1} + F_{e1} = 0 \\ F_{ae2} + f_{e2} + F_{e2} = 0 \\ F_{ae3} + f_{e3} + F_{e3} = 0 \end{cases} \tag{3-12}$$

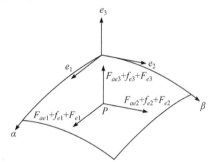

图 3-2　谐振子单位面积上的受力示意图

谐振子工作时，其质点均按二阶固有谐振频率 ω_0 振动，可得

$$\begin{cases} f_{e1} = -\rho h \omega_0^2 u \\ f_{e2} = -\rho h \omega_0^2 v \\ f_{e3} = -\rho h \omega_0^2 w \end{cases} \tag{3-13}$$

3.2　谐振子唇沿处二阶振动方程的建立

基于谐振子中曲面单位面积上受力平衡方程的建立，在此利用布勃诺夫-伽辽金法，建立整个谐振子的动力学方程，并最终求解谐振子唇沿处的振动方程。根据式(3-2)，中曲面上某一点 P 的位移 P_1 可表示为

$$\begin{aligned} \boldsymbol{P}_1 &= u\boldsymbol{e}_1 + v\boldsymbol{e}_2 + w\boldsymbol{e}_3 \\ &= \left[U(\alpha)\cos 2\beta \boldsymbol{e}_1 + V(\alpha)\sin 2\beta \boldsymbol{e}_2 + W(\alpha)\cos 2\beta \boldsymbol{e}_3 \right] x(t) \\ &\quad + \left[U(\alpha)\sin 2\beta \boldsymbol{e}_1 - V(\alpha)\cos 2\beta \boldsymbol{e}_2 + W(\alpha)\sin 2\beta \boldsymbol{e}_3 \right] y(t) \end{aligned} \tag{3-14}$$

用 F_x、F_y、F_z 分别表示谐振子上局部坐标系 $e_1 e_2 e_3$ 三个方向的力，根据式(3-12)，三个方向的合力 $\boldsymbol{F}_0$ 为

$$\begin{cases} \boldsymbol{F}_0 = F_x\boldsymbol{e}_1 + F_y\boldsymbol{e}_2 + F_z\boldsymbol{e}_3 \\ \left(F_{ae1} + f_{e1} + F_{e1}\right)\boldsymbol{e}_1 + \left(F_{ae2} + f_{e2} + F_{e2}\right)\boldsymbol{e}_2 + \left(F_{ae3} + f_{e3} + F_{e3}\right)\boldsymbol{e}_3 = 0 \end{cases} \tag{3-15}$$

根据布勃诺夫-伽辽金法建立整个谐振子的动力学方程：

$$\begin{cases} \int_0^{2\pi}\int_0^{\alpha}\left(F_xU\cos2\beta+F_yV\sin2\beta+F_zW\cos2\beta\right)\sin\alpha\mathrm{d}\alpha\mathrm{d}\beta=0 \\ \int_0^{2\pi}\int_0^{\alpha}\left(F_xU\sin2\beta-F_yV\cos2\beta+F_zW\sin2\beta\right)\sin\alpha\mathrm{d}\alpha\mathrm{d}\beta=0 \end{cases} \tag{3-16}$$

由式(3-16)中的第一个和第二个式子分别可得

$$\int_0^{2\pi}\int_0^{\alpha}\left(F_xU\cos2\beta+F_yV\sin2\beta+F_zW\cos2\beta\right)\sin\alpha\mathrm{d}\alpha\mathrm{d}\beta=0$$

$$=-\rho h\int_0^{2\pi}\int_0^{\alpha}\Big[a_{e1}U\cos2\beta+a_{e2}V\sin2\beta+a_{e3}W\cos2\beta$$

$$+\omega_0^2\left(uU\cos2\beta+vV\sin2\beta+wW\cos2\beta\right)\Big]\sin\alpha\mathrm{d}\alpha\mathrm{d}\beta$$

$$+\int_0^{2\pi}\int_0^{\alpha}\left(F_{e1}U\cos2\beta+F_{e2}V\sin2\beta+F_{e3}W\cos2\beta\right)\sin\alpha\mathrm{d}\alpha\mathrm{d}\beta \tag{3-17}$$

$$\int_0^{2\pi}\int_0^{\alpha}\left(F_xU\sin2\beta-F_yV\cos2\beta+F_zW\sin2\beta\right)\sin\alpha\mathrm{d}\alpha\mathrm{d}\beta=0$$

$$=-\rho h\int_0^{2\pi}\int_0^{\alpha}\Big[a_{e1}U\sin2\beta-a_{e2}V\cos2\beta+a_{e3}W\sin2\beta$$

$$+\omega_0^2\left(uU\sin2\beta-vV\cos2\beta+wW\sin2\beta\right)\Big]\sin\alpha\mathrm{d}\alpha\mathrm{d}\beta$$

$$+\int_0^{2\pi}\int_0^{\alpha}\left(F_{e1}U\sin2\beta-F_{e2}V\cos2\beta+F_{e3}W\sin2\beta\right)\sin\alpha\mathrm{d}\alpha\mathrm{d}\beta \tag{3-18}$$

由于 $\int_0^{2\pi}\cos^2 2\beta\mathrm{d}\beta=\int_0^{2\pi}\sin^2 2\beta\mathrm{d}\beta=\pi$, $\int_0^{2\pi}\sin2\beta\cos2\beta\mathrm{d}\beta=0$ ，因此式(3-17)和式(3-18)可分别化简得

$$-\rho h\int_0^{2\pi}\int_0^{\alpha}\Big[\left(U^2\cos^2 2\beta+V^2\sin^2 2\beta+W^2\cos^2 2\beta\right)\ddot{x}(t)$$

$$+2\Omega(UV\cos\alpha+VW\sin\alpha)\dot{y}(t)$$

$$-\Omega^2\left(U^2\cos^2\alpha\cos^2 2\beta+W^2\sin^2\alpha\cos^2 2\beta+V^2\sin^2 2\beta+2UW\sin\alpha\cos\alpha\cos^2 2\beta\right)x(t)$$

$$+\dot{\Omega}(UV\cos\alpha+VW\sin\alpha)y(t)$$

$$+\omega_0^2\left(U^2\cos^2 2\beta+V^2\sin^2 2\beta+W^2\cos^2 2\beta\right)x(t)\Big]\sin\alpha\mathrm{d}\alpha\mathrm{d}\beta$$

$$+\int_0^{2\pi}\int_0^{\alpha}\left(F_{e1}U\cos2\beta+F_{e2}V\sin2\beta+F_{e3}W\cos2\beta\right)\sin\alpha\mathrm{d}\alpha\mathrm{d}\beta$$

$$=-\rho h\pi\int_0^{\alpha}\Big[\left(U^2+V^2+W^2\right)\sin\alpha\ddot{x}(t)+4\Omega(UV\cos\alpha+VW\sin\alpha)\sin\alpha\dot{y}(t)$$

$$-\Omega^2\left(U^2\cos^2\alpha+W^2\sin^2\alpha+V^2+2UW\sin\alpha\cos\alpha\right)\sin\alpha x(t)$$

$$+2\dot{\Omega}(UV\cos\alpha+VW\sin\alpha)\sin\alpha y(t)+\omega_0^2\left(U^2+V^2+W^2\right)\sin\alpha x(t)\Big]\mathrm{d}\alpha$$

$$+\int_0^{2\pi}\int_0^{\alpha}\left(F_{e1}U\cos2\beta+F_{e2}V\sin2\beta+F_{e3}W\cos2\beta\right)\sin\alpha\mathrm{d}\alpha\mathrm{d}\beta=0 \tag{3-19}$$

$$-\rho h\int_0^{2\pi}\int_0^{\alpha}\Big[\big(U^2\sin^2 2\beta+V^2\cos^2 2\beta+W^2\sin^2 2\beta\big)\ddot{y}(t)$$

$$-2\Omega\big(UV\cos\alpha+VW\sin\alpha\big)\dot{x}(t)$$

$$-\Omega^2\big(U^2\cos^2\alpha\sin^2 2\beta+W^2\sin^2\alpha\sin^2 2\beta+V^2\cos^2 2\beta+2UW\sin\alpha\cos\alpha\sin^2 2\beta\big)y(t)$$

$$-\dot{\Omega}\big(UV\cos\alpha+VW\sin\alpha\big)x(t)$$

$$+\omega_0^2\big(U^2\sin^2 2\beta+V^2\cos^2 2\beta+W^2\sin^2 2\beta\big)y(t)\Big]\sin\alpha\mathrm{d}\alpha\mathrm{d}\beta$$

$$+\int_0^{2\pi}\int_0^{\alpha}\big(F_{e1}U\sin 2\beta-F_{e2}V\cos 2\beta+F_{e3}W\sin 2\beta\big)\sin\alpha\mathrm{d}\alpha\mathrm{d}\beta$$

$$=-\rho h\pi\int_0^{\alpha}\Big[\big(U^2+V^2+W^2\big)\sin\alpha\ddot{y}(t)-4\Omega\big(UV\cos\alpha+VW\sin\alpha\big)\sin\alpha\dot{x}(t)$$

$$-\Omega^2\big(U^2\cos^2\alpha+W^2\sin^2\alpha+V^2+2UW\sin\alpha\cos\alpha\big)\sin\alpha y(t)$$

$$-2\dot{\Omega}\big(UV\cos\alpha+VW\sin\alpha\big)\sin\alpha x(t)+\omega_0^2\big(U^2+V^2+W^2\big)\sin\alpha y(t)\Big]\mathrm{d}\alpha$$

$$+\int_0^{2\pi}\int_0^{\alpha}\big(F_{e1}U\sin 2\beta-F_{e2}V\cos 2\beta+F_{e3}W\sin 2\beta\big)\sin\alpha\mathrm{d}\alpha\mathrm{d}\beta=0 \tag{3-20}$$

令 $m_0=\int_0^{\alpha}\big(U^2+V^2+W^2\big)\sin\alpha\mathrm{d}\alpha$ ，　$b_0=\int_0^{\alpha}\big(UV\cos\alpha+VW\sin\alpha\big)\sin\alpha\mathrm{d}\alpha$ ，

$e_0=\int_0^{\alpha}\big(U^2\cos^2\alpha+W^2\sin^2\alpha+V^2+2UW\sin\alpha\cos\alpha\big)\sin\alpha\mathrm{d}\alpha$ ，则式(3-19)和式(3-20)
化简可得

$$\begin{cases}\ddot{x}(t)+4\dfrac{b_0}{m_0}\Omega\dot{y}(t)+2\dfrac{b_0}{m_0}\dot{\Omega}y(t)+\left(\omega_0^2-\dfrac{e_0}{m_0}\Omega^2\right)x(t)\\[2mm]=-\dfrac{1}{m_0\rho h\pi}\displaystyle\int_0^{2\pi}\int_0^{\alpha}\big(F_{e1}U\cos 2\beta+F_{e2}V\sin 2\beta+F_{e3}W\cos 2\beta\big)\sin\alpha\mathrm{d}\alpha\mathrm{d}\beta\\[4mm]\ddot{y}(t)-4\dfrac{b_0}{m_0}\Omega\dot{x}(t)-2\dfrac{b_0}{m_0}\dot{\Omega}x(t)+\left(\omega_0^2-\dfrac{e_0}{m_0}\Omega^2\right)y(t)\\[2mm]=-\dfrac{1}{m_0\rho h\pi}\displaystyle\int_0^{2\pi}\int_0^{\alpha}\big(F_{e1}U\sin 2\beta-F_{e2}V\cos 2\beta+F_{e3}W\sin 2\beta\big)\sin\alpha\mathrm{d}\alpha\mathrm{d}\beta\end{cases} \tag{3-21}$$

当使用面外电极基板进行驱动和检测时，外载荷施加于谐振子唇沿处，并检测谐振子唇沿处的振动状态。令母线角 $\alpha=\dfrac{\pi}{2}$ ，此时有

$$\begin{cases}m_0=\displaystyle\int_0^{\frac{\pi}{2}}\big(U^2+V^2+W^2\big)\sin\alpha\mathrm{d}\alpha=-\dfrac{37}{3}+20\ln 2\\[4mm]b_0=\displaystyle\int_0^{\frac{\pi}{2}}\big(UV\cos\alpha+VW\sin\alpha\big)\sin\alpha\mathrm{d}\alpha=\dfrac{32}{3}-16\ln 2\end{cases}$$

$$\left\{ e_0 = \int_0^{\frac{\pi}{2}} \left(U^2 \cos^2 \alpha + W^2 \sin^2 \alpha + V^2 + 2UW \sin \alpha \cos \alpha \right) \sin \alpha \, d\alpha = -\frac{80}{3} + 40 \ln 2 \right.$$

$$(3\text{-}22)$$

根据式(3-21)，忽略角加速度 $\dot{\Omega}$ 的影响，在无阻尼、无外载荷且两个正则模态频率一致时，谐振子唇沿处二阶振动方程为

$$\begin{cases} \ddot{x}(t) + 4\dfrac{b_0}{m_0}\Omega \dot{y}(t) + \left(\omega_0^2 - \dfrac{e_0}{m_0}\Omega^2 \right) x(t) = 0 \\[3mm] \ddot{y}(t) - 4\dfrac{b_0}{m_0}\Omega \dot{x}(t) + \left(\omega_0^2 - \dfrac{e_0}{m_0}\Omega^2 \right) y(t) = 0 \end{cases} \qquad (3\text{-}23)$$

其中，$\dfrac{b_0}{m_0} \approx -0.277$；$\dfrac{e_0}{m_0} \approx 0.692$。当谐振子处于二阶振动模态时，有谐振角频率

$$\omega_0 = \frac{1.5127h}{R^2} \sqrt{\frac{E}{(1+\mu)\rho}} \qquad (3\text{-}24)$$

其中，E、μ、ρ、R、h 分别为谐振子杨氏模量、泊松比、密度、中曲面半径和厚度。对式(3-23)引入复数变量 $Z_0 = x + \mathrm{i}y$，可得

$$\ddot{Z}_0 - \mathrm{i}4\frac{b_0}{m_0}\Omega \dot{Z}_0 + \left(\omega_0^2 - \frac{e_0}{m_0}\Omega^2 \right) Z_0 = 0 \qquad (3\text{-}25)$$

其特征方程和特征根为

$$\begin{cases} r^2 - \mathrm{i}4\dfrac{b_0}{m_0}\Omega r + \left(\omega_0^2 - \dfrac{e_0}{m_0}\Omega^2 \right) = 0 \\[4mm] r_1 = \mathrm{i}\left(2\Omega\dfrac{b_0}{m_0} + \sqrt{\omega_0^2 + \left(4\dfrac{b_0^2}{m_0^2} - \dfrac{e_0}{m_0} \right)\Omega^2} \right) \\[4mm] r_2 = \mathrm{i}\left(2\Omega\dfrac{b_0}{m_0} - \sqrt{\omega_0^2 + \left(4\dfrac{b_0^2}{m_0^2} - \dfrac{e_0}{m_0} \right)\Omega^2} \right) \end{cases} \qquad (3\text{-}26)$$

可解得

$$Z_0 = C_1 \mathrm{e}^{\mathrm{i}\left(\sqrt{\omega_0^2 + \left(4\frac{b_0^2}{m_0^2} - \frac{e_0}{m_0} \right)\Omega^2} + 2\Omega\frac{b_0}{m_0} \right)t} + C_2 \mathrm{e}^{-\mathrm{i}\left(\sqrt{\omega_0^2 + \left(4\frac{b_0^2}{m_0^2} - \frac{e_0}{m_0} \right)\Omega^2} - 2\Omega\frac{b_0}{m_0} \right)t} \qquad (3\text{-}27)$$

进而可得位移 x、y 的表达式为

$$
\begin{cases}
x = \underbrace{(C_1 + C_2)\cos\left(2\Omega\dfrac{b_0}{m_0}t\right)}_{a}\cos\left(\sqrt{\omega_0^2 + \left(4\dfrac{b_0^2}{m_0^2} - \dfrac{e_0}{m_0}\right)\Omega^2}\,t\right) \\[4mm]
\quad \underbrace{-(C_1 - C_2)\sin\left(2\Omega\dfrac{b_0}{m_0}t\right)}_{m}\sin\left(\sqrt{\omega_0^2 + \left(4\dfrac{b_0^2}{m_0^2} - \dfrac{e_0}{m_0}\right)\Omega^2}\,t\right) \\[4mm]
y = \underbrace{(C_1 + C_2)\sin\left(2\Omega\dfrac{b_0}{m_0}t\right)}_{b}\cos\left(\sqrt{\omega_0^2 + \left(4\dfrac{b_0^2}{m_0^2} - \dfrac{e_0}{m_0}\right)\Omega^2}\,t\right) \\[4mm]
\quad \underbrace{+(C_1 - C_2)\cos\left(2\Omega\dfrac{b_0}{m_0}t\right)}_{n}\sin\left(\sqrt{\omega_0^2 + \left(4\dfrac{b_0^2}{m_0^2} - \dfrac{e_0}{m_0}\right)\Omega^2}\,t\right)
\end{cases}
\tag{3-28}
$$

其中，x、y 作为 XYZ 坐标系中谐振子二阶振动的位移函数，可设 $x = a\cos\omega_n t + m\sin\omega_n t$，$y = b\cos\omega_n t + n\sin\omega_n t$，其中谐振子的振动频率 ω_n 为

$$
\omega_n = \sqrt{\omega_0^2 + \left(4\dfrac{b_0^2}{m_0^2} - \dfrac{e_0}{m_0}\right)\Omega^2}
\tag{3-29}
$$

可见谐振子振动频率受输入角速度的影响，但因 $\Omega \ll \omega_0$，所以 Ω 对 ω_0 的影响非常小。HRG 目前常使用"半球谐振子+面外平板电极"的两件套结构，因此需要分析谐振子唇沿处 e_1 方向的振动情况。将 x、y 的位移表达式(3-28)代入谐振子振动表达式(3-2)，可得谐振子唇沿处 e_1 方向的位移为

$$
\begin{aligned}
u &= U\left(\frac{\pi}{2}\right)\left[x(t)\cos 2\beta + y(t)\sin 2\beta\right] \\
&= U\left(\frac{\pi}{2}\right)\left[(C_1 + C_2)\cos\left(2\frac{b_0}{m_0}\Omega t\right)\cos 2\beta + (C_1 + C_2)\sin\left(2\frac{b_0}{m_0}\Omega t\right)\sin 2\beta\right]\cos(\omega_n t) \\
&\quad - U\left(\frac{\pi}{2}\right)\left[(C_1 - C_2)\sin\left(2\frac{b_0}{m_0}\Omega t\right)\cos 2\beta - (C_1 - C_2)\cos\left(2\frac{b_0}{m_0}\Omega t\right)\sin 2\beta\right]\sin(\omega_n t)
\end{aligned}
$$

$$
\tag{3-30}
$$

为了寻找 e_1 方向振动位移最大方位，即驻波波腹轴方位，利用式(3-30)，令谐振子该方向振动位移幅值为 A_u，则

$$
\begin{aligned}
\frac{A_u^2}{U^2\left(\frac{\pi}{2}\right)} &= \left(C_1^2 + C_2^2\right) + 2C_1C_2\left[\cos^2\left(2\frac{b_0}{m_0}\Omega t - 2\beta\right) - \sin^2\left(2\frac{b_0}{m_0}\Omega t - 2\beta\right)\right] \\
&= C_1^2 + C_2^2 + 2C_1C_2\cos 4\left(\beta - \frac{b_0}{m_0}\Omega t\right)
\end{aligned}
\tag{3-31}
$$

其中，β 为谐振子周向角。当谐振子自由振动时，在其周向角 $\beta = \dfrac{b_0}{m_0}\Omega t$ 处，e_1 方向位移的振幅取得最大值，即驻波方位角 $\theta = \dfrac{b_0}{m_0}\Omega t$ 。

由驻波方位角的表达式可以得出，当谐振子敏感到 Ω 的输入角速度时，其二阶振型的波腹在谐振子本体上以 $\dfrac{b_0}{m_0}\Omega$ 的角速率改变着方位。由于 $\dfrac{b_0}{m_0} < 0$ ，可设 $-K\Omega = \dfrac{b_0}{m_0}\Omega$ ，即谐振子二阶振型以 $-K\Omega$ 的角速率改变着方位，其中 K 为进动因子，$K \approx 0.277$ 。该进动因子 K 与谐振子的厚度与密度等结构参数均无关，与半球谐振子上位移信号提取纬度也无关，即在利用环形电极时可任取谐振子母线角 $\alpha \in \left[0, \dfrac{\pi}{2}\right]$ 的方位固定，通常选择 $\alpha \in [75°, 85°]$ ；在利用面外平板电极时，则固定 $\alpha = \dfrac{\pi}{2}$ 。

此外，驻波方位角的求解依赖于振动位移信号慢变量 a、b、m、n ，依然由谐振子唇沿处 e_1 方向振动位移表达式(3-30)可得

$$u = U\left(\frac{\pi}{2}\right)\left[x(t)\cos 2\beta + y(t)\sin 2\beta\right]$$

$$= \sin\frac{\pi}{2}\tan^2\frac{\pi}{4}\left[(a\cos\omega_n t + m\sin\omega_n t)\cos 2\beta + (b\cos\omega_n t + n\sin\omega_n t)\sin 2\beta\right]$$

$$= \sqrt{(a\cos 2\beta + b\sin 2\beta)^2 + (m\cos 2\beta + n\sin 2\beta)^2}\cos(\omega_n t - \varphi) \tag{3-32}$$

其中，谐振子振动的初始相位角 $\varphi = \arctan\dfrac{m\cos 2\beta + n\sin 2\beta}{a\cos 2\beta + b\sin 2\beta}$ 。令 A_β 为利用面外电极基板所检测周向角 β 处的驻波振动幅值，其表达式为

$$A_\theta = \sqrt{(a\cos 2\beta + b\sin 2\beta)^2 + (m\cos 2\beta + n\sin 2\beta)^2}$$

$$= \sqrt{a^2\cos^2 2\beta + b^2\sin^2 2\beta + ab\sin 4\beta + m^2\cos^2 2\beta + n^2\sin^2 2\beta + mn\sin 4\beta}$$

$$= \sqrt{\frac{1}{2}\left(a^2 + b^2 + m^2 + n^2\right) + \frac{1}{2}\left(a^2 + m^2 - b^2 - n^2\right)\cos 4\beta + (ab + mn)\sin 4\beta}$$

$$= \sqrt{\frac{1}{2}\left(a^2 + b^2 + m^2 + n^2\right) + \sqrt{\left[\frac{1}{2}\left(a^2 + m^2 - b^2 - n^2\right)\right]^2 + (ab + mn)^2}\cos 4(\beta - \theta)}$$

$$\tag{3-33}$$

显然，当周向角 $\beta = \theta$ 时，A_θ 取得极值，故利用振动位移慢变量 a、b、m、n

的组合运算，可获得驻波方位角求解表达式

$$\theta = \frac{1}{4}\arctan\frac{2(ab+mn)}{a^2+m^2-b^2-n^2} \tag{3-34}$$

3.3　密度不均匀的半球谐振子动力学建模

谐振子材料内部存在的杂质、小气泡等会引起谐振子密度分布的不均匀。当谐振子密度存在周向分布不均匀时，将谐振子密度沿谐振子周向按傅里叶级数展开，仅保留其前 4 次谐波，得

$$\begin{aligned}
\rho &= \rho_0 + \rho_0\sum_{k=1}^{4}\varepsilon_{\rho k}\cos\left[k\left(\beta-\beta_{\rho k}\right)\right] \\
&= \rho_0 + \rho_0\sum_{k=1}^{4}\left[a_{\rho k}\cos(k\beta)+b_{\rho k}\sin(k\beta)\right]
\end{aligned} \tag{3-35}$$

其中，ρ_0 为谐振子密度的平均值；$\varepsilon_{\rho k}$ 和 $\beta_{\rho k}$ 分别为密度不均匀第 k 次谐波的相对幅值和相位；$a_{\rho k}$ 和 $b_{\rho k}$ 分别为密度不均匀第 k 次谐波余弦和正弦分量的相对幅值。

将式(3-35)代入式(3-11)和式(3-13)中，并利用布勃诺夫–伽辽金法重新计算谐振子动力学方程式(3-16)的第一个式子，有

$$\begin{aligned}
&\int_0^{2\pi}\int_0^{\frac{\pi}{2}}\left(F_xU\cos 2\beta+F_yV\sin 2\beta+F_zW\cos 2\beta\right)\sin\alpha\,\mathrm{d}\alpha\mathrm{d}\beta=0 \\
&=-\rho h\int_0^{2\pi}\int_0^{\frac{\pi}{2}}\left(a_{e1}U\cos 2\beta+a_{e2}V\sin 2\beta+a_{e3}W\cos 2\beta\right)\sin\alpha\,\mathrm{d}\alpha\mathrm{d}\beta \\
&\quad-c_0\int_0^{2\pi}\int_0^{\frac{\pi}{2}}\left(uU\cos 2\beta+vV\sin 2\beta+wW\cos 2\beta\right)\sin\alpha\,\mathrm{d}\alpha\mathrm{d}\beta \\
&\quad+\int_0^{2\pi}\int_0^{\frac{\pi}{2}}\left(F_{e1}U\cos 2\beta+F_{e2}V\sin 2\beta+F_{e3}W\cos 2\beta\right)\sin\alpha\,\mathrm{d}\alpha\mathrm{d}\beta \\
&=-\pi\rho_0 h\left[m_0\ddot{x}+4\Omega b_0\dot{y}+\left(m_0\omega_0^2-e_0\Omega^2\right)x+2b_0\dot{\Omega}y\right] \\
&\quad-\rho_0 h\int_0^{2\pi}\int_0^{\frac{\pi}{2}}\sum_{k=1}^{4}\left(a_{\rho k}\cos k\beta+b_{\rho k}\sin k\beta\right)\left(a_{e1}U\cos 2\beta+a_{e2}V+a_{e3}W\cos 2\beta\right)\sin\alpha\,\mathrm{d}\alpha\mathrm{d}\beta \\
&\quad+\int_0^{2\pi}\int_0^{\frac{\pi}{2}}\left(F_{e1}U\cos 2\beta+F_{e2}V\sin 2\beta+F_{e3}W\cos 2\beta\right)\sin\alpha\,\mathrm{d}\alpha\mathrm{d}\beta \\
&=-\pi\rho_0 h\left[\left(m_0+m_1a_{\rho 4}\right)\ddot{x}+m_1b_{\rho 4}\ddot{y}+4\Omega b_0\dot{y}+\left(m_0\omega_0^2-e_0\Omega^2-e_1a_{\rho 4}\Omega^2\right)x-\left(e_1b_{\rho 4}\Omega^2-2b_0\dot{\Omega}\right)y\right] \\
&\quad+\int_0^{2\pi}\int_0^{\frac{\pi}{2}}\left(F_{e1}U\cos 2\beta+F_{e2}V\sin 2\beta+F_{e3}W\cos 2\beta\right)\sin\alpha\,\mathrm{d}\alpha\mathrm{d}\beta
\end{aligned} \tag{3-36}$$

其中

$$\begin{cases} m_1 = \dfrac{1}{2}\int_0^{\frac{\pi}{2}}\left(U^2 - V^2 + W^2\right)\sin\alpha \mathrm{d}\alpha = \dfrac{1}{2}\int_0^{\frac{\pi}{2}}W^2\sin\alpha \mathrm{d}\alpha = 0.55296 \\[4mm] e_1 = \dfrac{1}{2}\int_0^{\frac{\pi}{2}}\left(U^2\cos^2\alpha + 2UW\cos\alpha\sin\alpha - V^2 + W^2\sin^2\alpha\right)\sin\alpha \mathrm{d}\alpha = 0.63553 \end{cases}$$

$$(3\text{-}37)$$

同理计算谐振子动力学方程式(3-16)的第二个式子，有

$$\int_0^{2\pi}\int_0^{\frac{\pi}{2}}\left(F_x U\sin 2\beta - F_y V\cos 2\beta + F_z W\sin 2\beta\right)\sin\alpha \mathrm{d}\alpha \mathrm{d}\beta = 0$$

$$= -\pi\rho_0 h\left[\left(m_0 - m_1 a_{\rho 4}\right)\ddot{y} + m_1 b_{\rho 4}\ddot{x} - 4\Omega b_0\dot{x} + \left(m_0\omega_0^2 - e_0\Omega^2 + e_1 a_{\rho 4}\Omega^2\right)y - \left(e_1 b_{\rho 4}\Omega^2 + 2b_0\dot{\Omega}\right)x\right]$$

$$+ \int_0^{2\pi}\int_0^{\frac{\pi}{2}}\left(F_{e1} U\sin 2\beta - F_{e2} V\cos 2\beta + F_{e3} W\sin 2\beta\right)\sin\alpha \mathrm{d}\alpha \mathrm{d}\beta \qquad (3\text{-}38)$$

综上所述，当考虑谐振子的密度分布不均匀时，谐振子唇沿处二阶振动的动力学模型可由式(3-36)和式(3-38)进一步表示为

$$\left(m_0 + m_1 a_{\rho 4}\right)\ddot{x} + m_1 b_{\rho 4}\ddot{y} + 4\Omega b_0\dot{y} + d_0\dot{x} + \left(m_0\omega_0^2 - e_0\Omega^2 - e_1 a_{\rho 4}\Omega^2\right)x - e_1 b_{\rho 4}\Omega^2 y$$

$$= \frac{1}{\pi\rho_0 h}\int_0^{2\pi}\int_0^{\frac{\pi}{2}}F_{e1} U\cos 2\beta\sin\alpha \mathrm{d}\alpha \mathrm{d}\beta \qquad (3\text{-}39)$$

$$\left(m_0 - m_1 a_{\rho 4}\right)\ddot{y} + m_1 b_{\rho 4}\ddot{x} - 4\Omega b_0\dot{x} + d_0\dot{y} + \left(m_0\omega_0^2 - e_0\Omega^2 + e_1 a_{\rho 4}\Omega^2\right)y - e_1 b_{\rho 4}\Omega^2 x$$

$$= \frac{1}{\pi\rho_0 h}\int_0^{2\pi}\int_0^{\frac{\pi}{2}}F_{e1} U\sin 2\beta\sin\alpha \mathrm{d}\alpha \mathrm{d}\beta \qquad (3\text{-}40)$$

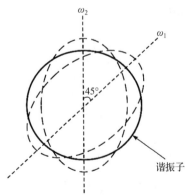

图 3-3 谐振子频率裂解示意图

式 (3-40) 引入了阻尼项 $d_0 = m_0\xi\omega_0^2 = \dfrac{m_0\omega_0}{Q}$，忽略了角加速度 $\dot{\Omega}$ 的影响，同时由于谐振子利用面外平板电极完成驱动和检测，忽略了作用力 F_{e2} 和 F_{e3}。其中，ξ 能够表征谐振子的振荡衰减时间 τ，$\omega_0^2\xi = \dfrac{2}{\tau}$，$Q$ 为谐振子的品质因数。当半球谐振子的密度存在沿谐振子周向呈4次谐波分布不均匀时，谐振子的二阶振型将出现图 3-3 所示的两个呈 45° 夹角的固有刚度轴，沿这两个轴向谐振子的固有角频率分别达到极大值 ω_2 和极小值 ω_1，称这两个固有角频率之差为谐振

子频率裂解 $\Delta\omega = \omega_2 - \omega_1$ 。

令 $p = \dot{x}, q = \dot{y}$ ，则 $\dot{p} = \ddot{x}, \dot{q} = \ddot{y}$ 。式(3-39)$\times \left(m_0 - m_1 a_{\rho 4}\right)$ −式(3-40)$\times m_1 b_{\rho 4}$ 以及式(3-40)$\times \left(m_0 + m_1 a_{\rho 4}\right)$ −式(3-39)$\times m_1 b_{\rho 4}$ 可得

$$
\begin{aligned}
&\dot{p}\left(-m_0^2 + m_1^2 a_{\rho 4}^2 + m_1^2 b_{\rho 4}^2\right) \\
&= p\left[d_0(m_0 - m_1 a_{\rho 4}) + 4m_1 b_0 b_{\rho 4}\Omega\right] \\
&\quad + q\left[4b_0\Omega(m_0 - m_1 a_{\rho 4}) - m_1 b_{\rho 4}d_0\right] \\
&\quad + x\left[\left(m_0\omega_0^2 - e_0\Omega^2 - e_1 a_{\rho 4}\Omega^2\right)\left(m_0 - m_1 a_{\rho 4}\right) + e_1 m_1 b_{\rho 4}^2\Omega^2\right] \\
&\quad + y\left[-e_1\left(m_0 - m_1 a_{\rho 4}\right)b_{\rho 4}\Omega^2 - m_1 b_{\rho 4}\left(m_0\omega_0^2 - e_0\Omega^2 + e_1 a_{\rho 4}\Omega^2\right)\right] \\
&\quad - \frac{1}{\pi\rho_0 h}\int_0^{2\pi}\int_0^{\frac{\pi}{2}}\left[(m_0 - m_1 a_{\rho 4})\cos 2\beta - m_1 b_{\rho 4}\sin 2\beta\right]F_{e1}U\sin\alpha\,\mathrm{d}\alpha\,\mathrm{d}\beta
\end{aligned} \tag{3-41}
$$

$$
\begin{aligned}
&\dot{q}\left(-m_0^2 + m_1^2 a_{\rho 4}^2 + m_1^2 b_{\rho 4}^2\right) \\
&= p\left[-4b_0\Omega(m_0 + m_1 a_{\rho 4}) - m_1 b_{\rho 4}d_0\right] \\
&\quad + q\left[d_0(m_0 + m_1 a_{\rho 4}) - 4m_1 b_0 b_{\rho 4}\Omega\right] \\
&\quad + x\left[-e_1\left(m_0 + m_1 a_{\rho 4}\right)b_{\rho 4}\Omega^2 - m_1 b_{\rho 4}\left(m_0\omega_0^2 - e_0\Omega^2 - e_1 a_{\rho 4}\Omega^2\right)\right] \\
&\quad + y\left[\left(m_0\omega_0^2 - e_0\Omega^2 + e_1 a_{\rho 4}\Omega^2\right)\left(m_0 + m_1 a_{\rho 4}\right) + e_1 m_1 b_{\rho 4}^2\Omega^2\right] \\
&\quad - \frac{1}{\pi\rho_0 h}\int_0^{2\pi}\int_0^{\frac{\pi}{2}}\left[(m_0 + m_1 a_{\rho 4})\sin 2\beta - m_1 b_{\rho 4}\cos 2\beta\right]F_{e1}U\sin\alpha\,\mathrm{d}\alpha\,\mathrm{d}\beta
\end{aligned} \tag{3-42}
$$

对式(3-41)和式(3-42)进行化简并整理，可得谐振子振动位移 x 、 y 与速度 p 、 q 的状态方程为

$$
\begin{bmatrix} \dot{x} \\ \dot{y} \\ \dot{p} \\ \dot{q} \end{bmatrix} = A\begin{bmatrix} x \\ y \\ p \\ q \end{bmatrix} + \begin{bmatrix} 0 \\ 0 \\ F_{31} \\ F_{41} \end{bmatrix} \tag{3-43}
$$

其中

$$
A = \begin{bmatrix} 0 & 0 & 1 & 0 \\ 0 & 0 & 0 & 1 \\ A_{31} & A_{32} & A_{33} & A_{34} \\ A_{41} & A_{42} & A_{43} & A_{44} \end{bmatrix} \tag{3-44}
$$

A 中各元素以及 F_{31}、F_{41} 可分别表示为

$$\begin{cases} A_{31} = \dfrac{\left(m_0\omega_0^2 - e_0\Omega^2 - e_1 a_{\rho4}\Omega^2\right)\left(m_0 - m_1 a_{\rho4}\right) + e_1 m_1 b_{\rho4}^2 \Omega^2}{-m_0^2 + m_1^2 a_{\rho4}^2 + m_1^2 b_{\rho4}^2} \\[4mm] A_{32} = \dfrac{-e_1\left(m_0 - m_1 a_{\rho4}\right)b_{\rho4}\Omega^2 - m_1 b_{\rho4}\left(m_0\omega_0^2 - e_0\Omega^2 + e_1 a_{\rho4}\Omega^2\right)}{-m_0^2 + m_1^2 a_{\rho4}^2 + m_1^2 b_{\rho4}^2} \\[4mm] \qquad = \dfrac{\left(m_1 e_0 - m_0 e_1\right)\Omega^2 - m_0 m_1 \omega_0^2}{-m_0^2 + m_1^2 a_{\rho4}^2 + m_1^2 b_{\rho4}^2} b_{\rho4} \\[4mm] A_{33} = \dfrac{d_0\left(m_0 - m_1 a_{\rho4}\right) + 4 m_1 b_0 b_{4\rho}\Omega}{-m_0^2 + m_1^2 a_{\rho4}^2 + m_1^2 b_{\rho4}^2} \\[4mm] A_{34} = \dfrac{4 b_0 \Omega\left(m_0 - m_1 a_{\rho4}\right) - m_1 b_{\rho4} d_0}{-m_0^2 + m_1^2 a_{\rho4}^2 + m_1^2 b_{\rho4}^2} \\[4mm] A_{41} = \dfrac{-e_1 b_{\rho4}\left(m_0 + m_1 a_{\rho4}\right)\Omega^2 - m_1 b_{\rho4}\left(m_0\omega_0^2 - e_0\Omega^2 - e_1 a_{\rho4}\Omega^2\right)}{-m_0^2 + m_1^2 a_{\rho4}^2 + m_1^2 b_{\rho4}^2} \\[4mm] \qquad = \dfrac{\left(e_0 m_1 - e_1 m_0\right)\Omega^2 - m_0 m_1 \omega_0^2}{-m_0^2 + m_1^2 a_{\rho4}^2 + m_1^2 b_{\rho4}^2} b_{\rho4} \\[4mm] A_{42} = \dfrac{\left(m_0\omega_0^2 - e_0\Omega^2 + e_1 a_{\rho4}\Omega^2\right)\left(m_0 + m_1 a_{\rho4}\right) + e_1 m_1 b_{\rho4}^2 \Omega^2}{-m_0^2 + m_1^2 a_{\rho4}^2 + m_1^2 b_{\rho4}^2} \\[4mm] A_{43} = \dfrac{-4 b_0 \Omega\left(m_0 + m_1 a_{\rho4}\right) - m_1 b_{\rho4} d_0}{-m_0^2 + m_1^2 a_{\rho4}^2 + m_1^2 b_{\rho4}^2} \\[4mm] A_{44} = \dfrac{d_0\left(m_0 + m_1 a_{\rho4}\right) - 4 m_1 b_0 b_{\rho4}\Omega}{-m_0^2 + m_1^2 a_{\rho4}^2 + m_1^2 b_{\rho4}^2} \end{cases} \quad (3\text{-}45)$$

$$\begin{cases} F_{31} = \dfrac{\displaystyle\int_0^{2\pi}\int_0^{\frac{\pi}{2}}\left[\left(m_0 - m_1 a_{\rho4}\right)\cos 2\beta - m_1 b_{\rho4}\sin 2\beta\right]F_{e1}U\sin\alpha\,\mathrm{d}\alpha\,\mathrm{d}\beta}{-\pi\rho_0 h\left(-m_0^2 + m_1^2 a_{\rho4}^2 + m_1^2 b_{\rho4}^2\right)} \\[6mm] F_{41} = \dfrac{\displaystyle\int_0^{2\pi}\int_0^{\frac{\pi}{2}}\left[\left(m_0 + m_1 a_{\rho4}\right)\sin 2\beta - m_1 b_{\rho4}\cos 2\beta\right]F_{e1}U\sin\alpha\,\mathrm{d}\alpha\,\mathrm{d}\beta}{-\pi\rho_0 h\left(-m_0^2 + m_1^2 a_{\rho4}^2 + m_1^2 b_{\rho4}^2\right)} \end{cases} \quad (3\text{-}46)$$

谐振子二阶振动模态的固有角频率可以依据矩阵 A 求解，矩阵 A 特征值的虚部便是谐振子二阶振动模态的固有角频率。下面求解矩阵 A 的特征值 λ。

$$|\lambda I - A| = \begin{vmatrix} \lambda & 0 & -1 & 0 \\ 0 & \lambda & 0 & -1 \\ -A_{31} & -A_{32} & \lambda - A_{33} & -A_{34} \\ -A_{41} & -A_{42} & -A_{43} & \lambda - A_{44} \end{vmatrix}$$

$$= \lambda^4 + k_3 \lambda^3 + k_2 \lambda^2 + k_1 \lambda + k_0 \tag{3-47}$$

其中，I 为 4 阶单位阵；k_3、k_2、k_1、k_0 为特征多项式的系数。k_3、k_2、k_1、k_0 可表示为

$$\begin{cases} k_3 = -A_{33} - A_{44} = \dfrac{-2m_0 d_0}{-m_0^2 + m_1^2 a_{\rho 4}^2 + m_1^2 b_{\rho 4}^2} \\[4mm] k_2 = A_{33}A_{44} - A_{42} - A_{34}A_{43} - A_{31} = -\dfrac{\left[2m_1 e_1\left(a_{\rho 4}^2 + b_{\rho 4}^2\right) + 16b_0^2 - 2e_0 m_0 \right]\Omega^2 + d_0^2 + 2m_0^2 \omega_0^2}{-m_0^2 + m_1^2 a_{\rho 4}^2 + m_1^2 b_{\rho 4}^2} \\[4mm] k_1 = A_{33}A_{42} - A_{32}A_{43} - A_{34}A_{41} + A_{31}A_{44} = \dfrac{2d_0 \left(e_0 \Omega^2 - m_0 \omega_0^2\right)}{-m_0^2 + m_1^2 a_{\rho 4}^2 + m_1^2 b_{\rho 4}^2} \\[4mm] k_0 = A_{31}A_{42} - A_{32}A_{41} = \dfrac{\left[\left(a_{\rho 4}^2 + b_{\rho 4}^2\right)e_1^2 - e_0^2\right]\Omega^4 + 2e_0 m_0 \omega_0^2 - m_0^2 \omega_0^4}{-m_0^2 + m_1^2 a_{\rho 4}^2 + m_1^2 b_{\rho 4}^2} \end{cases}$$

$$\tag{3-48}$$

假设特征多项式(3-47)解的结构为

$$\begin{cases} \lambda_1 = \alpha_1 + i\omega_1 \\ \lambda_2 = \alpha_1 - i\omega_1 \\ \lambda_3 = \alpha_2 + i\omega_2 \\ \lambda_4 = \alpha_2 - i\omega_2 \end{cases} \tag{3-49}$$

其中，α_1、α_2 为常数项；ω_1、ω_2 分别为谐振子二阶振动固有角频率的极小值和极大值。令 $\lambda = s - \dfrac{k_3}{4}$ 消去式(3-47)中的 λ^3 项，可得

$$\left(s - \frac{k_3}{4}\right)^4 + k_3\left(s - \frac{k_3}{4}\right) + k_2\left(s - \frac{k_3}{4}\right) + k_1\left(s - \frac{k_3}{4}\right) + k_0$$

$$= s^4 + k_2' s^2 + k_1' s + k_0' = 0 \tag{3-50}$$

式(3-50)中的系数可表示为

$$\begin{cases} k_2' = k_2 - \dfrac{3k_3^2}{8} \\[4mm] k_1' = k_1 - \dfrac{k_2 k_3}{2} + \dfrac{k_3^3}{8} \\[4mm] k_0' = k_0 - \dfrac{k_1 k_3}{4} + \dfrac{k_3^2 k_2}{16} - \dfrac{3k_3^4}{256} \end{cases}$$

由式(3-48)和式(3-51)可计算系数 k_1' 得

$$k_1' = \frac{2d_0\left(e_0\Omega^2 - m_0\omega_0^2\right)}{-m_0^2 + m_1^2\left(a_{\rho4}^2 + b_{\rho4}^2\right)} - \frac{d_0^3 m_0^3}{\left[-m_0^2 + m_1^2\left(a_{\rho4}^2 + b_{\rho4}^2\right)\right]^3}$$
$$+ d_0 m_0 \frac{2m_0^2\omega_0^2 + d_0^2 + \left[2m_1 e_1\left(a_{\rho4}^2 + b_{\rho4}^2\right) + 16b_0^2 - 2e_0 m_0\right]\Omega^2}{-m_0^2 + m_1^2\left(a_{\rho4}^2 + b_{\rho4}^2\right)} \tag{3-52}$$

由于阻尼项 d_0 是小量，此处取 $k_1' = 0$ 将式(3-50)转变为

$$s^3 + k_2' s^2 + k_0' = 0 \tag{3-53}$$

求解式(3-53)可得

$$\begin{cases} s_{1,2} = \pm\sqrt{\dfrac{k_2' - \sqrt{\left(k_2'\right)^2 - 4k_0'}}{2}}\,\mathrm{i} \\[4mm] s_{3,4} = \pm\sqrt{\dfrac{k_2' + \sqrt{\left(k_2'\right)^2 - 4k_0'}}{2}}\,\mathrm{i} \end{cases} \tag{3-54}$$

利用式(3-48)和式(3-51)的系数表达式，可得

$$\begin{cases} k_2' \approx 2\omega_0^2 \\[3mm] \left(k_2'\right)^2 - 4k_0' \approx \dfrac{4\omega_0^4}{m_0^2}\left[m_1^2\left(a_{\rho4}^2 + b_{\rho4}^2\right) + \dfrac{16b_0^2\Omega^2}{\omega_0^2}\right] \end{cases} \tag{3-55}$$

将系数 k_2' 和 $\left(k_2'\right)^2 - 4k_0'$ 代入式(3-54)，可得

$$\begin{cases} s_{1,2} = \pm\mathrm{i}\sqrt{1 - \dfrac{1}{m_0}\sqrt{m_1^2(a_{\rho4}^2 + b_{\rho4}^2) + \dfrac{16b_0^2\Omega^2}{\omega_0^2}}}\,\omega_0 \\[5mm] s_{3,4} = \pm\mathrm{i}\sqrt{1 + \dfrac{1}{m_0}\sqrt{m_1^2(a_{\rho4}^2 + b_{\rho4}^2) + \dfrac{16b_0^2\Omega^2}{\omega_0^2}}}\,\omega_0 \end{cases} \tag{3-56}$$

由于 $\lambda = s - \dfrac{k_3}{4}$，矩阵 A 的 4 个特征值可分别表示为

$$\begin{cases} \lambda_1 = -\dfrac{k_3}{4} + s_1 \\[3mm] \lambda_2 = -\dfrac{k_3}{4} - s_1 \\[3mm] \lambda_3 = -\dfrac{k_3}{4} + s_3 \\[3mm] \lambda_4 = -\dfrac{k_3}{4} - s_3 \end{cases} \tag{3-57}$$

因此，矩阵 A 特征值的实部为

$$\alpha_1=\alpha_2=-\frac{k_3}{4}=\frac{d_0 m_0}{2[-m_0^2+m_1^2(a_{\rho 4}^2+b_{\rho 4}^2)]} \tag{3-58}$$

由式(3-56)得，矩阵 A 特征值的虚部为

$$\begin{cases} s_1=\mathrm{i}\omega_1 \\ s_3=\mathrm{i}\omega_2 \end{cases} \tag{3-59}$$

谐振子二阶振动模态的固有谐振角频率极小值 ω_1 与极大值 ω_2 的表达式分别为

$$\begin{cases} \omega_1=\sqrt{1-\dfrac{1}{m_0}\sqrt{m_1^2(a_{\rho 4}^2+b_{\rho 4}^2)+\dfrac{16b_0^2\Omega^2}{\omega_0^2}}}\,\omega_0=\sqrt{1-\dfrac{1}{m_0}\sqrt{m_1^2\varepsilon_{\rho 4}^2+\dfrac{16b_0^2\Omega^2}{\omega_0^2}}}\,\omega_0 \\[4mm] \omega_2=\sqrt{1+\dfrac{1}{m_0}\sqrt{m_1^2(a_{\rho 4}^2+b_{\rho 4}^2)+\dfrac{16b_0^2\Omega^2}{\omega_0^2}}}\,\omega_0=\sqrt{1+\dfrac{1}{m_0}\sqrt{m_1^2\varepsilon_{\rho 4}^2+\dfrac{16b_0^2\Omega^2}{\omega_0^2}}}\,\omega_0 \end{cases} \tag{3-60}$$

由式(3-60)可以看出，半球谐振子密度不均匀的 4 次谐波误差是谐振子存在频率裂解的误差源之一。根据谐振子频率裂解的定义可得

$$\begin{aligned} \Delta\omega&=\omega_2-\omega_1 \\ &=\omega_0\left(\sqrt{1+\frac{1}{m_0}\sqrt{m_1^2\varepsilon_{\rho 4}^2+\frac{16b_0^2\Omega^2}{\omega_0^2}}}-\sqrt{1-\frac{1}{m_0}\sqrt{m_1^2\varepsilon_{\rho 4}^2+\frac{16b_0^2\Omega^2}{\omega_0^2}}}\right) \end{aligned} \tag{3-61}$$

当半球谐振子密度不均匀的 4 次谐波误差被质量修调至 0，并且 $\Omega\ll\omega_0$，忽略泰勒级数展开的二阶以上小量，由式(3-61)可得

$$\Delta\omega=\omega_2-\omega_1=\omega_0\left(\sqrt{1-\frac{4K\Omega}{\omega_0}}-\sqrt{1+\frac{4K\Omega}{\omega_0}}\right)\approx-4K\Omega \tag{3-62}$$

在全角模式下，谐振子频率裂解与驻波进动速度有如下关系：

$$\dot{\theta}=-K\dot{\Omega}=\frac{\Delta\omega}{4} \tag{3-63}$$

当 HRG 输入角速度为 0 但半球谐振子存在密度不均匀 4 次谐波误差时，谐振子的频率裂解可表示为

$$\Delta\omega=\omega_0\left(\sqrt{1+\frac{m_1\varepsilon_{\rho 4}^2}{m_0}}-\sqrt{1-\frac{m_1\varepsilon_{\rho 4}^2}{m_0}}\right)\approx\omega_0\left[\left(1+\frac{m_1\varepsilon_{\rho 4}}{2m_0}\right)-\left(1-\frac{m_1\varepsilon_{\rho 4}}{2m_0}\right)\right]=\frac{m_1\varepsilon_{\rho 4}}{m_0}\omega_0$$

$$\tag{3-64}$$

当 HRG 输入角速度不为 0 且半球谐振子存在密度不均匀 4 次谐波误差时，谐振子的频率裂解可表示为

$$\Delta\omega = \omega_2 - \omega_1 \approx \frac{\omega_0}{m_0}\sqrt{m_1^2\varepsilon_{\rho 4}^2 + \frac{16b_0^2\Omega^2}{\omega_0^2}} \qquad (3\text{-}65)$$

当 HRG 的输入角速度较大时，式(3-65)可进一步表示为

$$\Delta\omega = \frac{\omega_0}{m_0}\sqrt{m_1^2\varepsilon_{\rho 4}^2 + \frac{16b_0^2\Omega^2}{\omega_0^2}} = -4K\Omega\sqrt{1 + \frac{m_1^2\varepsilon_{\rho 4}^2\omega_0^2}{16b_0^2\Omega^2}} \approx -4K\Omega - \frac{Km_1^2\varepsilon_{\rho 4}^2\omega_0^2}{8b_0^2\Omega} \qquad (3\text{-}66)$$

由式(3-66)可得，在全角模式下，随着输入角速度的增大，半球谐振子密度不均匀 4 次谐波对其频率裂解的影响会越来越小。可见，全角 HRG 更适合于高速旋转场景。

参 考 文 献

[1] 赵洪波. 半球谐振子频率裂解分析与陀螺仪误差抑制方法研究[D]. 哈尔滨: 哈尔滨工业大学, 2013.

[2] 陈雪. 半球谐振陀螺仪的误差机理分析和实验方法的研究[D]. 哈尔滨: 哈尔滨工业大学, 2009.

[3] 明坤. 半球谐振陀螺频率裂解机理与平衡方法研究[D]. 哈尔滨: 哈尔滨工业大学, 2019.

[4] 李巍. 半球谐振陀螺仪的误差机理分析与测试[D]. 哈尔滨: 哈尔滨工业大学, 2013.

[5] 李巍, 任顺清, 王常虹. 半球谐振陀螺仪谐振子品质因数不均匀引起的误差分析[J]. 航空学报, 2013, 34(1): 121-129.

[6] 周睿. 哥氏振动陀螺的误差分析与建模[D]. 哈尔滨: 哈尔滨工业大学, 2013.

[7] 高胜利. 半球谐振陀螺的分析与研究[D]. 哈尔滨: 哈尔滨工程大学, 2008.

[8] 陈雪, 任顺清, 赵洪波, 等. 半球谐振子薄壁厚度不均匀性对陀螺精度的影响[J]. 空间控制技术与应用, 2009, 35(3): 29-33.

第 4 章　半球谐振子的模态分析与特征参数测试方法

本章彩图

4.1　半球谐振子的模态分析

模态分析是一种研究半球谐振子动力学特性的方法，半球谐振子的每一个模态都有特定的固有谐振频率和模态振型，分析这些模态特征参数的过程称为模态分析[1-5]。利用 ANSYS 或 COMSOL 等有限元仿真软件分析半球谐振子的振动特性能够指导其结构参数的设计、质量不平衡的修调，从而改善半球谐振子的工作频率，制造出高 Q 值、低频差半球谐振子。半球谐振子有许多结构，其中 Ψ 型结构较为常用，如图 4-1 所示。

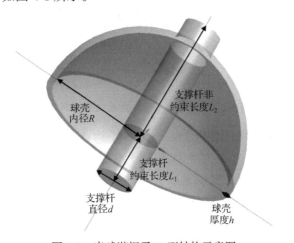

图 4-1　半球谐振子 Ψ 型结构示意图

半球谐振子由熔融石英材料加工而成，石英具有高 Q 值、各向同性的特点。利用 COMSOL 构建半球谐振子有限元模型所需基本参数见表 4-1。

表 4-1　半球谐振子的基本参数

材料属性	杨氏模量 E/MPa	泊松比	密度 ρ /(kg/m³)
数值	75600	0.17	2200

续表

结构参数	球壳内径 R/mm	球壳厚度 h/mm	支撑杆约束长度 L_1/mm	支撑杆非约束长度 L_2/mm	支撑杆直径 d/mm
数值	15	1	8	19	6

依据上述材料属性和结构参数构建半球谐振子的有限元仿真模型后，要对其进行网格划分，不同划分方式对仿真结果有不同影响。因为熔融石英是氧化硅的非晶态，原子结构长程无序，故采用极细化的三角形网格进行划分，网格划分结构如图 4-2 所示。

图 4-2　半球谐振子有限元模型的网格划分

对支撑杆下端施加固定约束，支撑杆约束长度为 L_1，非约束长度为 L_2，总长度为 $L = L_1 + L_2$。对半球谐振子有限元模型采用这种约束方式有效模拟了半球谐振子与面外电极基板固联的实际情况。依据该半球谐振子有限元模型进行模态分析，得到其各模态固有谐振频率和振型分别如表 4-2 和图 4-3 所示。

表 4-2　半球谐振子各模态的固有谐振频率

模态阶次 m	1	2	3	4	5
固有谐振频率 /Hz	3096.4	3098.1	3440.9	4953.4	4953.6
模态阶次 m	6	7	8	9	10
固有谐振频率 /Hz	6080.1	6081.9	12632.3	12632.5	14305.7

(a)　　　　　　　　　(b)

(c)　　　　　　　　　(d)

(e)　　　　　　　　　(f)

(g)　　　　　　　　　(h)

(i)　　　　　　　　　(j)

图 4-3　半球谐振子 1～10 阶模态振型

(a) 1 阶模态振型；(b) 2 阶模态振型；(c) 3 阶模态振型；(d) 4 阶模态振型；(e) 5 阶模态振型；(f) 6 阶模态振型；
(g) 7 阶模态振型；(h) 8 阶模态振型；(i) 9 阶模态振型；(j) 10 阶模态振型

在图 4-3 中，图(a)、(b)呈现出半球壳的一阶二波腹振动模态，两模态对偶且振动方向呈 90°夹角，绕支撑杆前后或左右摇摆；图(c)呈现出半球壳绕支撑杆旋

转；图(d)、(e)呈现出半球壳的二阶四波腹振动模态，两模态对偶且振动方向呈
45°夹角，二阶四波腹振动模态也是半球谐振陀螺常用的工作模态；图(f)、(g)依
然呈现出一阶二波腹振动模态，两模态对偶且振动方向呈 90°夹角，但不同于
图(a)、(b)呈现的半球壳相对于支撑杆摇摆，图(f)、(g)呈现出半球壳随支撑杆一
起前后或左右摇摆；图(h)、(i)呈现出半球壳的三阶六波腹振动模态，两模态对
偶且振动方向呈 30°夹角，三阶六波腹振动模态也可被当作半球谐振陀螺的工作
模态；图(j)呈现出半球壳绕支撑杆上下运动。由于半球壳的摇摆、旋转、上下运
动以及支撑杆的形变都阻碍着半球谐振陀螺的正常工作，因此只有半球谐振子的
二阶($n=2$)四波腹振动模态($m=4$、5)以及三阶($n=3$)六波腹振动模态($m=8$、9)可作
为半球谐振陀螺的工作模态。结合表 4-2 和图 4-3 可以看出，半球谐振子二阶四
波腹的振动对应其模态阶次 4 和 5，这两对偶模态频率接近、频率差为 0.7Hz 且
明显远离其他模态的谐振频率；同样，半球谐振子三阶六波腹的振动对应其模态
阶次 8 和 9，这两对偶模态频率接近、频率差为 1Hz 且明显远离其他模态的谐振
频率。在工程应用中，半球谐振陀螺工作模态谐振频率间的频率差需尽可能小，
工作模态与非工作模态间的频率差需尽可能大，减小支撑杆的耦合振动，提高半
球谐振陀螺的 Q 值并降低其频差。

　　本节重点研究半球谐振子的二阶四波腹振动模态，通过改变半球谐振子有限
元模型的结构参数，观察各模态固有谐振频率以及各模态间频差的变化。在此基
础上，本节进一步分析了半球谐振子加工误差对半球谐振陀螺工作模态固有谐振
频率以及频差的影响。

4.1.1　半球谐振子结构参数的影响

　　半球谐振子的主要结构参数有球壳内径 R、球壳厚度 h、支撑杆直径 d 和支
撑杆约束长度 L_1。结构参数对半球谐振子各模态固有谐振频率和各模态间频差
有不同程度的影响，有限元仿真结果以及重要结论如下。

　　1) 球壳内径 R 变化

　　表 4-3 和表 4-4 分别是球壳内径 R 在 12～16mm(间隔 1mm)变化对半球谐振
子各模态固有谐振频率和各模态间频差影响的仿真结果。由表 4-3 可以看出，随
着球壳内径 R 的增大，各模态的固有谐振频率均会减小。球壳内径 R 的增大会引
起半球谐振子质量增大，而各模态固有谐振频率与半球谐振子质量成反比，因此
有限元仿真中出现各模态固有谐振频率随球壳内径 R 增大而减小的现象。目前，
机械加工得到的半球谐振子球壳内径主要有 10mm 和 15mm 两种，二阶四波腹振
动模态的谐振频率通常为 4000～8000Hz，玻璃吹制得到的微半球谐振子球壳内
径能够在 5mm 以内，这能够提高微半球谐振陀螺的工作模态频率，增强其抗冲
击、抗振动性能。此外，表 4-4 呈现了各模态间频差随球壳内径 R 的变化。半球

谐振子 4、5 阶工作模态与相邻的 3、6 阶非工作模态间的频差 Δf_{34} 和 Δf_{56} 基本上会随着球壳内径 R 的减小而增大；同样，半球谐振子 8、9 阶工作模态与相邻的 7、10 阶非工作模态的频差 Δf_{78} 和 Δf_{910} 也基本上会随着球壳内径 R 的减小而增大。半球谐振子工作模态与非工作模态间频差越大越能够避免非工作模态在半球谐振陀螺正常工作过程中的产生，越有利于半球谐振陀螺的稳定工作。因此，综合考虑半球谐振子球壳内径 R 对各模态固有谐振频率和各模态间频差的影响，需进一步研制球壳内径 R 更小的微半球谐振子便于工程应用。

表 4-3　改变球壳内径 R 时半球谐振子各模态固有谐振频率的变化

球壳内径 R/mm	各模态固有谐振频率/Hz									
	f_1	f_2	f_3	f_4	f_5	f_6	f_7	f_8	f_9	f_{10}
12	5222.6	5222.7	5922.9	7560.9	7561.0	9284.9	9285.0	18895.1	18895.4	20780.4
13	4338.2	4338.6	4897.3	6496.2	6496.4	8188.1	8188.2	16365.6	16366.1	18210.7
14	3648.6	3650.5	4104.1	5645.4	5645.5	7213.7	7214.4	14316.9	14317.1	16124.6
15	3096.4	3098.1	3440.9	4953.4	4953.6	6080.1	6081.9	12632.3	12632.5	14305.7
16	2663.2	2664.5	2980.1	4381.8	4381.9	5609.2	5609.8	11230.8	11230.8	12942.5

表 4-4　改变球壳内径 R 时半球谐振子各模态间频差的变化

球壳内径 R/mm	各模态间频差/Hz								
	Δf_{12}	Δf_{23}	Δf_{34}	Δf_{45}	Δf_{56}	Δf_{67}	Δf_{78}	Δf_{89}	Δf_{910}
12	0.05	700.20	1637.99	0.10	1723.93	0.10	9610.06	0.33	1885.03
13	0.41	558.71	1598.91	0.11	1691.70	0.17	8177.38	0.48	1844.58
14	1.92	453.61	1541.35	0.08	1568.13	0.70	7102.53	0.17	1807.55
15	1.75	342.74	1512.53	0.17	1126.50	1.83	6550.44	0.17	1673.14
16	1.32	315.62	1401.67	0.13	1227.27	0.59	5620.97	0.03	1711.66

2) 球壳厚度 h 变化

表 4-5 和表 4-6 分别为球壳厚度 h 在 0.6~1.0mm(间隔 0.1mm)变化对半球谐

振子各模态固有谐振频率和各模态间频差影响的仿真结果。由表 4-5 和表 4-6 可以看出，随着球壳厚度 h 的增大，半球壳的一阶摇摆振动模态、二阶四波腹振动模态、三阶六波腹振动模态的固有谐振频率显著增大，这些模态分别对应表 4-1 所示基本参数下半球谐振子的 1、2、4、5、8、9 阶模态，而半球壳的一阶旋转模态、半球壳连同支撑杆的一阶摇摆模态的固有谐振频率显著减小，这些模态分别对应表 4-1 所示基本参数下半球谐振子的 3、6、7 阶模态。半球壳一阶旋转模态和半球壳连同支撑杆的一阶摇摆模态固有谐振频率随球壳厚度 h 的增大而减小是因为球壳厚度增大，半球谐振子质心上移，支撑杆下方固定长度约束对半球壳的约束能力减弱。

表 4-5　改变球壳厚度 h 时半球谐振子各模态固有谐振频率的变化

球壳厚度 h/mm	各模态固有谐振频率/Hz									
	f_1	f_2	f_3	f_4	f_5	f_6	f_7	f_8	f_9	f_{10}
0.6	2961.2	2962.3	3173.0	3173.0	4458.5	7209.3	7210.5	8202.3	8208.7	14264.0
0.7	3011.5	3012.3	3635.4	3635.5	4133.1	6851.6	6855.0	9371.0	9371.1	14288.1
0.8	3055.3	3056.3	3864.5	4086.0	4086.2	6552.9	6553.3	10494.5	10494.5	14313.4
0.9	3081.6	3083.0	3636.7	4525.3	4525.4	6296.5	6298.5	11581.5	11581.5	14314.2
1.0	3096.4	3098.1	3440.9	4953.4	4953.6	6080.1	6081.9	12632.3	12632.5	14305.7

表 4-6　改变球壳厚度 h 时半球谐振子各模态间频差的变化

球壳厚度 h/mm	各模态间频差/Hz								
	Δf_{12}	Δf_{23}	Δf_{34}	Δf_{45}	Δf_{56}	Δf_{67}	Δf_{78}	Δf_{89}	Δf_{910}
0.6	1.09	210.73	0.01	1285.48	2750.79	1.16	991.82	6.42	6055.31
0.7	0.76	623.05	0.10	497.68	2718.47	3.42	2515.95	0.11	4917.06
0.8	1.00	808.19	221.52	0.14	2466.78	0.35	3941.19	0.03	3818.91
0.9	1.40	553.68	888.61	0.12	1771.05	2.05	5282.95	0.07	2732.64
1.0	1.75	342.74	1512.53	0.17	1126.50	1.83	6550.44	0.17	1673.14

此外，球壳厚度 h 的增大导致半球谐振子的摇摆、旋转等刚度发生变化，进而会导致半球壳的二阶振动模态向高阶移动，半球壳的一阶旋转模态向低阶移动。图 4-4 呈现了球壳厚度 $h=0.6$mm 时半球谐振子 1～10 阶模态振型。

对比图 4-3 和图 4-4 可以看出，当球壳厚度 $h=0.6$mm 时，半球谐振子一阶旋转模态的阶次为 5，其二阶振动模态的阶次为 3 和 4；当球壳厚度 $h=1$mm 时，半球谐振子一阶旋转模态的阶次为 3，其二阶振动模态的阶次为 4 和 5。由此可得，随着球壳厚度 h 的增大，半球谐振子二阶振动模态向高阶移动，其一阶旋转模态的阶次向低阶移动。

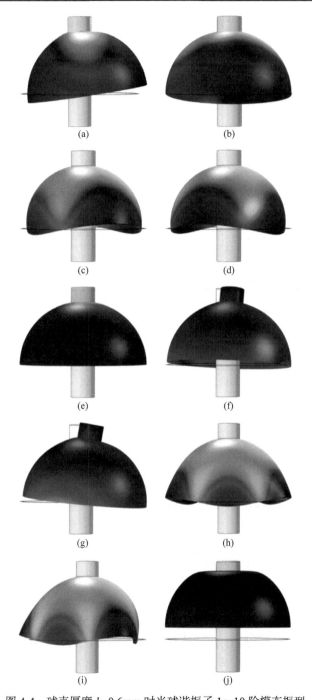

图 4-4　球壳厚度 h=0.6mm 时半球谐振子 1～10 阶模态振型

(a) 1 阶模态振型；(b) 2 阶模态振型；(c) 3 阶模态振型；(d) 4 阶模态振型；(e) 5 阶模态振型；(f) 6 阶模态振型；

(g) 7 阶模态振型；(h) 8 阶模态振型；(i) 9 阶模态振型；(j) 10 阶模态振型

3) 支撑杆直径 d 变化

表 4-7 和表 4-8 分别为支撑杆直径 d 在 3～7mm(间隔 1mm)变化对半球谐振子各模态固有谐振频率和各模态间频差影响的仿真结果。由表 4-7 和表 4-8 可以看出，随着支撑杆直径 d 的增大，半球壳的有效质量占比下降，导致各模态的固有谐振频率增大。

表 4-7　改变支撑杆直径 d 时半球谐振子各模态固有谐振频率的变化

支撑杆直径 d/mm	各模态固有谐振频率/Hz									
	f_1	f_2	f_3	f_4	f_5	f_6	f_7	f_8	f_9	f_{10}
3	888.0	1090.9	1091.0	2101.6	2101.9	4893.7	4893.8	9444.8	12631.3	12631.5
4	1564.2	1736.6	1736.6	3259.6	3260.0	4904.6	4904.6	11120.1	12631.5	12631.6
5	1564.2	1736.6	1736.6	3259.6	3260.0	4904.6	4904.6	11120.1	12631.5	12631.6
6	3096.4	3098.1	3440.9	4953.4	4953.6	6080.1	6081.9	12632.3	12632.5	14305.7
7	3818.6	3819.3	4619.0	4998.4	4998.4	7676.6	7679.0	12633.5	12633.6	15874.3

表 4-8　改变支撑杆直径 d 时半球谐振子各模态间频差的变化

支撑杆直径 d/mm	各模态间频差/Hz								
	Δf_{12}	Δf_{23}	Δf_{34}	Δf_{45}	Δf_{56}	Δf_{67}	Δf_{78}	Δf_{89}	Δf_{910}
3	202.86	0.08	1010.60	0.32	2791.87	0.04	4551.04	3186.51	0.19
4	172.34	0.07	1522.97	0.35	1644.62	0.02	6215.44	1511.44	0.12
5	172.34	0.07	1522.97	0.35	1644.62	0.02	6215.44	1511.44	0.12
6	1.75	342.74	1512.53	0.17	1126.50	1.83	6550.44	0.17	1673.14
7	0.73	799.71	379.34	0.03	2678.20	2.41	4954.44	0.12	3240.68

此外，支撑杆直径 d 的增大导致半球谐振子的摇摆、旋转等刚度发生变化，进而导致二阶和三阶振动模态向低阶移动，而其他摇摆或旋转模态向高阶移动。图 4-5 呈现了支撑杆直径 d=3mm 时半球谐振子 1～10 阶模态振型。

对比图 4-3 和图 4-5 可以看出，当支撑杆直径 d=3mm 时，半球谐振子一阶旋转模态的阶次为 1，其二阶和三阶振动模态的阶次分别为 6、7 和 9、10；当支撑杆直径 d=6mm 时，半球谐振子一阶旋转模态的阶次为 3，其二阶和三阶振动模态的阶次分别为 4、5 和 8、9。由此可得，随着支撑杆直径 d 的增大，半球谐振子二阶和三阶振动模态向低阶移动，其一阶旋转模态的阶次向高阶移动。

图 4-5　支撑杆直径 *d*=3mm 时半球谐振子 1~10 阶模态振型

(a) 1 阶模态振型；(b) 2 阶模态振型；(c) 3 阶模态振型；(d) 4 阶模态振型；(e) 5 阶模态振型；(f) 6 阶模态振型；

(g) 7 阶模态振型；(h) 8 阶模态振型；(i) 9 阶模态振型；(j) 10 阶模态振型

4) 支撑杆约束长度 L_1 变化

表 4-9 为支撑杆约束长度 L_1 在 4～8mm(间隔 1mm)变化对半球谐振子各模态固有谐振频率的仿真结果。

表 4-9　改变支撑杆约束长度 L_1 时半球谐振子各模态固有谐振频率的变化

支撑杆约束长度 L_1/mm	各模态固有谐振频率/Hz									
	f_1	f_2	f_3	f_4	f_5	f_6	f_7	f_8	f_9	f_{10}
4	3036.2	3037.5	3088.0	4379.6	4381.4	4953.1	4953.2	12632.4	12632.6	13937.6
5	3051.3	3052.4	3165.7	4724.2	4725.5	4953.0	4953.2	12632.4	12632.5	14023.2
6	3065.5	3066.0	3249.9	4953.0	4953.1	5117.5	5118.3	12632.4	12632.5	14112.3
7	3079.7	3080.5	3341.1	4953.1	4953.2	5566.0	5566.8	12632.4	12632.5	14205.1
8	3096.4	3098.1	3440.9	4953.4	4953.6	6080.1	6081.9	12632.3	12632.5	14305.7

由表 4-9 可以看出，随着支撑杆约束长度 L_1 的增大，8、9 阶模态的固有谐振频率几乎保持不变，而其他阶模态的固有谐振频率基本上都略有增大。

4.1.2　半球谐振子加工误差的影响

理想的半球谐振子是周向对称的，但在工程应用中，机械加工制造出的半球谐振子难免存在一定的缺陷。本节主要仿真分析半球壳圆度不均、密度不均以及支撑杆偏心等误差对半球谐振子二阶和三阶振动模态固有谐振频率及各对偶工作模态间频差的影响。

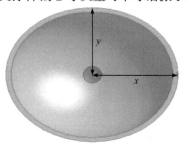

1) 半球壳圆度不均

半球壳圆度不均如图 4-6 所示。半球壳圆度不均对工作模态固有谐振频率以及频差的影响如表 4-10 所示。由表 4-10 可以看出，半球壳圆度不均对二阶和三阶振动模态的固有谐振频率及各对偶工作模态间的频差均有显著影响。半球壳圆度越不均(越远离 $y/x=1.00$)，二

图 4-6　半球壳圆度不均示意图

阶和三阶振动模态的频差均越大。半球壳越"扁平"(y/x 越小，图 4-6)，二阶和三阶振动模态的固有谐振频率均越大。

表 4-10　半球壳圆度不均对工作模态固有谐振频率以及频差的影响

y/x	二阶振动模态 f_4 和 f_5/Hz	二阶振动模态 Δf_{45} /Hz	三阶振动模态 f_8 和 f_9/Hz	三阶振动模态 Δf_{89} /Hz
0.90	5168.1、5178.5	10.4	13048.6、13052.3	3.7
0.95	5057.6、5059.7	2.1	12851.2、12851.5	0.3
1.00	4953.4、4953.6	0.2	12632.3、12632.5	0.2

续表

y/x	二阶振动模态 f_4 和 f_5/Hz	二阶振动模态 Δf_{45} /Hz	三阶振动模态 f_8 和 f_9/Hz	三阶振动模态 Δf_{89} /Hz
1.05	4854.8、4855.9	1.1	12399.4、12399.9	0.5
1.10	4761.1、4763.7	2.6	12155.9、12158.4	2.5

2) 半球壳密度不均

图 4-7 为半球壳密度不均的 1～4 次谐波误差。在 COMSOL 中使用自定义函数模拟半球壳周向的密度不均，构建包含 1～4 次密度不均谐波误差的半球壳周向密度函数，它们分别为 $\rho = \rho_0\left(1+\alpha\cos\phi\right)$，$\rho = \rho_0\left(1+\alpha\cos 2\phi\right)$，$\rho = \rho_0 \cdot \left(1+\alpha\cos 3\phi\right)$，$\rho = \rho_0\left(1+\alpha\cos 4\phi\right)$，其中，$\rho_0 = 2200\,\text{kg/m}^3$，$\phi$ 为半球谐振子周向角，α 为密度不均谐波误差幅值比。在不同的密度不均谐波误差幅值比 α 情况下，α 在 0～0.1(间隔 0.02)变化，将不同次且单一的密度不均谐波误差引入半球谐振子的 COMSOL 仿真模型进行模态分析，二阶和三阶振动模态固有谐振频率以及各对偶工作模态间频差的变化分别汇总于表 4-11 和表 4-12。

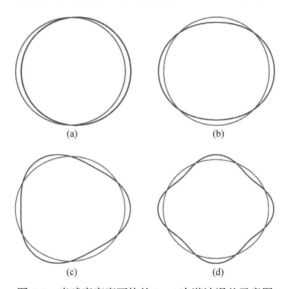

(a)　　　　　　　　　　　　(b)

(c)　　　　　　　　　　　　(d)

图 4-7　半球壳密度不均的 1～4 次谐波误差示意图

(a)1 次谐波误差；(b)2 次谐波误差；(c)3 次谐波误差；(d)4 次谐波误差

表 4-11　半球壳密度不均对工作模态固有谐振频率以及频差的影响

密度不均 幅值比和 谐波次数	二阶振动模态 f_4 和 f_5/Hz	二阶振动模态 Δf_{45} /Hz	三阶振动模态 f_8 和 f_9/Hz	三阶振动模态 Δf_{89} /Hz
0、1～4	4953.4、4953.6	0.2	12632.3、12632.5	0.2

密度不均幅值比和谐波次数	二阶振动模态 f_4 和 f_5 /Hz	二阶振动模态 Δf_{45} /Hz	三阶振动模态 f_8 和 f_9 /Hz	三阶振动模态 Δf_{89} /Hz
0.02、1	4920.9、4923.6	2.7	12551.0、12554.6	3.6
0.04、1	4888.8、4894.4	5.6	12471.2、12478.5	7.3
0.06、1	4857.4、4865.7	8.3	12392.9、12404.0	11.1
0.08、1	4826.7、4837.4	10.7	12316.2、12330.9	14.7
0.10、1	4796.5、4809.7	13.2	12241.0、12259.2	18.2
0.02、2	4953.4、4953.7	0.3	12632.7、12632.9	0.2
0.04、2	4953.3、4953.9	0.6	12633.9、12634.1	0.2
0.06、2	4953.1、4954.4	1.3	12635.9、12636.0	0.1
0.08、2	4952.9、4955.1	2.2	12638.6、12638.7	0.1
0.10、2	4952.6、4955.9	3.3	12642.0、12642.3	0.3
0.02、3	4954.1、4974.0	19.9	12651.8、12667.4	15.6
0.04、3	4954.8、4994.8	40.0	12671.4、12703.7	32.3
0.06、3	4955.5、5016.0	60.5	12691.2、12741.4	50.2
0.08、3	4956.2、5037.5	81.3	12711.1、12780.6	69.5
0.10、3	4956.7、5059.5	102.8	12731.2、12821.2	90.0
0.02、4	4935.6、4971.5	35.9	12632.5、12632.7	0.2
0.04、4	4918.0、4989.7	71.7	12633.1、12633.3	0.2
0.06、4	4900.6、5008.0	107.4	12634.0、12634.2	0.2
0.08、4	4883.4、5026.6	143.2	12635.3、12635.5	0.2
0.10、4	4866.4、5045.3	178.9	12637.0、12637.2	0.2

表 4-12　半球壳密度不均 4 次谐波幅值比对各模态固有谐振频率的影响

密度不均 4 次谐波幅值比	各模态固有谐振频率/Hz									
	f_1	f_2	f_3	f_4	f_5	f_6	f_7	f_8	f_9	f_{10}
0	3096.4	3098.1	3440.9	4953.4	4953.6	6080.1	6081.9	12632.3	12632.5	14305.7
0.02	3096.4	3098.1	3440.9	4935.6	4971.5	6080.1	6081.9	12632.5	12632.7	14305.5
0.04	3096.4	3098.1	3440.9	4918.0	4989.7	6080.1	6081.9	12633.1	12633.3	14305.1

续表

密度不均 4 次谐波 幅值比	各模态固有谐振频率/Hz									
	f_1	f_2	f_3	f_4	f_5	f_6	f_7	f_8	f_9	f_{10}
0.06	3096.3	3098.1	3440.9	4900.6	5008.0	6080.1	6081.9	12634.0	12634.2	14304.5
0.08	3096.3	3098.1	3440.9	4883.4	5026.6	6080.1	6081.9	12635.3	12635.5	14303.6
0.10	3096.3	3098.0	3440.9	4866.4	5045.3	6080.0	6081.9	12637.0	12637.2	14302.5

半球壳密度不均对工作模态固有谐振频率以及频差的影响如表 4-11 所示。由表 4-11 可以看出，半球壳密度不均 1 次、3 次和 4 次谐波误差都显著影响半球谐振子的二阶振动模态固有谐振频率，二阶振动模态间的频差随半球壳密度不均 1、3、4 次谐波误差分量幅值的增大而增大，其中 4 次谐波误差对频差的影响最为严重；半球壳密度不均 2 次谐波误差对二阶振动模态的固有谐振频率和频差影响较小。半球壳密度不均 4 次谐波误差影响二阶振动模态频差的原因已由式(3-61)明确，而其 1~3 次谐波误差会引起支撑杆的耦合振动，此时半球谐振子各模态的固有谐振频率都会发生变化，并有可能会对各模态间的频差产生影响。半球壳密度不均 1 次与 3 次谐波误差产生的支撑杆耦合振动垂直与支撑杆方向，而其 2 次谐波误差产生的支撑杆耦合振动沿支撑杆方向。由于支撑杆的下半部分具有固定约束，故半球壳密度不均 2 次谐波误差产生的支撑杆耦合振动被大幅削弱，进而大幅降低了该误差对半球谐振子振动特性的影响。半球壳密度不均 1 次与 3 次谐波误差产生的支撑杆耦合振动会严重影响半球谐振子的振动特性，从而导致各模态固有谐振频率以及各模态间频差的变化。同样地，半球壳密度不均 1 次、3 次谐波误差对三阶振动模态固有谐振频率和频差影响显著。

当引入半球壳密度不均 4 次谐波误差时，由表 4-12 可得，在半球壳密度不均 4 次谐波幅值比在 0~0.1(间隔 0.02)的变化过程中，二阶振动模态的固有谐振频率发生了显著变化，三阶振动模态和半球谐振子 10 阶模态的固有谐振频率略有改变，而其他模态的固有谐振频率基本不变。这说明半球壳密度不均 4 次谐波误差不会造成支撑杆的耦合振动，从而影响摇摆和旋转模态的固有谐振频率。

3) 支撑杆偏心

支撑杆偏心如图 4-8 所示。由图 4-8 可以看出，在半球谐振子仿真模型中修改支撑杆圆心相对于半球壳圆心的偏移量，能够模拟

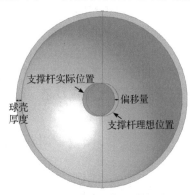

图 4-8 支撑杆偏心示意图

实际制造的半球谐振子中支撑杆偏心。在支撑杆偏心距离由 0～0.5mm(间隔 0.1mm)的变化过程中，各模态固有谐振频率的变化如表 4-13 所示。当出现支撑杆偏心误差时，各模态的固有谐振频率均会产生一个相对较大的变化，各模态固有谐振频率均会减小，但随着支撑杆偏心距离的进一步增大，各模态固有谐振频率又会呈现上升态势，但上升速度相对缓慢。支撑杆偏心对对偶工作模态间的频差影响不大，但会导致半球谐振子质心的变化，对半球谐振子低阶模态如半球壳的一阶和二阶摆动模态产生较大的影响，增加其振动能量的消耗，从而缩短其振动衰减的时间，半球谐振子的品质因数和稳定性会降低，不利于半球谐振陀螺的正常工作，因此实际生产中还是要尽量避免偏心误差。

表 4-13　支撑杆偏心距离对各模态固有谐振频率的影响

支撑杆偏心距离/mm	各模态固有谐振频率/Hz									
	f_1	f_2	f_3	f_4	f_5	f_6	f_7	f_8	f_9	f_{10}
0	3096.4	3098.1	3440.9	4953.4	4953.6	6080.1	6081.9	12632.3	12632.5	14305.7
0.1	3063.9	3066.8	3437.8	4950.4	4950.4	6068.7	6069.4	12632.3	12632.4	14214.4
0.2	3065.8	3072.7	3439.2	4951.1	4951.2	6071.0	6071.3	12632.3	12632.5	14230.3
0.3	3066.9	3077.6	3441.5	4952.1	4952.2	6073.2	6075.9	12632.3	12632.5	14248.3
0.4	3068.3	3084.1	3444.6	4953.4	4953.7	6077.1	6081.2	12632.4	12632.5	14272.2
0.5	3067.5	3087.6	3447.8	4954.7	4955.1	6078.0	6083.7	12632.4	12632.6	14292.8

综上所述，本小节通过对半球谐振子的模态分析，得到了各模态的振型和固有谐振频率，进而分析了半球谐振子结构参数对各模态振型、固有谐振频率以及各模态间频差的影响规律，并结合半球谐振子实际情况，分析了球壳圆度不均、密度不均和支撑杆偏心等加工误差对二阶和三阶振动模态固有谐振频率以及各对偶工作模态间频差的影响。

球壳内径 R 的降低能够显著增大工作模态和非工作模态间的频率差，球壳密度不均 1～4 次谐波误差会显著增大二阶振动模态的频差。因此，小尺寸微半球谐振子的研制以及半球谐振子密度(质量)不均 1～4 次谐波误差的修调是提升半球谐振子振动特性(提高 Q 值、降低频差)以及半球谐振陀螺工作性能的关键。

4.2　半球谐振子 Q 值的测试方法

品质因数(quality factor)是描述半球谐振子振动特性的重要参数，简称为 Q

值。具备高 Q 值特性的半球谐振子是半球谐振陀螺在各模式下高精度工作的重要保障。目前,经粗胚加工、精密研磨、化学处理、质量调平、球面镀膜、真空封装等制造工艺得到的半球谐振陀螺 Q 值最高能达到千万量级。阻尼轴是针对半球谐振子周向 Q 值不一致而产生的定义,半球谐振子的最大和最小阻尼轴相差 45°,最大阻尼轴方位上半球谐振子的振荡衰减时间常数最小、Q 值最低;相反,最小阻尼轴方位上半球谐振子的振荡衰减时间常数最大、Q 值最高。半球谐振子周向 Q 值的高效精确测量能够指导其 Q 值提升、阻尼轴测定以及半球谐振陀螺与面外电极基板装配等工作的进行。本节主要介绍两种半球谐振子 Q 值的测试方法,一种是时域法[6],另一种是频域法[7-8]。

4.2.1　时域法

由于高 Q 值半球谐振子的带宽极小,不宜采用半带宽法等频域方法测试带宽以辨识半球谐振子 Q 值。时域内采用振荡衰减法能够有效辨识半球谐振子 Q 值。定义当振动位移幅值衰减至初始值的 $\dfrac{1}{e}$ 时,所用的时间为振荡衰减时间常数 τ。半球谐振子作为典型的二阶振动系统,在无外力作用和角速度激励的情况下,其振动方程可表示为

$$\ddot{x} + 2\xi_n \omega_n \dot{x} + \omega_n^2 x = 0 \tag{4-1}$$

其中,ξ_n 为半球谐振子的阻尼系数,半球谐振子处于欠阻尼状态,$0 < \xi_n < 1$;ω_n 为半球谐振子二阶振动模态的固有谐振角频率。定义 $\omega_d = \sqrt{1-\xi_n^2}\,\omega_n$ 为半球谐振子的阻尼振荡角频率,在角频率为 ω_d、幅值为 A 的正弦信号激励下,半球谐振子振动位移方程可表示为

$$\ddot{x} + 2\xi_n \omega_n \dot{x} + \omega_n^2 x = A\sin(\omega_d t) \tag{4-2}$$

对于形如式(4-2)的二阶常系数非齐次微分方程求通解和特解。

1) 通解部分

式(4-2)的特征方程为

$$r^2 + 2\xi_n \omega_n r + \omega_n^2 = 0 \tag{4-3}$$

其特征根为

$$r_{1,2} = \frac{-2\xi_n \omega_n \pm 2\sqrt{1-\xi_n^2}\,\omega_n}{2} = -\xi_n \omega_n \pm j\sqrt{1-\xi_n^2}\,\omega_n = -\xi_n \omega_n \pm j\omega_d \tag{4-4}$$

其通解为

$$X = C_1 e^{-\xi_n \omega_n t}\cos(\omega_d t) + C_2 e^{-\xi_n \omega_n t}\sin(\omega_d t) \tag{4-5}$$

2) 特解部分

设特解形如 $x^* = C_3 \cos(\omega_d t) + C_4 \sin(\omega_d t)$，则有

$$\begin{cases} \dot{x}^* = -C_3 \omega_d \sin(\omega_d t) + C_4 \omega_d \cos(\omega_d t) \\ \ddot{x}^* = -C_3 \omega_d^2 \cos(\omega_d t) - C_4 \omega_d^2 \sin(\omega_d t) \end{cases} \tag{4-6}$$

将 x^*、$\dot{x}^*$、$\ddot{x}^*$ 代入式(4-2)，可得

$$-C_3 \omega_d^2 \cos(\omega_d t) - C_4 \omega_d^2 \sin(\omega_d t) + 2\xi_n \omega_n \left[-C_3 \omega_d \sin(\omega_d t) + C_4 \omega_d \cos(\omega_d t) \right]$$
$$+\omega_n^2 \left[C_3 \cos(\omega_d t) + C_4 \sin(\omega_d t) \right] = A \sin(\omega_d t) \tag{4-7}$$

将式(4-7)中的对应项取相等，可得

$$\begin{cases} -2\xi_n \omega_n \omega_d C_3 + \left(\omega_n^2 - \omega_d^2 \right) C_4 = A \\ \left(\omega_n^2 - \omega_d^2 \right) C_3 + 2\xi_n \omega_n \omega_d C_4 = 0 \end{cases} \tag{4-8}$$

设 $C_3 = \dfrac{D_x}{D}$，$C_4 = \dfrac{D_y}{D}$，其中，

$$D_x = \begin{vmatrix} A & \omega_n^2 - \omega_d^2 \\ 0 & 2\xi_n \omega_n \omega_d \end{vmatrix} = 2\xi_n \omega_n \omega_d A \tag{4-9}$$

$$D_y = \begin{vmatrix} -2\xi_n \omega_n \omega_d & A \\ \omega_n^2 - \omega_d^2 & 0 \end{vmatrix} = -\left(\omega_n^2 - \omega_d^2 \right) A \tag{4-10}$$

$$D = \begin{vmatrix} -2\xi_n \omega_n \omega_d & \omega_n^2 - \omega_d^2 \\ \omega_n^2 - \omega_d^2 & 2\xi_n \omega_n \omega_d \end{vmatrix} = -\left(\omega_n^2 - \omega_d^2 \right)^2 - \left(2\xi_n \omega_n \omega_d \right)^2 \tag{4-11}$$

结合式(4-9)~式(4-11)可得

$$\begin{cases} C_3 = -\dfrac{2\xi_n \omega_n \omega_d A}{\left(\omega_n^2 - \omega_d^2 \right)^2 + \left(2\xi_n \omega_n \omega_d \right)^2} \\[4mm] C_4 = \dfrac{\left(\omega_n^2 - \omega_d^2 \right) A}{\left(\omega_n^2 - \omega_d^2 \right)^2 + \left(2\xi_n \omega_n \omega_d \right)^2} \end{cases} \tag{4-12}$$

进而可得式(4-2)的特解为

$$x^* = -\frac{2\xi_n \omega_n \omega_d A}{\left(\omega_n^2 - \omega_d^2 \right)^2 + \left(2\xi_n \omega_n \omega_d \right)^2} \cos(\omega_d t) + \frac{\left(\omega_n^2 - \omega_d^2 \right) A}{\left(\omega_n^2 - \omega_d^2 \right)^2 + \left(2\xi_n \omega_n \omega_d \right)^2} \sin(\omega_d t)$$
$$= C \sin(\omega_d t + \varphi_d) \tag{4-13}$$

其中，$C = \dfrac{A}{\sqrt{\left(\omega_\text{n}^2 - \omega_\text{d}^2\right)^2 + \left(2\xi_\text{n}\omega_\text{n}\omega_\text{d}\right)^2}}$ ；$\varphi_\text{d} = \arctan\left(\dfrac{C_3}{C_4}\right) = -\arctan\left(\dfrac{2\xi_\text{n}\omega_\text{n}\omega_\text{d}}{\omega_\text{n}^2 - \omega_\text{d}^2}\right)$。

由于 $\omega_\text{d} = \sqrt{1 - \xi_\text{n}^2}\,\omega_\text{n}$，可化简 $C = \dfrac{A}{\xi_\text{n}\omega_\text{n}^2\sqrt{4 - 3\xi_\text{n}^2}}$，$\varphi_\text{d} = -\arctan\left(\dfrac{2\sqrt{1 - \xi_\text{n}^2}}{\xi_\text{n}}\right)$。

综合式(4-2)的通解和特解，可得角频率为 ω_d、幅值为 A 的正弦信号激励下，半球谐振子振动位移响应为

$$x = X + x^* = C_1\text{e}^{-\xi_\text{n}\omega_\text{n}t}\cos\left(\omega_\text{d}t\right) + C_2\text{e}^{-\xi_\text{n}\omega_\text{n}t}\sin\left(\omega_\text{d}t\right) + C\sin\left(\omega_\text{d}t + \varphi_\text{d}\right) \quad (4\text{-}14)$$

进而可得半球谐振子的振动速度响应为

$$\dot{x}(t) = C_1\left[-\xi_\text{n}\omega_\text{n}\text{e}^{-\xi_\text{n}\omega_\text{n}t}\cos\left(\omega_\text{d}t\right) - \text{e}^{-\xi_\text{n}\omega_\text{n}t}\omega_\text{d}\sin\omega_\text{d}\right]$$
$$+ C_2\left[-\xi_\text{n}\omega_\text{n}\text{e}^{-\xi_\text{n}\omega_\text{n}t}\sin\left(\omega_\text{d}t\right) + \text{e}^{-\xi_\text{n}\omega_\text{n}t}\omega_\text{d}\cos\left(\omega_\text{d}t\right)\right] + C\omega_\text{d}\cos\left(\omega_\text{d}t + \varphi_\text{d}\right)$$

$$(4\text{-}15)$$

根据半球谐振子振动位移和速度的初始条件

$$\begin{cases} x(0) = 0 \\ \dot{x}(0) = 0 \end{cases} \quad (4\text{-}16)$$

可得等式

$$\begin{cases} C_1 + \sin\varphi_\text{d}C = 0 \\ -\xi_\text{n}\omega_\text{n}C_1 + \omega_\text{d}C_2 + \omega_\text{d}\cos\varphi_\text{d}C = 0 \end{cases} \quad (4\text{-}17)$$

进而可求解得

$$\begin{cases} C_1 = -\sin\varphi_\text{d}C \\ C_2 = \dfrac{\xi_\text{n}\omega_\text{n}\sin\varphi_\text{d} - \omega_\text{d}\cos\varphi_\text{d}}{\omega_\text{d}}C \end{cases} \quad (4\text{-}18)$$

由于 $\sin(\arctan x) = \dfrac{x}{\sqrt{1 + x^2}}$，$\cos(\arctan x) = \dfrac{1}{\sqrt{1 + x^2}}$，有

$$\begin{cases} \sin\varphi_\text{d} = \sin\left[-\arctan\left(\dfrac{2\sqrt{1 - \xi_\text{n}^2}}{\xi_\text{n}}\right)\right] = -\dfrac{\dfrac{2\sqrt{1 - \xi_\text{n}^2}}{\xi_\text{n}}}{\sqrt{1 + \left(\dfrac{2\sqrt{1 - \xi_\text{n}^2}}{\xi_\text{n}}\right)^2}} = -\dfrac{2\sqrt{1 - \xi_\text{n}^2}}{\sqrt{4 - 3\xi_\text{n}^2}} \\[4em] \cos\varphi_\text{d} = \cos\left[-\arctan\left(\dfrac{2\sqrt{1 - \xi_\text{n}^2}}{\xi_\text{n}}\right)\right] = \dfrac{1}{\sqrt{1 + \left(\dfrac{2\sqrt{1 - \xi_\text{n}^2}}{\xi_\text{n}}\right)^2}} = \dfrac{\xi_\text{n}}{\sqrt{4 - 3\xi_\text{n}^2}} \end{cases} \quad (4\text{-}19)$$

则进一步计算式(4-18)可得

$$\begin{cases} C_1 = \dfrac{2\sqrt{1-\xi_n^2}\,A}{\xi_n \omega_n^2 \left(4-3\xi_n^2\right)} \\[4mm] C_2 = \dfrac{\xi_n A}{\xi_n \omega_n^2 \left(4-3\xi_n^2\right)} \end{cases} \tag{4-20}$$

综上所述，半球谐振子振动位移响应可由式(4-14)进一步表示为

$$x = \frac{2\sqrt{1-\xi_n^2}\,A}{\xi_n \omega_n^2 \left(4-3\xi_n^2\right)} \mathrm{e}^{-\xi_n \omega_n t} \cos\left(\omega_d t\right) + \frac{\xi_n A}{\xi_n \omega_n^2 \left(4-3\xi_n^2\right)} \mathrm{e}^{-\xi_n \omega_n t} \sin\left(\omega_d t\right)$$

$$+ C \sin\left(\omega_d t + \varphi_d\right) = C\left(1+\mathrm{e}^{-\xi_n \omega_n t}\right) \sin\left(\omega_d t + \varphi_d\right) \tag{4-21}$$

其中，C 为振动位移幅值；$\omega_d = \omega_n \sqrt{1-\xi_n^2}$；$\varphi_d = -\arctan\left(\dfrac{2\sqrt{1-\xi_n^2}}{\xi_n}\right)$。由式(4-21)

可以看出，二阶振动系统的正弦响应由两部分组成，第一部分为稳态分量 $C\sin\left(\omega_d t + \varphi_d\right)$，第二部分为瞬态分量 $C\mathrm{e}^{-\xi_n \omega_n t}\sin\left(\omega_d t + \varphi_d\right)$，瞬态分量为振荡衰减项，其振荡角频率 ω_d 称为阻尼振荡角频率，该衰减振荡的上下包络线为

$$x = \pm C\mathrm{e}^{-\xi_n \omega_n t} \tag{4-22}$$

因此，可根据瞬态分量幅值衰减至初始值 C 的 $\dfrac{1}{\mathrm{e}}$ 计算振荡衰减时间常数

$\tau = \dfrac{1}{\xi_n \omega_n}$。进而由半球谐振子的固有谐振角频率 ω_n 和振荡衰减时间常数 τ 得品

质因数的计算公式为

$$Q = \frac{\omega_n \tau}{2} \tag{4-23}$$

综上，半球谐振子品质因数的时域测试方法具体步骤如下。

(1) 通过扫频获得半球谐振子的固有谐振角频率 ω_n；

(2) 将半球谐振子固定在真空腔中，对其施加角频率为 ω_n、幅值为 A 的正弦信号激励，使其处于二阶四波腹振动状态，记录半球谐振子振动位移幅值 C；

(3) 停止激励使半球谐振子自由振荡衰减，记录其振动位移幅值由初始值 C 衰减至其 $\dfrac{1}{\mathrm{e}}$ 所需振荡衰减时间常数 τ，单位为 s；

(4) 利用半球谐振子的固有谐振角频率 ω_n 和振荡衰减时间常数 τ，根据公式 $Q = \dfrac{\omega_n \tau}{2}$ 计算其品质因数。

4.2.2　频域法

半球谐振子 Q 值的频域测试方法又称为半功率带宽法，该方法适用于低 Q 值微半球谐振子的振动性能测试，利用振动位移幅值降低至固有谐振频率处的 $\dfrac{\sqrt{2}}{2}$ (即能量下降一半)的两个点的频率计算半球谐振子 Q 值。该方法需要不同角频率的正弦信号激励，在角频率为 ω、幅值为 A 的正弦信号激励下，半球谐振子的振动方程可表示为

$$\ddot{x} + 2\xi_{n}\omega_{n}\dot{x} + \omega_{n}^{2}x = A\sin(\omega t) \tag{4-24}$$

此时，半球谐振子振动位移的稳态响应可表示为

$$x = \frac{A}{\sqrt{\left(\omega_{n}^{2} - \omega^{2}\right)^{2} + 4\left(\xi_{n}\omega_{n}\omega\right)^{2}}}\sin(\omega t - \varphi) \tag{4-25}$$

其中，$\varphi = \arctan\left(\dfrac{2\xi_{n}\omega_{n}\omega}{\omega_{n}^{2} - \omega^{2}}\right)$。当输入正弦信号的角频率等于固有谐振角频率时，半球谐振子振动位移的稳态响应幅值为

$$C_{\max} = \frac{A}{2\xi_{n}\omega_{n}^{2}} \tag{4-26}$$

当半球谐振子振动位移的稳态响应幅值降低至 $C_{\max}$ 的 $\dfrac{\sqrt{2}}{2}$ 时，可根据式(4-25)和式(4-26)建立等式

$$\frac{C_{\max}}{\sqrt{2}} = \frac{A}{2\sqrt{2}\xi_{n}\omega_{n}^{2}} = \frac{A}{\sqrt{\left(\omega_{n}^{2} - \omega^{2}\right)^{2} + 4\left(\xi_{n}\omega_{n}\omega\right)^{2}}} \tag{4-27}$$

由式(4-27)可求解得 $\omega_{1} \approx (1+\xi_{n})\omega_{n}$，$\omega_{2} \approx (1-\xi_{n})\omega_{n}$。由于半球谐振子 $Q = \dfrac{1}{2\xi_{n}}$，故可根据 ω_{1}、ω_{2}、ω_{n} 计算得

$$Q = \frac{\omega_{n}}{|\omega_{1} - \omega_{2}|} = \frac{\omega_{n}}{2\xi_{n}\omega_{n}} \tag{4-28}$$

综上，半球谐振子品质因数的频域测试方法具体步骤如下。

(1) 通过扫频获得半球谐振子的固有谐振角频率 ω_{n}；

(2) 将半球谐振子固定在真空腔中，对其施加角频率为 ω_{n}、幅值为 A 的正弦信号激励，使其处于二阶四波腹振动模态，记录半球谐振子振动位移幅值 $C_{\max}$；

(3) 采用扫频的方式对半球谐振子施加幅值为 A、角频率变化的正弦信号激励，寻找半球谐振子振动位移幅值为 $\dfrac{C_{\max}}{\sqrt{2}}$ (振动位移幅值增益为 -3dB)的共轭振动角频率 ω_1、ω_2；

(4) 利用半球谐振子的振动角频率 ω_1、ω_2、ω_n，根据公式 $Q = \dfrac{\omega_n}{|\omega_1 - \omega_2|}$ 计算其品质因数。

综上所述，高 Q 值大半球谐振子宜使用 Q 值的时域测试方法，低 Q 值微半球谐振子可使用 Q 值的频域测试方法。此外，半球谐振子的最大阻尼轴对应其 Q 值最小方位。定义半球谐振子最大阻尼轴与 0°检测电极轴的夹角为 θ_τ，半球谐振子周向 Q 值的精确、高效检测是完成 θ_τ 辨识的保障。

4.3 半球谐振子频差与刚度轴的测试方法

半球谐振子的加工误差以及材料属性的各向异性会导致其二阶振动模态(工作模态)间存在频率裂解。半球谐振陀螺在各模式下的工作特性基本都会受半球谐振子频率裂解的影响。由于半球谐振子存在球壳圆度、球壳与支撑杆同轴度、球壳密度、厚度等不均匀，其二阶振动模态会出现两个相互间展成 45°的固有刚度轴，两个固有刚度轴方位上二阶振动模态的固有谐振频率达到最大值和最小值。最小刚度轴具有最小的固有谐振频率，最大刚度轴具有最大的固有谐振频率，通常定义半球谐振子最小刚度轴与 0°电极轴的夹角为 θ_ω，也称为刚度主轴。半球谐振子频率裂解和刚度主轴的精确测量是半球谐振子质量修调的基础，也能够为半球谐振陀螺的装配、非等弹性误差的算法补偿提供依据。本节主要介绍两种半球谐振子频差和刚度主轴的测试方法，一种是频域法[9-13]，另一种是时域法[14-15]。

4.3.1 频域法

2009 年，俄罗斯马特维耶夫就提出了基于幅-相频特性曲线辨识半球谐振子频差和刚度轴的方法。利用扫频电压信号激励半球谐振子，使用两个夹角为 45°的检测装置记录振动信号，分析两路振动信号的幅值便能够得到半球谐振子的频差和刚度轴特性。该方法测量可靠性和工程化程度高且应用范围广。

由式(4-24)可得，在角频率为 ω、幅值为 A 的正弦信号激励下，半球谐振子的动力学模型可表示为

$$\begin{cases} \ddot{x} + 2\xi_x \omega_x \dot{x} + \omega_x^2 x = A\sin\omega t\cos 2\theta \\ \ddot{y} + 2\xi_y \omega_y \dot{y} + \omega_y^2 y = A\sin\omega t\sin 2\theta \end{cases} \tag{4-29}$$

其中，ω_x、ω_y 分别为 x、y 轴向的固有谐振频率，定义 $\omega_x < \omega_y$，x、y 轴向分别

对应半球谐振子的最小和最大刚度轴方位；ξ_x、ξ_y 分别为 x、y 轴向的振荡衰减时间常数；θ 为真实物理坐标系中正弦信号激励方位与 x 轴的夹角。式(4-24)的解由式(4-25)给出，同理可得式(4-29)中振动位移 x、y 的稳态响应可分别表示为

$$\begin{cases} x = \dfrac{A\cos 2\theta}{\sqrt{\left(\omega_x^2 - \omega^2\right)^2 + 4\left(\xi_x\omega_x\omega\right)^2}}\sin\left(\omega t - \varphi_x\right) \\[4mm] y = \dfrac{A\sin 2\theta}{\sqrt{\left(\omega_y^2 - \omega^2\right)^2 + 4\left(\xi_y\omega_y\omega\right)^2}}\sin\left(\omega t - \varphi_y\right) \end{cases} \tag{4-30}$$

其中，$\varphi_x = \arctan\left(\dfrac{2\xi_x\omega_x\omega}{\omega_x^2 - \omega^2}\right)$；$\varphi_y = \arctan\left(\dfrac{2\xi_y\omega_y\omega}{\omega_y^2 - \omega^2}\right)$。

因此，如图 4-9 所示，在夹角为 45° 的 x、y 构成的等效正交坐标系中，当 $2\theta = 0°$ 或 $2\theta = 90°$ 时，半球谐振子的幅频特性曲线为"单峰"；当 $2\theta = 45°$ 时，半球谐振子具有包含等高"双峰"的幅频特性曲线；当 $0° < 2\theta < 45°$ 时，半球谐振子的幅频特性曲线为左高右低的"双峰"曲线；当 $45° < 2\theta < 90°$ 时，半球谐振子的幅频特性曲线为左低右高的"双峰"曲线。根据半球谐振子幅频曲线的上述特性，其频差和刚度轴方位能够被有效辨识。

综上，半球谐振子频差和刚度轴的频域测试方法具体步骤如下。

(1) 将半球谐振子安装在可旋转的工装上，使其能够绕对称轴旋转。

(2) 在以半球谐振子二阶振动模态固有谐振频率为中心的频段范围内进行扫频形式的持续正弦信号激振。

(3) 利用与激振方向和半球谐振子中心同轴的激光测振仪记录半球谐振子振动信号；绘制该方位的幅频特性曲线。

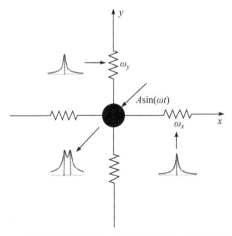

图 4-9　半球谐振子等效"质量-弹簧"二阶系统模型

(4) 利用工装旋转半球谐振子，改变激振和位移检测方位，绘制多个方位半球谐振子的幅频特性曲线。

(5) 分析各个方位半球谐振子的幅频特性曲线，得到其频差和刚度轴的辨识结果。

4.3.2　时域法

虽然基于幅频特性的半球谐振子频差和刚度轴辨识方法较为简单且适用性广，但是对频差的检测精度较低，难以满足半球谐振陀螺的高性能应用需求。基于半球谐振子位移振荡衰减特性的频差时域测量方法不依赖激励信号的扫描步长，半球谐振子的 Q 值越高，探测装置的分辨率越高，半球谐振子频差检测的精度越高。

根据式(4-21)可得，当激励位置对准半球谐振子的最小刚度轴时，半球谐振子的自由衰减振荡方程可表示为

$$w_1(t) = A_1 e^{-\frac{t}{\tau_1}} \sin(\omega_1 t) \tag{4-31}$$

当激励位置对准半球谐振子的最大刚度轴时，半球谐振子的自由衰减振荡方程可表示为

$$w_2(t) = A_2 e^{-\frac{t}{\tau_2}} \sin(\omega_2 t) \tag{4-32}$$

式(4-31)和式(4-32)中，A_1、A_2 分别为沿最小和最大刚度轴方向激励时的振动位移幅值；ω_1、ω_2 分别为最小和最大刚度轴方位二阶振动模态的固有谐振角频率，$\omega_1 < \omega_2$，$\Delta\omega = \omega_2 - \omega_1$；$\tau_1$、$\tau_2$ 为两轴向上半球谐振子的振荡衰减时间常数。当激励位置不对准半球谐振子的最小和最大刚度轴时，谐振角频率为 ω_1、ω_2 的二阶振动均被激发，半球谐振子的振动特性呈现为两者的叠加，此时其自由衰减振荡方程可表示为

$$w(\theta,t) = A_1 \cos(2\theta - 2\theta_\omega)\sin(\omega_1 t)e^{-\frac{t}{\tau_1}}$$
$$+ A_2 \sin(2\theta - 2\theta_\omega)\sin(\omega_2 t)e^{-\frac{t}{\tau_2}} \tag{4-33}$$

其中，θ 为激励位置，也是半球谐振子的驻波方位角；θ_ω 为半球谐振子最小刚度轴的方位角。为简化分析，假设角频率为 ω_1、ω_2 的两个波具有相同的振荡衰减时间常数 $\tau = \tau_1 = \tau_2$，则式(4-33)可进一步化简为

$$w(t) = A e^{-\frac{t}{\tau}}\left[\sin(\omega_1 t) + \sin(\omega_2 t)\right]$$
$$= 2A e^{-\frac{t}{\tau}}\cos\left(\frac{\Delta\omega}{2}t\right)\sin\left(\frac{\omega_1 + \omega_2}{2}t\right) \tag{4-34}$$

定义被调制的振动位移幅值 $A_{\mathrm{m}} = 2A\mathrm{e}^{-\frac{t}{\tau}}\cos\left(\dfrac{\Delta\omega}{2}t\right)$，式(4-34)可视为振动角频率为 $\dfrac{\omega_1 + \omega_2}{2}$，振动位移幅值为 A_{m} 的衰减振荡。由于 A_{m} 在随时间 t 衰减过程中被 $\cos\left(\dfrac{\Delta\omega}{2}t\right)$ 调制，故半球谐振子位移的衰减振荡上下包络线呈现出"拍"的特性，可表示为

$$x = \pm 2A\cos\left(\frac{\Delta\omega}{2}t\right)\mathrm{e}^{-\frac{t}{\tau}} \tag{4-35}$$

对比式(4-22)所表示的半球谐振子位移振荡衰减的上下包络线，假设 $C = 2A = 10\mu\mathrm{m}$，$\tau = \dfrac{1}{\xi_{\mathrm{n}}\omega_{\mathrm{n}}} = 1\mathrm{s}$，$\Delta\omega = 2\pi\Delta f$，$\Delta f = 2\mathrm{Hz}$，则式(4-22)和式(4-35)所表示曲线如图 4-10 中的实线和虚线所示。

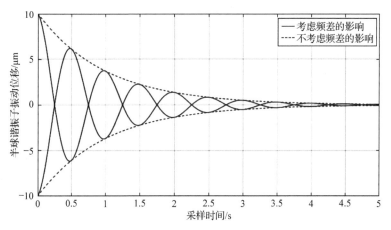

图 4-10　半球谐振子振动位移的衰减振荡曲线

若考虑频差的影响，半球谐振子振动位移的衰减振荡曲线将由图 4-10 中的虚线形式变为实线形式，呈现出"拍"的特性。利用图 4-10 中具有"拍"特性实线的边界拟合新的指数型上下包络线便是该图中虚线，这样便可消除半球谐振子频差对利用振荡衰减法辨识其 Q 值的影响。此外，只要测出具有"拍"特性实线的周期 ΔT 便能够辨识半球谐振子的频差 Δf，即

$$\Delta f = \frac{2}{\Delta T} \tag{4-36}$$

综上，半球谐振子频差的时域测试方法具体步骤如下。

(1) 将激振点、测量点和半球谐振子中心保持在同一轴线上；

(2) 将半球谐振子固定在真空腔中，敲击使其处于二阶四波腹振动模态；

(3) 确定半球谐振子自由振荡衰减曲线中"拍"特性的周期 ΔT，进而计算半球谐振子频差 $\Delta f = \dfrac{2}{\Delta T}$。

此外，对于该方法，半球谐振子的 Q 值越高，探测装置的分辨率越高，其频差测量的分辨率就越高。

参 考 文 献

[1] 吉文克. 半球谐振子振动特性分析及品质因数影响因素研究[D]. 哈尔滨: 哈尔滨工业大学, 2021.

[2] 杨勇. 半球谐振陀螺的结构与误差分析[D]. 成都: 电子科技大学, 2014.

[3] 周蕾. 半球谐振陀螺谐振子误差分析与性能评估[D]. 西安: 西安建筑科技大学, 2022.

[4] 陈一铭. 半球谐振陀螺谐振子检测及调平技术研究[D]. 北京: 中国航天科工集团第二研究院, 2022.

[5] 王宜新. 半球谐振子振动特性分析与检测技术研究[D]. 武汉: 华中科技大学, 2021.

[6] 王鹏, 曲天良, 刘天怡, 等. 半球谐振子振动特性批量化测试技术[J]. 测控技术, 2023, 42(9): 31-37, 50.

[7] 王振军. 熔融石英微半球谐振陀螺品质因数提升技术研究[D]. 长沙: 国防科技大学, 2018.

[8] 石岩. 熔融石英微半球谐振结构工艺优化与品质因数提升技术研究[D]. 长沙: 国防科技大学, 2021.

[9] 马雪琳. 基于多普勒测振的谐振子关键参数测量方法研究[D]. 哈尔滨: 哈尔滨工业大学, 2021.

[10] 吕晓文. 半球谐振子频率裂解分析与振动能量损耗研究[D]. 哈尔滨: 哈尔滨工业大学, 2020.

[11] 李绍良, 杨浩, 夏语, 等. 基于幅频响应特性的半球谐振子频率裂解与固有刚度轴方位角测定方法[J]. 飞控与探测, 2020, 3(1): 69-74.

[12] 王鹏, 刘天怡, 曲天良. 基于幅频特性的半球谐振陀螺刚性轴辨识方法研究[J]. 光学与光电技术, 2022, 20(5): 17-23.

[13] 朱蓓蓓, 楚建宁, 秦琳, 等. 半球谐振子固有刚性轴方位角测量方法与仿真研究[J]. 振动与冲击, 2022, 41(5): 166-172.

[14] Li S L, Rong Y J, Zhao W L, et al. Measurement method of frequency splitting for high-Q hemispherical resonator based on standing wave swing effect[C]. 7th IEEE International Symposium on Inertial Sensors and Systems, Hiroshima, Japan, 2020: 1-4.

[15] Li S L, Yang H, Zhao W L, et al. Research on the time-domain measurement method of low-frequency splitting for hemispherical resonator[J]. Journal of Sensors, 2021, 2021(1): 5559288.

第5章　半球谐振陀螺的测控原理
与等效动力学模型

5.1　半球谐振陀螺的检测与驱动

5.1.1　电容检测原理

电容检测的等效电路如图 5-1 所示。谐振子振动位移的检测利用图 5-1 所示直流偏置电容器完成。

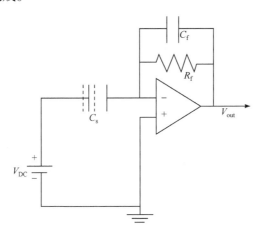

图 5-1　电容检测的等效电路

谐振子唇沿与面外电极基板构成电容值为 C_s 的变极距式电容器，检测电极输出电压 V_{out} 能够准确敏感 C_s 的变化，进而获得振动位移信息。根据运算放大器的"虚短"原理，通过 C_s 的电流 I_s 可表示为

$$I_s = V_{DC} C_s s \tag{5-1}$$

根据"虚断"原理，V_{out} 可表示为

$$V_{out} = \frac{R_f C_s s}{1 + R_f C_f s} V_{DC} \tag{5-2}$$

其中，$C_s = \dfrac{C_0}{1 - x/d_0}$，$C_0 = \dfrac{\varepsilon A_0}{d_0}$，$A_0$ 为极板面积，d_0 为极板固有间距。由于振动位移 x 远小于 d_0，故可将 C_s 泰勒展开并忽略 $o(x^3)$ 高阶小量，此时 V_{out} 可进一

步表示为

$$V_{\text{out}} = \frac{R_{\text{f}}C_0 s}{1 + R_{\text{f}}C_{\text{f}}s} V_{\text{DC}} \left[1 + \frac{x}{d_0} + \left(\frac{x}{d_0} \right)^2 + \left(\frac{x}{d_0} \right)^3 \right] \tag{5-3}$$

尽管为防止 x 超过临界分叉阈值而严格要求 $x \ll d_0$，但电容检测本质上是非线性的。令 $x = a_0 \cos(\omega_{\text{d}} t + \varphi_{\text{d}})$，移除 V_{out} 的直流成分并对其进行解调滤波，可获得振动位移放大电压 V^{i} 为

$$V^{\text{i}} = \left(1 + \frac{3a_0^2}{4d_0^2} \right) K_{\text{s}} a_0 \tag{5-4}$$

其中，K_{s} 为检测增益。由式(5-4)可以看出，V_{out} 中的 x^3 项为电容检测引入 $3a_0^2 / 4d_0^2$ 的相对增益误差，而其中的 x^2 因被高频调制而不影响振动位移的检测。

5.1.2　静电驱动原理

HRG 中由控制电压产生静电驱动力，进而完成对谐振子振动的控制。图 5-2 为静电驱动的等效电路，驱动电压一般采用"直流+交流"的方式，直流偏置电压 V_{DC} 往往远大于交流控制电压 V_{AC}。

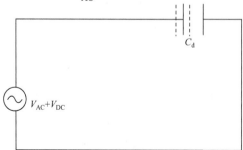

图 5-2　静电驱动的等效电路

当驱动电压 $V_{\text{d}} = V_{\text{DC}} + V_{\text{AC}}$ 时，平板电容器上存储的能量为

$$E = \frac{1}{2} C_{\text{d}} V_{\text{d}}^2 \tag{5-5}$$

其中，$C_{\text{d}} = \dfrac{C_0}{1 - x / d_0}$。由于平板电容器总是向总能量最小的趋势方向移动，可移动电极极板(谐振子唇沿)受力变化位移 x 与电容存储能量 E 的关系为

$$F_{\text{e}} = -\frac{\partial E}{\partial x} \tag{5-6}$$

其中，F_{e} 为谐振子所受静电力。因此，当驱动电极上施加电压为 V_{d} 时，同样将

驱动电容容值 C_d 泰勒展开并忽略 $o(x^3)$ 高阶小量，则谐振子所受静电力 F_e 可进一步表示为

$$F_e = -\frac{C_0 V_d^2}{2d_0}\left[1 + 2\left(\frac{x}{d_0}\right) + 3\left(\frac{x}{d_0}\right)^2\right] \tag{5-7}$$

当采用 "一倍频" 驱动方式时，F_e 主要由以下三部分组成：

$$\begin{aligned}
F_e &= F_{ec} + F_{es} + F_{ed} \\
&= -\frac{C_0\left(2|V_{DC}|^2 + |V_{AC}|^2\right)}{4d_0} \\
&\quad -\frac{C_0\left(2|V_{DC}|^2 + |V_{AC}|^2\right)}{4d_0}\left[2\left(\frac{x}{d_0}\right) + 3\left(\frac{x}{d_0}\right)^2\right] \\
&\quad -\frac{C_0|V_{DC}|V_{AC}}{d_0}\left[1 + 2\left(\frac{x}{d_0}\right) + 3\left(\frac{x}{d_0}\right)^2\right]
\end{aligned} \tag{5-8}$$

其中，F_{ec} 为与位移无关的(直流)静电力；F_{es} 为与位移相关的(直流)静电力；F_{ed} 为(交流)静电驱动力。F_{ec} 只会使谐振子产生一个静态位移；F_{es} 产生的刚度软化与振动位移增大引起的弹簧硬化共同影响着谐振子刚度与振动特性，针对尺寸较大的 HRG，振动位移产生的弹簧硬化可忽略不计，刚度软化和非线性效果主要源于 F_{es}，这使得谐振频率降低并具有幅度依赖性；F_{ed} 有线性和非线性两部分，其线性部分产生所需控制力，控制力大小受 $|V_{AC}|$ 影响，其非线性部分可表示为

$$F_{nl} = -\frac{C_0|V_{DC}|V_{AC}}{d_0}\left[2\left(\frac{x}{d_0}\right) + 3\left(\frac{x}{d_0}\right)^2\right] \tag{5-9}$$

同样令 $x = a_0\cos(\omega_d t + \varphi_d)$，则 F_{nl} 中的 x^2 项为静电驱动引入 $3a_0^2/2d_0^2$ 的相对增益误差，x 项因被高频调制而无驱动效果。最终 F_{ed} 可表示为

$$F_{ed} = K_d\left(1 + \frac{3a_0^2}{2d_0^2}\right)V^o \tag{5-10}$$

其中，K_d 为驱动增益；V^o 为控制电路输出电压。

5.2　半球谐振陀螺的等效动力学模型

HRG 属于科氏振动陀螺，该类陀螺的运动可被等效为二维空间质点的简谐

振动，第 3 章获得的谐振子唇沿处二阶振动方程，本质上就是一个无阻尼"质量-弹簧"二阶系统的运动方程，而谐振子的振荡必定会衰减，因此还需要考虑阻尼的影响。为了简化对 HRG 误差特性的分析，本书将基于"质量-弹簧-阻尼"二阶系统的运动方程开展后续研究工作。

值得注意的是，在 HRG 中，由于其二阶振动模态构成四波腹振型，故电极轴坐标系中相互正交的两个轴向上分别为真实物理坐标系中两个相差 45°电极上检测到的振动位移。这两个振动位移在电极轴坐标系中形成李萨如图，即 HRG 的等效质点在电极轴坐标系构成的二维空间中，以该李萨如图的形式运动。此外，对于二维空间中的质点，其受到的真实阻尼和刚度约束均可被等效为两对虚拟的正交阻尼约束和刚度约束，因此针对 HRG 的"质量-弹簧-阻尼"二阶系统如图 5-3 所示。

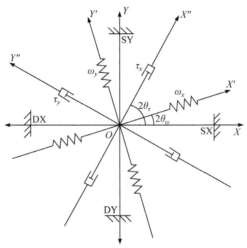

图 5-3　针对 HRG 的"质量-弹簧-阻尼"二阶系统等效模型

5.2.1　理想检测电极方位的陀螺等效动力学模型

由于本书所分析 HRG 采用"半球谐振子+面外电极基板"两件套结构，因此，先不考虑装配误差，在检测电极 SX 和 SY 方向建立的理想检测电极坐标系 XY 规定了最大与最小刚度轴和阻尼轴的方向以及驱动电极 DX 和 DY 的方向，如图 5-3 所示。

结合谐振子唇沿处二阶振动方程式(3-23)，HRG 的无阻尼"质量-弹簧"二阶系统等效模型可表示为

$$\begin{cases} \ddot{x}' - 4K\Omega\dot{y}' + \left(\omega_x^2 - K'\Omega^2\right)x' = f_{x'} \\ \ddot{y}' + 4K\Omega\dot{x}' + \left(\omega_y^2 - K'\Omega^2\right)y' = f_{y'} \end{cases} \tag{5-11}$$

其中，K 为驻波的进动因子，约为 0.277；K' 为 Ω^2 项的比例因子，约为 0.692；Ω 为外界激励角速度。假设谐振子的等效正交刚度约束分别沿 X'、Y' 方向，ω_x、ω_y 分别为最小和最大刚度轴上质点的固有谐振频率，$\omega_x < \omega_y$；x'、y' 与 $f_{x'}$、$f_{y'}$ 分别为 X'、Y' 轴向上的振动位移和等效施加的控制力。利用基变换，可得 XY 坐标系与 $X'Y'$ 坐标系间的正交变换关系为

$$\begin{pmatrix} V_x' \\ V_y' \end{pmatrix} = \begin{pmatrix} \cos 2\theta_\omega & \sin 2\theta_\omega \\ -\sin 2\theta_\omega & \cos 2\theta_\omega \end{pmatrix} \begin{pmatrix} V_x \\ V_y \end{pmatrix} \tag{5-12}$$

其中，θ_ω 为真实物理坐标系中谐振子最小刚度轴与 X 轴的夹角；V 为一个向量，可以表示位移或控制力。

令 $z' = \begin{pmatrix} x' \\ y' \end{pmatrix}$，$\Theta = \begin{pmatrix} 0 & -4K\Omega \\ 4K\Omega & 0 \end{pmatrix}$，$K = \begin{pmatrix} \omega_x^2 - K'\Omega^2 & 0 \\ 0 & \omega_y^2 - K'\Omega^2 \end{pmatrix}$，$f' = \begin{pmatrix} f_{x'} \\ f_{y'} \end{pmatrix}$，则上述无阻尼"质量-弹簧"二阶模型可改写为

$$\ddot{z}' + \Theta \dot{z}' + K z' = f' \tag{5-13}$$

令 $A_\omega = \begin{pmatrix} \cos 2\theta_\omega & \sin 2\theta_\omega \\ -\sin 2\theta_\omega & \cos 2\theta_\omega \end{pmatrix}$，$z = \begin{pmatrix} x \\ y \end{pmatrix}$，$f = \begin{pmatrix} f_x \\ f_y \end{pmatrix}$，则式(5-13)在 XY 坐标系中可表示为

$$A_\omega \ddot{z} + \Theta A_\omega \dot{z} + K A_\omega z = A_\omega f \tag{5-14}$$

由于 $A_\omega^{\mathrm{T}} A_\omega = A_\omega A_\omega^{\mathrm{T}} = I$，式(5-14)两侧同时左乘 A_ω^{T} 可得

$$\ddot{z} + A_\omega^{\mathrm{T}} \Theta A_\omega \dot{z} + A_\omega^{\mathrm{T}} K A_\omega z = f \tag{5-15}$$

其中，$A_\omega^{\mathrm{T}} \Theta A_\omega = \Theta$。定义 $\omega^2 = \dfrac{\omega_x^2 + \omega_y^2}{2}$，$\Delta\omega = \omega_y - \omega_x$，$\omega\Delta\omega = \dfrac{\omega_y^2 - \omega_x^2}{2}$，可得

$$
\begin{aligned}
A_\omega^{\mathrm{T}} K A_\omega &= A_\omega^{\mathrm{T}} \begin{pmatrix} \omega^2 - \omega\Delta\omega - K'\Omega^2 & 0 \\ 0 & \omega^2 + \omega\Delta\omega - K'\Omega^2 \end{pmatrix} A_\omega \\
&= \begin{pmatrix} \omega^2 - \omega\Delta\omega\cos 4\theta_\omega - K'\Omega^2 & -\omega\Delta\omega\sin 4\theta_\omega \\ -\omega\Delta\omega\sin 4\theta_\omega & \omega^2 + \omega\Delta\omega\cos 4\theta_\omega - K'\Omega^2 \end{pmatrix}
\end{aligned} \tag{5-16}
$$

综上，式(5-15)可进一步改写为

$$\begin{cases} \ddot{x} - 4K\Omega\dot{y} + \left(\omega^2 - \omega\Delta\omega\cos 4\theta_\omega - K'\Omega^2\right)x - \omega\Delta\omega\sin 4\theta_\omega y = f_x \\ \ddot{y} + 4K\Omega\dot{x} - \omega\Delta\omega\sin 4\theta_\omega x + \left(\omega^2 + \omega\Delta\omega\cos 4\theta_\omega - K'\Omega^2\right)y = f_y \end{cases} \tag{5-17}$$

当考虑阻尼的影响时，假设谐振子的等效阻尼约束分别沿 X'' 和 Y'' 方向，这

两个轴向上的振荡衰减时间常数分别为 τ_x 和 τ_y，$\tau_x < \tau_y$；x''、y'' 分别为 X'' 和 Y'' 轴向上的振动位移，则在 $X''Y''$ 坐标系中，不带弹簧"质量-阻尼"二阶系统的自由振动方程可表示为

$$\begin{cases} \ddot{x}'' + \dfrac{2}{\tau_x}\dot{x}'' = 0 \\ \ddot{y}'' + \dfrac{2}{\tau_y}\dot{y}'' = 0 \end{cases} \tag{5-18}$$

将式(5-18)写成向量形式，令 $z'' = \begin{pmatrix} x'' \\ y'' \end{pmatrix}$，$D = \begin{pmatrix} \dfrac{2}{\tau_x} & 0 \\ 0 & \dfrac{2}{\tau_y} \end{pmatrix}$，则有

$$\ddot{z}'' + D\dot{z}' = 0 \tag{5-19}$$

利用基变换，可得到 XY 坐标系与 $X''Y''$ 坐标系的正交变化关系为

$$\begin{pmatrix} V_{x''} \\ V_{y''} \end{pmatrix} = \begin{pmatrix} \cos 2\theta_\tau & \sin 2\theta_\tau \\ -\sin 2\theta_\tau & \cos 2\theta_\tau \end{pmatrix}\begin{pmatrix} V_x \\ V_y \end{pmatrix} \tag{5-20}$$

其中，θ_τ 为真实物理坐标系中谐振子最大阻尼轴与 X 轴的夹角；V 为一个向量，可以表示位移或控制力。令 $A_\tau = \begin{pmatrix} \cos 2\theta_\tau & \sin 2\theta_\tau \\ -\sin 2\theta_\tau & \cos 2\theta_\tau \end{pmatrix}$，则式(5-19)在 XY 坐标系中可表示为

$$A_\tau \ddot{z} + DA_\tau \dot{z} = 0 \tag{5-21}$$

式(5-21)两边同时左乘 A_τ^{T} 可得

$$\ddot{z} + A_\tau^{\mathrm{T}} DA_\tau \dot{z} = 0 \tag{5-22}$$

定义 $\dfrac{2}{\tau} = \dfrac{1}{\tau_x} + \dfrac{1}{\tau_y}$，$\Delta\left(\dfrac{1}{\tau}\right) = \dfrac{1}{\tau_x} - \dfrac{1}{\tau_y}$，可得

$$\begin{aligned}
A_\tau^{\mathrm{T}} DA_\tau &= \begin{pmatrix} \cos 2\theta_\tau & -\sin 2\theta_\tau \\ \sin 2\theta_\tau & \cos 2\theta_\tau \end{pmatrix}\begin{pmatrix} \dfrac{2}{\tau} + \Delta\left(\dfrac{1}{\tau}\right) & 0 \\ 0 & \dfrac{2}{\tau} - \Delta\left(\dfrac{1}{\tau}\right) \end{pmatrix}\begin{pmatrix} \cos 2\theta_\tau & \sin 2\theta_\tau \\ -\sin 2\theta_\tau & \cos 2\theta_\tau \end{pmatrix} \\
&= \begin{pmatrix} \dfrac{2}{\tau} + \Delta\left(\dfrac{1}{\tau}\right)\cos 4\theta_\tau & \Delta\left(\dfrac{1}{\tau}\right)\sin 4\theta_\tau \\ \Delta\left(\dfrac{1}{\tau}\right)\sin 4\theta_\tau & \dfrac{2}{\tau} - \Delta\left(\dfrac{1}{\tau}\right)\cos 4\theta_\tau \end{pmatrix}
\end{aligned} \tag{5-23}$$

综上，式(5-18)可进一步改写为

$$\begin{cases} \ddot{x} + \left[\dfrac{2}{\tau} + \Delta\left(\dfrac{1}{\tau}\right)\cos 4\theta_\tau\right]\dot{x} + \Delta\left(\dfrac{1}{\tau}\right)\sin 4\theta_\tau\dot{y} = 0 \\ \ddot{y} + \Delta\left(\dfrac{1}{\tau}\right)\sin 4\theta_\tau\dot{x} + \left[\dfrac{2}{\tau} - \Delta\left(\dfrac{1}{\tau}\right)\cos 4\theta_\tau\right]\dot{y} = 0 \end{cases} \tag{5-24}$$

因此，HRG 在理想检测电极方位的"质量-弹簧-阻尼"二阶系统等效模型为式(5-17)和式(5-24)的叠加，即

$$\begin{cases} \ddot{x} - 4K\Omega\dot{y} + \left[\dfrac{2}{\tau} + \Delta\left(\dfrac{1}{\tau}\right)\cos 4\theta_\tau\right]\dot{x} + \Delta\left(\dfrac{1}{\tau}\right)\sin 4\theta_\tau\dot{y} \\ \quad + \left(\omega^2 - \omega\Delta\omega\cos 4\theta_\omega - K'\Omega^2\right)x - \omega\Delta\omega\sin 4\theta_\omega y = f_x \\ \ddot{y} + 4K\Omega\dot{x} + \Delta\left(\dfrac{1}{\tau}\right)\sin 4\theta_\tau\dot{x} + \left[\dfrac{2}{\tau} - \Delta\left(\dfrac{1}{\tau}\right)\cos 4\theta_\tau\right]\dot{y} \\ \quad - \omega\Delta\omega\sin 4\theta_\omega x + \left(\omega^2 + \omega\Delta\omega\cos 4\theta_\omega - K'\Omega^2\right)y = f_y \end{cases} \tag{5-25}$$

其中，x、y 表示理想检测电极方位谐振子的振动位移；f_x、f_y 表示理想检测电极方位等效施加的控制力。理想检测与驱动电极坐标系之间的正交变换矩阵为 $\begin{pmatrix} -1 & 0 \\ 0 & -1 \end{pmatrix}$，因此等效施加在理想驱动电极上的控制力为 $-f_x$、$-f_y$。为简化求解思路，本书后续分析中忽略了上述控制力等大反向的施加效果，统一认为式(5-25)中的 f_x、f_y 就是理想驱动电极方位的控制力。式(5-25)中，$-4K\Omega\dot{y}$ 和 $4K\Omega\dot{x}$ 为科氏效应产生的科氏力耦合项；K 为进动因子；Ω 为激励角速度；τ 为谐振子的平均振荡衰减时间常数，$\dfrac{2}{\tau} = \dfrac{1}{\tau_x} + \dfrac{1}{\tau_y}$，其中 τ_x 和 τ_y 分别为最大和最小"阻尼简正轴"上谐振子的振荡衰减时间常数，$\tau_x < \tau_y$；$\Delta\left(\dfrac{1}{\tau}\right)$ 为非等阻尼误差幅值，$\Delta\left(\dfrac{1}{\tau}\right) = \dfrac{1}{\tau_x} - \dfrac{1}{\tau_y}$；$\theta_\tau$ 为最大阻尼轴与 X 轴之间的夹角，即非等阻尼误差主轴偏角；$\omega^2 = \dfrac{\omega_x^2 + \omega_y^2}{2}$，其中 ω_x 和 ω_y 分别为最小和最大"刚度简正轴"上谐振子的固有振动角频率，$\omega_x < \omega_y$；$\Delta\omega$ 为非等弹性误差幅值，$\Delta\omega = \omega_y - \omega_x$，$\omega\Delta\omega = \dfrac{\omega_y^2 - \omega_x^2}{2}$，谐振子频差 $\Delta f = \Delta\omega / 2\pi$；$\theta_\omega$ 为最小刚度轴与 X 轴之间的夹角，即非等弹性误差主轴偏角。

结合式(5-25)，在此给出两组具有代表性的 HRG 参数，其中，机械加工得到

的大尺寸、高 Q 值、低频差 HRG 典型参数如表 5-1 所示，玻璃吹制得到的小尺寸、低 Q 值、大频差 mHRG 典型参数如表 5-2 所示。

表 5-1　机械加工得到的大尺寸、高 Q 值、低频差 HRG 典型参数

参数	取值
谐振频率/Hz	5000
品质因数(Q 值)	5×10^6
平均振荡衰减时间常数/s	318.3099
非等阻尼误差幅值/(rad/s)	9.6691×10^{-4}
非等阻尼误差主轴偏角/(°)	22.5
频差/Hz	0.01
非等弹性误差主轴偏角/(°)	0

表 5-2　玻璃吹制得到的小尺寸、低 Q 值、大频差 mHRG 典型参数

参数	取值
谐振频率/Hz	8000
品质因数(Q 值)	1×10^4
平均振荡衰减时间常数/s	0.3979
非等阻尼误差幅值/(rad/s)	0.0967
非等阻尼误差主轴偏角/(°)	22.5
频差/Hz	2
非等弹性误差主轴偏角/(°)	0

5.2.2　驻波波腹波节方位的陀螺等效动力学模型

为了便于对驻波的驱动和检测模态进行分析，需要求解驻波波腹波节方位的陀螺等效动力学模型。在此引入驻波方位角 θ ，当驻波自由进动或锁定在 $X_\theta Y_\theta$ 方位时，根据式(5-25)，令 $M_\theta = \begin{pmatrix} \cos 2\theta & -\sin 2\theta \\ \sin 2\theta & \cos 2\theta \end{pmatrix}$ ，可得

$$\begin{cases} \begin{pmatrix} x \\ y \end{pmatrix} = M_\theta \begin{pmatrix} x_\theta \\ y_\theta \end{pmatrix}, \quad \begin{pmatrix} f_x \\ f_y \end{pmatrix} = M_\theta \begin{pmatrix} f_{x\theta} \\ f_{y\theta} \end{pmatrix} \\ \Theta_\theta = M_\theta^{\mathrm{T}} A_\omega^{\mathrm{T}} \Theta A_\omega M_\theta, \quad K_\theta = M_\theta^{\mathrm{T}} A_\omega^{\mathrm{T}} K A_\omega M_\theta, \quad D_\theta = M_\theta^{\mathrm{T}} A_\tau^{\mathrm{T}} D A_\tau M_\theta \\ A_\omega M_\theta = \begin{pmatrix} \cos 2(\theta - \theta_\omega) & -\sin 2(\theta - \theta_\omega) \\ \sin 2(\theta - \theta_\omega) & \cos 2(\theta - \theta_\omega) \end{pmatrix} \\ A_\tau M_\theta = \begin{pmatrix} \cos 2(\theta - \theta_\tau) & -\sin 2(\theta - \theta_\tau) \\ \sin 2(\theta - \theta_\tau) & \cos 2(\theta - \theta_\tau) \end{pmatrix} \end{cases} \tag{5-26}$$

因此可得

$$
\begin{cases}
K_\theta = \begin{pmatrix} \omega^2 - \omega\Delta\omega\cos 4(\theta-\theta_\omega) - K'\Omega^2 & \omega\Delta\omega\sin 4(\theta-\theta_\omega) \\ \omega\Delta\omega\sin 4(\theta-\theta_\omega) & \omega^2 + \omega\Delta\omega\cos 4(\theta-\theta_\omega) - K'\Omega^2 \end{pmatrix} \\
\Theta_\theta = \begin{pmatrix} 0 & -4K\Omega \\ 4K\Omega & 0 \end{pmatrix} \\
D_\theta = \begin{pmatrix} \dfrac{2}{\tau} + \Delta\left(\dfrac{1}{\tau}\right)\cos 4(\theta-\theta_\tau) & -\Delta\left(\dfrac{1}{\tau}\right)\sin 4(\theta-\theta_\tau) \\ -\Delta\left(\dfrac{1}{\tau}\right)\sin 4(\theta-\theta_\tau) & \dfrac{2}{\tau} - \Delta\left(\dfrac{1}{\tau}\right)\cos 4(\theta-\theta_\tau) \end{pmatrix}
\end{cases}
\tag{5-27}
$$

综上，驻波波腹波节方位的陀螺等效动力学模型为

$$
\begin{cases}
\ddot{x}_\theta - 4K\Omega\dot{y}_\theta + \left[\dfrac{2}{\tau} + \Delta\left(\dfrac{1}{\tau}\right)\cos 4(\theta-\theta_\tau)\right]\dot{x}_\theta - \Delta\left(\dfrac{1}{\tau}\right)\sin 4(\theta-\theta_\tau)\dot{y}_\theta \\
+\left[\omega^2 - \omega\Delta\omega\cos 4(\theta-\theta_\omega) - K'\Omega^2\right]x_\theta + \omega\Delta\omega\sin 4(\theta-\theta_\omega)y_\theta = f_{x\theta} \\
\ddot{y}_\theta + 4K\Omega\dot{x}_\theta - \Delta\left(\dfrac{1}{\tau}\right)\sin 4(\theta-\theta_\tau)\dot{x}_\theta + \left[\dfrac{2}{\tau} - \Delta\left(\dfrac{1}{\tau}\right)\cos 4(\theta-\theta_\tau)\right]\dot{y}_\theta \\
+\omega\Delta\omega\sin 4(\theta-\theta_\omega)x_\theta + \left[\omega^2 + \omega\Delta\omega\cos 4(\theta-\theta_\omega) - K'\Omega^2\right]y_\theta = f_{y\theta}
\end{cases}
$$

$$(5\text{-}28)$$

其中，x_θ、y_θ 分别为驻波驱动和检测模态的振动位移；$f_{x\theta}$、$f_{y\theta}$ 分别为等效施加在驻波驱动和检测模态上的控制力。

5.3　基于 Lynch 平均法的广义慢变量分析

1995 年，Lynch[1]提出了一种分析科氏振动陀螺等效动力学模型的平均法。该方法能够将谐振子等效质点椭圆运动轨迹参数中的"慢变量"与"快变量"分离，进而得到主波波腹幅值放大电压 a、正交波波腹幅值放大电压 q、驻波方位角 θ 等椭圆运动轨迹参数的动态方程。在此基础上，本书提出了一种广义慢变量分析法，该方法进一步对谐振子振动位移的定义广义化，以得出广泛适用于 FTR、WA、QFM、LFM 和 DFM 等模式的振动位移慢变量或其组合量的变化情况与受力情况，为各模式下测控方案的设计与执行、误差的分析与建模建立基础。

5.3.1　谐振子振动位移放大电压的慢变方程

在理想检测电极坐标系中，理想检测电极方位谐振子的振动位移 x、y 可以表示为如下椭圆参数形式：

$$\begin{cases} x = a_0 \cos 2\theta \cos(\omega_x t + \varphi_x) - q_0 \sin 2\theta \sin(\omega_x t + \varphi_x) \\ y = a_0 \sin 2\theta \cos(\omega_y t + \varphi_y) + q_0 \cos 2\theta \sin(\omega_y t + \varphi_y) \end{cases} \tag{5-29}$$

其中，a_0 为主波波腹幅值；q_0 为正交波波腹幅值。x、y 也可更加广义地表示为如下形式：

$$\begin{cases} x = C_x^0 \cos(\omega_x t + \varphi_x) + S_x^0 \sin(\omega_x t + \varphi_x) \\ y = C_y^0 \cos(\omega_y t + \varphi_y) + S_y^0 \sin(\omega_y t + \varphi_y) \end{cases} \tag{5-30}$$

其中，C_x^0、S_x^0、C_y^0、S_y^0 为振动位移 x、y 中的慢变量；$\omega_x t + \varphi_x$ 和 $\omega_y t + \varphi_y$ 分别为振动位移 x、y 的实时相位，属于快变量。同样地，理想驱动电极方位等效施加的控制力 f_x、f_y 也可以用快慢变量表示为

$$\begin{cases} f_x = F_{xc} \cos(\omega_x t + \varphi_x) - F_{xs} \sin(\omega_x t + \varphi_x) \\ f_y = F_{yc} \cos(\omega_y t + \varphi_y) - F_{ys} \sin(\omega_y t + \varphi_y) \end{cases} \tag{5-31}$$

其中，F_{xs}、F_{xc}、F_{ys}、F_{yc} 为控制力 f_x、f_y 中的慢变量。由于控制力应当超前所控制振动位移 90°相位，故 F_{xs}、F_{xc}、F_{ys}、F_{yc} 将分别用于控制 S_x^0、C_x^0、S_y^0、C_y^0。

在不考虑检测、驱动以及测控系统相位误差的前提下，依据式(5-25)并使用泡利旋转矩阵简化计算，可得

$$\begin{pmatrix} \ddot{x} \\ \ddot{y} \end{pmatrix} + 2\left[2K\Omega(-i\sigma_2) + \frac{1}{\tau} + \frac{1}{2}\Delta\left(\frac{1}{\tau}\right)(\sigma_3 \cos 4\theta_\tau + \sigma_1 \sin 4\theta_\tau) \right] \begin{pmatrix} \dot{x} \\ \dot{y} \end{pmatrix}$$
$$+ \left[\omega^2 - K'\Omega^2 - \omega\Delta\omega(\sigma_3 \cos 4\theta_\omega + \sigma_1 \sin 4\theta_\omega) \right] \begin{pmatrix} x \\ y \end{pmatrix} = \begin{pmatrix} f_x \\ f_y \end{pmatrix} \tag{5-32}$$

其中，泡利旋转矩阵 $\sigma_1 = \begin{pmatrix} 0 & 1 \\ 1 & 0 \end{pmatrix}$，$\sigma_2 = \begin{pmatrix} 0 & -i \\ i & 0 \end{pmatrix}$，$\sigma_3 = \begin{pmatrix} 1 & 0 \\ 0 & -1 \end{pmatrix}$。然而，值得特别强调的是，由于振动位移 x、y 和控制力 f_x、f_y 只能通过电子接口电路获取和施加，因此需要建立振动位移放大电压 V_x^i、V_y^i 和控制电路输出电压 V_x^o、V_y^o 间的慢变方程，故定义式(5-32)中

$$\begin{cases} z = \begin{pmatrix} x \\ y \end{pmatrix} = \mathrm{Re}\left\{ \begin{bmatrix} C_x(t) - \mathrm{i}S_x(t) \end{bmatrix} \mathrm{e}^{\mathrm{i}\phi_x(t)} \\ \begin{bmatrix} C_y(t) - \mathrm{i}S_y(t) \end{bmatrix} \mathrm{e}^{\mathrm{i}\phi_y(t)} \right\} / K_s \\[4mm] f = \begin{pmatrix} f_x \\ f_y \end{pmatrix} = \mathrm{Re}\left\{ \begin{bmatrix} V_{xc}(t) + \mathrm{i}V_{xs}(t) \end{bmatrix} \mathrm{e}^{\mathrm{i}\phi_x'(t)} \\ \begin{bmatrix} V_{yc}(t) + \mathrm{i}V_{ys}(t) \end{bmatrix} \mathrm{e}^{\mathrm{i}\phi_y'(t)} \right\} K_d \end{cases} \tag{5-33}$$

其中，C_x、S_x、C_y、S_y 为振动位移慢变量 C_x^0、S_x^0、C_y^0、S_y^0 所对应的放大电压；V_{xs}、V_{xc}、V_{ys}、V_{yc} 为控制力慢变量 F_{xs}、F_{xc}、F_{ys}、F_{yc} 所对应的控制电压慢变量；ϕ_x、ϕ_y 分别为振动位移 x、y 的实时相位；$\phi_x' + \dfrac{\pi}{2}$、$\phi_y' + \dfrac{\pi}{2}$ 分别为控制力 f_x、f_y 的实时相位。控制电压 V_{xs}、V_{xc}、V_{ys}、V_{yc} 分别用于控制 S_x、C_x、S_y、C_y，各慢变量的超前滞后关系已体现在式(5-33)的假设中，在不考虑测控系统相位误差的情况下，理论上有 $\phi_x' = \phi_x, \phi_y' = \phi_y$，此外 K_s、K_d 分别为检测和驱动电极的转换增益，可定义环路增益 $K_{ds} = K_s K_d$。综上所述，本书提出的广义慢变量分析法重新定义了振动位移对应放大电压与控制力对应控制电压的基本形式，此定义与 HRG 的真实情况更加匹配，并可进一步用于分析各模式下检测、驱动、相位等误差的影响。

为简化计算，定义 $V_x^{\mathrm{i}}(t) = C_x(t) - \mathrm{i}S_x(t)$，$V_y^{\mathrm{i}}(t) = C_y(t) - \mathrm{i}S_y(t)$，则 $x(t)$、$\dot{x}(t)$、$\ddot{x}(t)$、$y(t)$、$\dot{y}(t)$、$\ddot{y}(t)$ 可分别表示为

$$\begin{cases} x(t) = V_x^{\mathrm{i}}(t)\mathrm{e}^{\mathrm{i}\phi_x(t)} / K_s \\[1mm] \dot{x}(t) = \left[\dot{V}_x^{\mathrm{i}}(t) + \mathrm{i}\dot{\phi}_x V_x^{\mathrm{i}}(t) \right] \mathrm{e}^{\mathrm{i}\phi_x(t)} / K_s \\[1mm] \ddot{x}(t) = \left[\ddot{V}_x^{\mathrm{i}}(t) + \mathrm{i}2\dot{\phi}_x \dot{V}_x^{\mathrm{i}}(t) + \left(\mathrm{i}\ddot{\phi}_x - \dot{\phi}_x^2 \right) V_x^{\mathrm{i}}(t) \right] \mathrm{e}^{\mathrm{i}\phi_x(t)} / K_s \\[1mm] y(t) = V_y^{\mathrm{i}}(t)\mathrm{e}^{\mathrm{i}\phi_y(t)} / K_s \\[1mm] \dot{y}(t) = \left[\dot{V}_y^{\mathrm{i}}(t) + \mathrm{i}\dot{\phi}_y V_y^{\mathrm{i}}(t) \right] \mathrm{e}^{\mathrm{i}\phi_y(t)} / K_s \\[1mm] \ddot{y}(t) = \left[\ddot{V}_y^{\mathrm{i}}(t) + \mathrm{i}2\dot{\phi}_y \dot{V}_y^{\mathrm{i}}(t) + \left(\mathrm{i}\ddot{\phi}_y - \dot{\phi}_y^2 \right) V_y^{\mathrm{i}}(t) \right] \mathrm{e}^{\mathrm{i}\phi_y(t)} / K_s \end{cases} \tag{5-34}$$

将式(5-34)和式(5-33)对控制力的定义代入式(5-32)，可得

$$\mathrm{Re}\left\{ \begin{bmatrix} \ddot{V}_x^{\mathrm{i}}(t) + \mathrm{i}2\dot{\phi}_x \dot{V}_x^{\mathrm{i}}(t) + \left(\mathrm{i}\ddot{\phi}_x - \dot{\phi}_x^2 \right) V_x^{\mathrm{i}}(t) \end{bmatrix} \mathrm{e}^{\mathrm{i}\phi_x(t)} \\ \begin{bmatrix} \ddot{V}_y^{\mathrm{i}}(t) + \mathrm{i}2\dot{\phi}_y \dot{V}_y^{\mathrm{i}}(t) + \left(\mathrm{i}\ddot{\phi}_y - \dot{\phi}_y^2 \right) V_y^{\mathrm{i}}(t) \end{bmatrix} \mathrm{e}^{\mathrm{i}\phi_y(t)} \right\}$$

$$
+2\left[2K\Omega(-\mathrm{i}\sigma_2)+\frac{1}{\tau}+\frac{1}{2}\Delta\left(\frac{1}{\tau}\right)(\sigma_3\cos4\theta_\tau+\sigma_1\sin4\theta_\tau)\right]\mathrm{Re}\left\{\begin{bmatrix}\left[\dot{V}_x^{\mathrm{i}}(t)+\mathrm{i}\dot{\phi}_x V_x^{\mathrm{i}}(t)\right]\mathrm{e}^{\mathrm{i}\phi_x(t)}\\\left[\dot{V}_y^{\mathrm{i}}(t)+\mathrm{i}\dot{\phi}_y V_y^{\mathrm{i}}(t)\right]\mathrm{e}^{\mathrm{i}\phi_y(t)}\end{bmatrix}\right\}
$$

$$
+\left[\omega^2-K'\Omega^2-\omega\Delta\omega(\sigma_3\cos4\theta_\omega+\sigma_1\sin4\theta_\omega)\right]\mathrm{Re}\begin{bmatrix}V_x^{\mathrm{i}}(t)\mathrm{e}^{\mathrm{i}\phi_x(t)}\\V_y^{\mathrm{i}}(t)\mathrm{e}^{\mathrm{i}\phi_y(t)}\end{bmatrix}
$$

$$
=K_{\mathrm{ds}}\,\mathrm{Re}\left\{\begin{bmatrix}\left[V_{xc}(t)+\mathrm{i}V_{xs}(t)\right]\mathrm{e}^{\mathrm{i}\phi_x'(t)}\\\left[V_{yc}(t)+\mathrm{i}V_{ys}(t)\right]\mathrm{e}^{\mathrm{i}\phi_y'(t)}\end{bmatrix}\right\}
$$

$$
(5\text{-}35)
$$

忽略除 $\mathrm{i}2\dot{\phi}_x\dot{V}_x^{\mathrm{i}}(t)$、$\mathrm{i}2\dot{\phi}_y\dot{V}_y^{\mathrm{i}}(t)$ 之外的所有 $\dot{V}_x^{\mathrm{i}}(t)$、$\dot{V}_y^{\mathrm{i}}(t)$ 项，$\ddot{V}_x^{\mathrm{i}}(t)$、$\ddot{V}_y^{\mathrm{i}}(t)$ 项，$\mathrm{i}\ddot{\phi}_x V_x^{\mathrm{i}}(t)$、$\mathrm{i}\ddot{\phi}_y V_y^{\mathrm{i}}(t)$ 项，则式(5-35)可化简为

$$
\mathrm{Re}\left\{\begin{bmatrix}\left[\mathrm{i}2\dot{\phi}_x\dot{V}_x^{\mathrm{i}}(t)-\dot{\phi}_x^2 V_x^{\mathrm{i}}(t)\right]\mathrm{e}^{\mathrm{i}\phi_x(t)}\\\left[\mathrm{i}2\dot{\phi}_y\dot{V}_y^{\mathrm{i}}(t)-\dot{\phi}_y^2 V_y^{\mathrm{i}}(t)\right]\mathrm{e}^{\mathrm{i}\phi_y(t)}\end{bmatrix}\right\}
$$

$$
+2\left[2K\Omega(-\mathrm{i}\sigma_2)+\frac{1}{\tau}+\frac{1}{2}\Delta\left(\frac{1}{\tau}\right)(\sigma_3\cos4\theta_\tau+\sigma_1\sin4\theta_\tau)\right]\mathrm{Re}\begin{bmatrix}\mathrm{i}\dot{\phi}_x V_x^{\mathrm{i}}(t)\mathrm{e}^{\mathrm{i}\phi_x(t)}\\\mathrm{i}\dot{\phi}_y V_y^{\mathrm{i}}(t)\mathrm{e}^{\mathrm{i}\phi_y(t)}\end{bmatrix}
$$

$$
+\left[\omega^2-K'\Omega^2-\omega\Delta\omega(\sigma_3\cos4\theta_\omega+\sigma_1\sin4\theta_\omega)\right]\mathrm{Re}\begin{bmatrix}V_x^{\mathrm{i}}(t)\mathrm{e}^{\mathrm{i}\phi_x(t)}\\V_y^{\mathrm{i}}(t)\mathrm{e}^{\mathrm{i}\phi_y(t)}\end{bmatrix}
$$

$$
=K_{\mathrm{ds}}\,\mathrm{Re}\left\{\begin{bmatrix}\left[V_{xc}(t)+\mathrm{i}V_{xs}(t)\right]\mathrm{e}^{\mathrm{i}\phi_x'(t)}\\\left[V_{yc}(t)+\mathrm{i}V_{ys}(t)\right]\mathrm{e}^{\mathrm{i}\phi_y'(t)}\end{bmatrix}\right\}
$$

$$
(5\text{-}36)
$$

对式(5-36)两侧同时左乘 $\begin{bmatrix}\mathrm{e}^{-\mathrm{i}\phi_x(t)} & 0\\0 & \mathrm{e}^{-\mathrm{i}\phi_y(t)}\end{bmatrix}$ 完成行变换，定义 $\Delta\phi_{xy}=\phi_x-\phi_y$，$\Delta\phi_x=\phi_x'-\phi_x$，$\Delta\phi_y=\phi_y'-\phi_y$，可得

$$
\begin{bmatrix}\mathrm{i}2\left(\dot{C}_x-\mathrm{i}\dot{S}_x\right)\dot{\phi}_x-\dot{\phi}_x^2\left(C_x-\mathrm{i}S_x\right)\\\mathrm{i}2\left(\dot{C}_y-\mathrm{i}\dot{S}_y\right)\dot{\phi}_y-\dot{\phi}_y^2\left(C_y-\mathrm{i}S_y\right)\end{bmatrix}+\frac{2}{\tau}\begin{bmatrix}\mathrm{i}\dot{\phi}_x\left(C_x-\mathrm{i}S_x\right)\\\mathrm{i}\dot{\phi}_y\left(C_y-\mathrm{i}S_y\right)\end{bmatrix}
$$

$$
+\Delta\left(\frac{1}{\tau}\right)\cos4\theta_\tau\begin{bmatrix}\mathrm{i}\dot{\phi}_x\left(C_x-\mathrm{i}S_x\right)\\-\mathrm{i}\dot{\phi}_y\left(C_y-\mathrm{i}S_y\right)\end{bmatrix}+\Delta\left(\frac{1}{\tau}\right)\sin4\theta_\tau\begin{bmatrix}\mathrm{i}\dot{\phi}_y\left(C_y-\mathrm{i}S_y\right)\mathrm{e}^{-\mathrm{i}\Delta\phi_{xy}}\\\mathrm{i}\dot{\phi}_x\left(C_x-\mathrm{i}S_x\right)\mathrm{e}^{\mathrm{i}\Delta\phi_{xy}}\end{bmatrix}
$$

$$+4K\Omega\begin{bmatrix}-\mathrm{i}\dot{\phi}_y\left(C_y-\mathrm{i}S_y\right)\mathrm{e}^{-\mathrm{i}\Delta\phi_{xy}}\\\mathrm{i}\dot{\phi}_x\left(C_x-\mathrm{i}S_x\right)\mathrm{e}^{\mathrm{i}\Delta\phi_{xy}}\end{bmatrix}+\begin{bmatrix}\omega_x^2\left(C_x-\mathrm{i}S_x\right)\\\omega_y^2\left(C_y-\mathrm{i}S_y\right)\end{bmatrix}$$

$$-\omega\Delta\omega\sin4\theta_\omega\begin{bmatrix}\left(C_y-\mathrm{i}S_y\right)\mathrm{e}^{-\mathrm{i}\Delta\phi_{xy}}\\\left(C_x-\mathrm{i}S_x\right)\mathrm{e}^{\mathrm{i}\Delta\phi_{xy}}\end{bmatrix}=K_{\mathrm{ds}}\begin{bmatrix}\left(V_{xc}+\mathrm{i}V_{xs}\right)\mathrm{e}^{\mathrm{i}\Delta\phi_x}\\\left(V_{yc}+\mathrm{i}V_{ys}\right)\mathrm{e}^{\mathrm{i}\Delta\phi_y}\end{bmatrix}\tag{5-37}$$

其中，定义 $\omega_x^2=\omega^2-\omega\Delta\omega\cos4\theta_\omega-K'\Omega^2=\omega_{0x}^2-K'\Omega^2$ ， $\omega_y^2=\omega^2+$ $\omega\Delta\omega\cos4\theta_\omega-K'\Omega^2=\omega_{0y}^2-K'\Omega^2$ 。令式(5-37)两侧实部、虚部分别相等，可得

$$\dot{S}_x-\frac{\dot{\phi}_x}{2}C_x+\frac{1}{\tau}S_x+\frac{1}{2}\Delta\left(\frac{1}{\tau}\right)\cos4\theta_\tau S_x+\frac{\dot{\phi}_y}{2\dot{\phi}_x}\Delta\left(\frac{1}{\tau}\right)\sin4\theta_\tau S_y\cos\Delta\phi_{xy}$$

$$+\frac{\dot{\phi}_y}{2\dot{\phi}_x}\Delta\left(\frac{1}{\tau}\right)\sin4\theta_\tau C_y\sin\Delta\phi_{xy}-\frac{2\dot{\phi}_y}{\dot{\phi}_x}K\Omega S_y\cos\Delta\phi_{xy}-\frac{2\dot{\phi}_y}{\dot{\phi}_x}K\Omega C_y\sin\Delta\phi_{xy}$$

$$+\frac{\omega_x^2}{2\dot{\phi}_x}C_x-\frac{\omega}{2\dot{\phi}_x}\Delta\omega\sin4\theta_\omega C_y\cos\Delta\phi_{xy}+\frac{\omega}{2\dot{\phi}_x}\Delta\omega\cos4\theta_\omega S_y\sin\Delta\phi_{xy}$$

$$=K_{\mathrm{ds}}\frac{V_{xc}\cos\Delta\phi_x-V_{xs}\sin\Delta\phi_x}{2\dot{\phi}_x}\tag{5-38}$$

$$\dot{C}_x+\frac{\dot{\phi}_x}{2}S_x+\frac{1}{\tau}C_x+\frac{1}{2}\Delta\left(\frac{1}{\tau}\right)\cos4\theta_\tau C_x+\frac{\dot{\phi}_y}{2\dot{\phi}_x}\Delta\left(\frac{1}{\tau}\right)\sin4\theta_\tau C_y\cos\Delta\phi_{xy}$$

$$-\frac{\dot{\phi}_y}{2\dot{\phi}_x}\Delta\left(\frac{1}{\tau}\right)\sin4\theta_\tau S_y\sin\Delta\phi_{xy}-\frac{2\dot{\phi}_y}{\dot{\phi}_x}K\Omega C_y\cos\Delta\phi_{xy}+\frac{2\dot{\phi}_y}{\dot{\phi}_x}K\Omega S_y\sin\Delta\phi_{xy}$$

$$-\frac{\omega_x^2}{2\dot{\phi}_x}S_x+\frac{\omega}{2\dot{\phi}_x}\Delta\omega\sin4\theta_\omega S_y\cos\Delta\phi_{xy}+\frac{\omega}{2\dot{\phi}_x}\Delta\omega\sin4\theta_\omega C_y\sin\Delta\phi_{xy}$$

$$=K_{\mathrm{ds}}\frac{V_{xs}\cos\Delta\phi_x+V_{xc}\sin\Delta\phi_x}{2\dot{\phi}_x}\tag{5-39}$$

$$\dot{S}_y-\frac{\dot{\phi}_y}{2}C_y+\frac{1}{\tau}S_y-\frac{1}{2}\Delta\left(\frac{1}{\tau}\right)\cos4\theta_\tau S_y+\frac{\dot{\phi}_x}{2\dot{\phi}_y}\Delta\left(\frac{1}{\tau}\right)\sin4\theta_\tau S_x\cos\Delta\phi_{xy}$$

$$-\frac{\dot{\phi}_x}{2\dot{\phi}_y}\Delta\left(\frac{1}{\tau}\right)\sin4\theta_\tau C_x\sin\Delta\phi_{xy}+\frac{2\dot{\phi}_x}{\dot{\phi}_y}K\Omega S_x\cos\Delta\phi_{xy}-\frac{2\dot{\phi}_x}{\dot{\phi}_y}K\Omega C_x\sin\Delta\phi_{xy}$$

$$+\frac{\omega_y^2}{2\dot{\phi}_y}C_y-\frac{\omega}{2\dot{\phi}_y}\Delta\omega\sin4\theta_\omega C_x\cos\Delta\phi_{xy}-\frac{\omega}{2\dot{\phi}_y}\Delta\omega\sin4\theta_\omega S_x\sin\Delta\phi_{xy}$$

$$=K_{\mathrm{ds}}\frac{V_{yc}\cos\Delta\phi_y-V_{ys}\sin\Delta\phi_y}{2\dot{\phi}_y}\tag{5-40}$$

$$\dot{C}_y + \frac{\dot{\phi}_y}{2}S_y + \frac{1}{\tau}C_y - \frac{1}{2}\Delta\left(\frac{1}{\tau}\right)\cos 4\theta_\tau C_y + \frac{\dot{\phi}_x}{2\dot{\phi}_y}\Delta\left(\frac{1}{\tau}\right)\sin 4\theta_\tau C_x \cos \Delta\phi_{xy}$$

$$+ \frac{\dot{\phi}_x}{2\dot{\phi}_y}\Delta\left(\frac{1}{\tau}\right)\sin 4\theta_\tau S_x \sin \Delta\phi_{xy} + \frac{2\dot{\phi}_x}{\dot{\phi}_y}K\varOmega C_x \cos \Delta\phi_{xy} + \frac{2\dot{\phi}_x}{\dot{\phi}_y}K\varOmega S_x \sin \Delta\phi_{xy}$$

$$- \frac{\omega_y^2}{2\dot{\phi}_y}S_y + \frac{\omega}{2\dot{\phi}_y}\Delta\omega\sin 4\theta_\omega S_x \cos \Delta\phi_{xy} - \frac{\omega}{2\dot{\phi}_y}\Delta\omega\sin 4\theta_\omega C_x \sin \Delta\phi_{xy}$$

$$= K_{ds}\frac{V_{ys}\cos \Delta\phi_y + V_{yc}\sin \Delta\phi_y}{2\dot{\phi}_y} \tag{5-41}$$

在力平衡和全角模式下，有 $\Delta\phi_{xy}=0$ ，不考虑测控系统相位误差，有 $\Delta\phi_x = 0, \Delta\phi_y = 0$ ，进而可得

$$\dot{S}_x - \frac{\dot{\phi}_x}{2}C_x + \frac{1}{\tau}S_x + \frac{1}{2}\Delta\left(\frac{1}{\tau}\right)\cos 4\theta_\tau S_x + \frac{\dot{\phi}_y}{2\dot{\phi}_x}\Delta\left(\frac{1}{\tau}\right)\sin 4\theta_\tau S_y$$

$$- \frac{2\dot{\phi}_y}{\dot{\phi}_x}K\varOmega S_y + \frac{\omega_x^2}{2\dot{\phi}_x}C_x - \frac{\omega}{2\dot{\phi}_x}\Delta\omega\sin 4\theta_\omega C_y = \frac{K_{ds}V_{xc}}{2\dot{\phi}_x} \tag{5-42}$$

$$\dot{C}_x + \frac{\dot{\phi}_x}{2}S_x + \frac{1}{\tau}C_x + \frac{1}{2}\Delta\left(\frac{1}{\tau}\right)\cos 4\theta_\tau C_x + \frac{\dot{\phi}_y}{2\dot{\phi}_x}\Delta\left(\frac{1}{\tau}\right)\sin 4\theta_\tau C_y$$

$$- \frac{2\dot{\phi}_y}{\dot{\phi}_x}K\varOmega C_y - \frac{\omega_x^2}{2\dot{\phi}_x}S_x + \frac{\omega}{2\dot{\phi}_x}\Delta\omega\sin 4\theta_\omega S_y = \frac{K_{ds}V_{xs}}{2\dot{\phi}_x} \tag{5-43}$$

$$\dot{S}_y - \frac{\dot{\phi}_y}{2}C_y + \frac{1}{\tau}S_y - \frac{1}{2}\Delta\left(\frac{1}{\tau}\right)\cos 4\theta_\tau S_y + \frac{\dot{\phi}_x}{2\dot{\phi}_y}\Delta\left(\frac{1}{\tau}\right)\sin 4\theta_\tau S_x$$

$$+ \frac{2\dot{\phi}_x}{\dot{\phi}_y}K\varOmega S_x + \frac{\omega_y^2}{2\dot{\phi}_y}C_y - \frac{\omega}{2\dot{\phi}_y}\Delta\omega\sin 4\theta_\omega C_x = \frac{K_{ds}V_{yc}}{2\dot{\phi}_y} \tag{5-44}$$

$$\dot{C}_y + \frac{\dot{\phi}_y}{2}S_y + \frac{1}{\tau}C_y - \frac{1}{2}\Delta\left(\frac{1}{\tau}\right)\cos 4\theta_\tau C_y + \frac{\dot{\phi}_x}{2\dot{\phi}_y}\Delta\left(\frac{1}{\tau}\right)\sin 4\theta_\tau C_x$$

$$+ \frac{2\dot{\phi}_x}{\dot{\phi}_y}K\varOmega C_x - \frac{\omega_y^2}{2\dot{\phi}_y}S_y + \frac{\omega}{2\dot{\phi}_y}\Delta\omega\sin 4\theta_\omega S_x = \frac{K_{ds}V_{ys}}{2\dot{\phi}_y} \tag{5-45}$$

由式(5-42)～式(5-45)可以看出，在力平衡模式下，若利用幅度控制回路保持 $C_x = a$ ，并利用锁相环、拟正交控制和力反馈控制回路抑制 $S_x = S_y = C_y = 0$ ，则可通过对控制电压慢变量 V_{ys} 的检测获得角速度信息。

在调频模式下，将 C_x、C_y 分别视为 X 和 Y 模态有效的振幅放大电压。其

中，在正交调频模式下，控制谐振子上的行波呈圆形、沿逆时针方向进动，有 $\Delta\phi_{xy}=90°$，仍假设 $\Delta\phi_x=0,\Delta\phi_y=0$，可得

$$\dot{S}_x-\frac{\dot{\phi}_x}{2}C_x+\frac{1}{\tau}S_x+\frac{1}{2}\Delta\left(\frac{1}{\tau}\right)\cos4\theta_\tau S_x+\frac{\dot{\phi}_y}{2\dot{\phi}_x}\Delta\left(\frac{1}{\tau}\right)\sin4\theta_\tau C_y$$

$$-\frac{2\dot{\phi}_y}{\dot{\phi}_x}K\Omega C_y+\frac{\omega_x^2}{2\dot{\phi}_x}C_x+\frac{\omega}{2\dot{\phi}_x}\Delta\omega\cos4\theta_\omega S_y=\frac{K_{ds}V_{xc}}{2\dot{\phi}_x} \tag{5-46}$$

$$\dot{C}_x+\frac{\dot{\phi}_x}{2}S_x+\frac{1}{\tau}C_x+\frac{1}{2}\Delta\left(\frac{1}{\tau}\right)\cos4\theta_\tau C_x-\frac{\dot{\phi}_y}{2\dot{\phi}_x}\Delta\left(\frac{1}{\tau}\right)\sin4\theta_\tau S_y$$

$$+\frac{2\dot{\phi}_y}{\dot{\phi}_x}K\Omega S_y-\frac{\omega_x^2}{2\dot{\phi}_x}S_x+\frac{\omega}{2\dot{\phi}_x}\Delta\omega\sin4\theta_\omega C_y=\frac{K_{ds}V_{xs}}{2\dot{\phi}_x} \tag{5-47}$$

$$\dot{S}_y-\frac{\dot{\phi}_y}{2}C_y+\frac{1}{\tau}S_y-\frac{1}{2}\Delta\left(\frac{1}{\tau}\right)\cos4\theta_\tau S_y-\frac{\dot{\phi}_x}{2\dot{\phi}_y}\Delta\left(\frac{1}{\tau}\right)\sin4\theta_\tau C_x$$

$$-\frac{2\dot{\phi}_x}{\dot{\phi}_y}K\Omega C_x+\frac{\omega_y^2}{2\dot{\phi}_y}C_y-\frac{\omega}{2\dot{\phi}_y}\Delta\omega\sin4\theta_\omega S_x=\frac{K_{ds}V_{yc}}{2\dot{\phi}_y} \tag{5-48}$$

$$\dot{C}_y+\frac{\dot{\phi}_y}{2}S_y+\frac{1}{\tau}C_y-\frac{1}{2}\Delta\left(\frac{1}{\tau}\right)\cos4\theta_\tau C_y+\frac{\dot{\phi}_x}{2\dot{\phi}_y}\Delta\left(\frac{1}{\tau}\right)\sin4\theta_\tau S_x$$

$$+\frac{2\dot{\phi}_x}{\dot{\phi}_y}K\Omega S_x-\frac{\omega_y^2}{2\dot{\phi}_y}S_y-\frac{\omega}{2\dot{\phi}_y}\Delta\omega\sin4\theta_\omega C_x=\frac{K_{ds}V_{ys}}{2\dot{\phi}_y} \tag{5-49}$$

由式(5-46)～式(5-49)可以看出，在正交调频模式下，若利用幅度控制回路保持 $C_x=C_y=a$，并利用双锁相环抑制 $S_x=S_y=0$，则式(5-46)和式(5-48)可进一步化简为

$$\dot{\phi}_x=\frac{\dot{\phi}_yC_y}{\dot{\phi}_xC_x}\Delta\left(\frac{1}{\tau}\right)\sin4\theta_\tau-\frac{4\dot{\phi}_yC_y}{\dot{\phi}_xC_x}K\Omega+\frac{\omega_x^2}{\dot{\phi}_x} \tag{5-50}$$

$$\dot{\phi}_y=-\frac{\dot{\phi}_xC_x}{\dot{\phi}_yC_y}\Delta\left(\frac{1}{\tau}\right)\sin4\theta_\tau-\frac{4\dot{\phi}_xC_x}{\dot{\phi}_yC_y}K\Omega+\frac{\omega_y^2}{\dot{\phi}_y} \tag{5-51}$$

因此，可通过检测 $\dot{\phi}_x$、$\dot{\phi}_y$ 的变化获得角速度信息，从而实现角速度的频率读出[2]。

在李萨如调频模式下，谐振子上的行波时而为圆形、时而为直线、时而为椭圆，受频差的影响，有 $\Delta\phi_{xy}\approx\left(\omega_{ox}-\omega_{oy}\right)t=\Delta\omega t$，控制振动幅值放大电压 $C_x=C_y=a$，并利用双锁相环抑制 $S_x=S_y=0$，进而可得

$$\dot{\phi}_x = \frac{\omega_x^2}{\dot{\phi}_x} - 4K\Omega \frac{\dot{\phi}_y C_y}{\dot{\phi}_x C_x}\sin\Delta\phi_{xy} + \frac{\dot{\phi}_y C_y}{\dot{\phi}_x C_x}\Delta\left(\frac{1}{\tau}\right)\sin 4\theta_\tau \sin\Delta\phi_{xy} - \frac{\omega C_y}{\dot{\phi}_x C_x}\Delta\omega\sin 4\theta_\omega \cos\Delta\phi_{xy}$$

$$(5\text{-}52)$$

$$\dot{\phi}_y = \frac{\omega_y^2}{\dot{\phi}_y} - 4K\Omega \frac{\dot{\phi}_x C_x}{\dot{\phi}_y C_y}\sin\Delta\phi_{xy} - \frac{\dot{\phi}_x C_x}{\dot{\phi}_y C_y}\Delta\left(\frac{1}{\tau}\right)\sin 4\theta_\tau \sin\Delta\phi_{xy} - \frac{\omega C_x}{\dot{\phi}_y C_y}\Delta\omega\sin 4\theta_\omega \cos\Delta\phi_{xy}$$

$$(5\text{-}53)$$

将式(5-52)与式(5-53)进行差分与求和，定义振速 $v_x = \dot{\phi}_x C_x, v_y = \dot{\phi}_y C_y$ ，可得

$$\Delta\dot{\phi}_{xy} \approx \omega_x - \omega_y - \left(\frac{v_y}{v_x} - \frac{v_x}{v_y}\right)4K\Omega\sin\Delta\phi_{xy} \qquad (5\text{-}54)$$

$$\sum\dot{\phi}_{xy} \approx \omega_x + \omega_y - \left(\frac{v_y}{v_x} + \frac{v_x}{v_y}\right)4K\Omega\sin\Delta\phi_{xy} \qquad (5\text{-}55)$$

由于 $\dfrac{v_y}{v_x} + \dfrac{v_x}{v_y} \approx 2$ ，因此可利用 $\sin\Delta\phi_{xy}$ 对 $\sum\dot{\phi}_{xy}$ 进行同相解调滤波以获得角速度信息[3-4]。

综上所述，谐振子振动位移放大电压的慢变方程明确了力平衡、正交调频和李萨如调频模式下角速度的获取方式，有助于这些模式下测控方案的设计与执行，为这些模式下角速度输出误差的分析与建模提供了依据。

5.3.2 谐振子等效质点椭圆运动轨迹参数的慢变方程

然而，在全角模式下，为了获得角度和角速度信息，还需要得到驻波方位角等组合量的变化情况及其控制方式。该模式下，谐振子上的驻波形如一个趋近于直线的椭圆，谐振子等效质点椭圆运动轨迹参数包括主波波腹幅值 a_0 、正交波波腹幅值 q_0 、驻波方位角 θ 以及主波振动信号实时相位 $\omega t + \varphi$ 。在电子接口电路中，主波和正交波波腹幅值所对应放大电压分别为 a、q ，而振动位移放大电压慢变量 C_x、S_x、C_y、S_y 与 a、q、θ 的关系如下：

$$\begin{cases} C_x = a\cos 2\theta\cos\delta + q\sin 2\theta\sin\delta \\ S_x = a\cos 2\theta\sin\delta - q\sin 2\theta\cos\delta \\ C_y = a\sin 2\theta\cos\delta - q\cos 2\theta\sin\delta \\ S_y = a\sin 2\theta\sin\delta + q\cos 2\theta\cos\delta \end{cases} \qquad (5\text{-}56)$$

其中，$\delta = (\omega_d - \omega)t + \varphi_d - \varphi$ ，$\omega_d t + \varphi_d$ 为频相跟踪回路输出信号实时相位，在该回路的作用下，$\omega_d t + \varphi_d$ 始终保持对驻波振动信号实时相位 $\omega t + \varphi$ 的跟踪，以确保

$\delta \to 0$。在全角模式下，陀螺工作于驱动模态(主波)谐振角频率和实时相位上，定

义振动位移 $z = \begin{pmatrix} x \\ y \end{pmatrix} = \mathrm{Re}\left\{ V^{\mathrm{i}}(t) \mathrm{e}^{\mathrm{i}\left[\omega_{\mathrm{d}}t + \varphi_{\mathrm{d}}(t)\right]} \right\} / K_{\mathrm{s}}$，控制力 $f = \begin{pmatrix} f_x \\ f_y \end{pmatrix} = \mathrm{Re}\left\{ V^{\mathrm{o}}(t) \cdot \right.$

$\left. \mathrm{e}^{\mathrm{i}\left[\omega_{\mathrm{d}}t + \varphi_{\mathrm{d}}(t)\right]} \right\} K_{\mathrm{d}}$，其中，$V^{\mathrm{i}}(t) = \begin{pmatrix} C_x(t) - \mathrm{i}S_x(t) \\ C_y(t) - \mathrm{i}S_y(t) \end{pmatrix}$，$V^{\mathrm{o}}(t) = \begin{pmatrix} V_{xc}(t) + \mathrm{i}V_{xs}(t) \\ V_{yc}(t) + \mathrm{i}V_{ys}(t) \end{pmatrix}$。根据

振动位移放大电压慢变量 C_x、S_x、C_y、S_y 在椭圆运动轨迹下的具体形式(5-56)

可得

$$
\begin{aligned}
V^{\mathrm{i}}(t) &= \begin{pmatrix} C_x(t) - \mathrm{i}S_x(t) \\ C_y(t) - \mathrm{i}S_y(t) \end{pmatrix} \\
&= \begin{pmatrix} (a\cos 2\theta \cos\delta + q\sin 2\theta \sin\delta) - \mathrm{i}(a\cos 2\theta \sin\delta - q\sin 2\theta \cos\delta) \\ (a\sin 2\theta \cos\delta - q\cos 2\theta \sin\delta) - \mathrm{i}(a\sin 2\theta \sin\delta + q\cos 2\theta \cos\delta) \end{pmatrix} \\
&= \begin{pmatrix} \cos 2\theta & -\sin 2\theta \\ \sin 2\theta & \cos 2\theta \end{pmatrix} \begin{pmatrix} a\cos\delta - \mathrm{i}a\sin\delta \\ -q\sin\delta - \mathrm{i}q\cos\delta \end{pmatrix} \\
&= \begin{pmatrix} \cos 2\theta & -\sin 2\theta \\ \sin 2\theta & \cos 2\theta \end{pmatrix} \begin{pmatrix} a \\ -\mathrm{i}q \end{pmatrix} (\cos\delta - \mathrm{i}\sin\delta) = \mathrm{e}^{-\mathrm{i}\sigma_2 2\theta} X_0 \mathrm{e}^{-\mathrm{i}\delta}
\end{aligned}
\tag{5-57}
$$

其中，$X_0 = \begin{pmatrix} a \\ -\mathrm{i}q \end{pmatrix}$。依然利用 Lynch 平均法进行慢变量分析，计算 z、$\dot{z}$、$\ddot{z}$，忽

略 $\ddot{V}^{\mathrm{i}}(t)$ 项，$\mathrm{i}\ddot{\varphi}_{\mathrm{d}}V^{\mathrm{i}}(t)$ 项，除 $\mathrm{i}2\omega_{\mathrm{d}}\dot{V}^{\mathrm{i}}(t)$ 之外的所有 $\dot{V}^{\mathrm{i}}(t)$ 项，除 $-2\omega_{\mathrm{d}}\dot{\varphi}_{\mathrm{d}}V^{\mathrm{i}}(t)$ 之外

的所有 $\dot{\varphi}_{\mathrm{d}}$ 项，代入式(5-25)并使用近似条件 $\omega_{\mathrm{d}} \approx \omega$，可得

$$
\dot{V}^{\mathrm{i}}(t) + \Gamma V^{\mathrm{i}}(t) = -\frac{\mathrm{i}}{2\omega_{\mathrm{d}}} K_{\mathrm{ds}} V^{\mathrm{o}}(t)
\tag{5-58}
$$

其中，$V^{\mathrm{i}}(t) = \mathrm{e}^{-\mathrm{i}\sigma_2 2\theta} X_0 \mathrm{e}^{-\mathrm{i}\delta}$；$\dot{V}^{\mathrm{i}}(t) = \mathrm{e}^{-\mathrm{i}\sigma_2 2\theta} \left(\dot{X}_0 - \mathrm{i}\sigma_2 2\dot{\theta}X_0 - \mathrm{i}\dot{\delta}X_0 \right) \mathrm{e}^{-\mathrm{i}\delta}$；$\Gamma = 2 \cdot$

$K\Omega(-\mathrm{i}\sigma_2) + \frac{1}{\tau} + \frac{1}{2}\Delta\left(\frac{1}{\tau}\right)(\sigma_3 \cos 4\theta_\tau + \sigma_1 \sin 4\theta_\tau) + \mathrm{i}\dot{\varphi}_{\mathrm{d}} + \frac{\mathrm{i}}{2}\Delta\omega(\sigma_3 \cos 4\theta_\omega + \sigma_1 \sin 4\theta_\omega)$。

将 $p(t)$、$\dot{p}(t)$ 代入式(5-58)，并在方程两边同时左乘 $\mathrm{e}^{\mathrm{i}\delta}\mathrm{e}^{\mathrm{i}\sigma_2 2\theta}$ 可得

$$
\dot{X}_0 - \mathrm{i}\sigma_2 2\dot{\theta}X_0 - \mathrm{i}\dot{\delta}X_0 + \mathrm{e}^{\mathrm{i}\sigma_2 2\theta}\Gamma \mathrm{e}^{-\mathrm{i}\sigma_2 2\theta} = -\frac{\mathrm{i}}{2\omega_{\mathrm{d}}} \mathrm{e}^{\mathrm{i}\delta}\mathrm{e}^{\mathrm{i}\sigma_2 2\theta} K_{\mathrm{ds}} V^{\mathrm{o}}(t)
\tag{5-59}
$$

其中，$\mathrm{e}^{\mathrm{i}\sigma_2 2\theta}\Gamma \mathrm{e}^{-\mathrm{i}\sigma_2 2\theta} = 2K\Omega(-\mathrm{i}\sigma_2) + \frac{1}{\tau} + \frac{1}{2}\Delta\left(\frac{1}{\tau}\right)\sigma_3 \mathrm{e}^{-\mathrm{i}\sigma_2 4(\theta - \theta_\tau)} + \mathrm{i}\dot{\varphi}_{\mathrm{d}} + \frac{\mathrm{i}}{2}\Delta\omega\sigma_3 \cdot$

$\mathrm{e}^{-\mathrm{i}\sigma_2 4(\theta - \theta_\omega)}$。由于 $\dot{\delta} = \dot{\varphi}_{\mathrm{d}} - \dot{\varphi}$，$X_0 = \begin{pmatrix} a \\ -\mathrm{i}q \end{pmatrix}$，式(5-59)可进一步表示为

$$\left(\begin{array}{l}\dot{a}+\mathrm{i}2\dot{\theta}q+\mathrm{i}2K\Omega q+\left[\dfrac{1}{\tau}+\dfrac{1}{2}\Delta\!\left(\dfrac{1}{\tau}\right)\cos4\left(\theta-\theta_{\tau}\right)\right]a+\dfrac{\mathrm{i}}{2}\Delta\!\left(\dfrac{1}{\tau}\right)\sin4\left(\theta-\theta_{\tau}\right)q\\[4mm]-\mathrm{i}\dot{q}+2\dot{\theta}a+2K\Omega a-\mathrm{i}\left[\dfrac{1}{\tau}-\dfrac{1}{2}\Delta\!\left(\dfrac{1}{\tau}\right)\cos4\left(\theta-\theta_{\omega}\right)\right]q-\dfrac{1}{2}\Delta\!\left(\dfrac{1}{\tau}\right)\sin4\left(\theta-\theta_{\tau}\right)a\end{array}\right)$$

$$+\left(\begin{array}{l}\mathrm{i}\dot{\varphi}a+\dfrac{\mathrm{i}}{2}\Delta\omega\cos4\left(\theta-\theta_{\omega}\right)a-\dfrac{1}{2}\Delta\omega\sin4\left(\theta-\theta_{\omega}\right)q\\[4mm]\dot{\varphi}q-\dfrac{\mathrm{i}}{2}\Delta\omega\sin4\left(\theta-\theta_{\omega}\right)a-\dfrac{1}{2}\Delta\omega\cos4\left(\theta-\theta_{\omega}\right)q\end{array}\right)$$

$$=-\dfrac{\mathrm{i}}{2\omega_{\mathrm{d}}}K_{\mathrm{ds}}\left(\cos\delta+\mathrm{i}\sin\delta\right)\left(\begin{array}{l}\left(V_{xc}\cos2\theta+V_{yc}\sin2\theta\right)+\mathrm{i}\left(V_{xs}\cos2\theta+V_{ys}\sin2\theta\right)\\[3mm]\left(V_{xc}\left(-\sin2\theta\right)-V_{yc}\cos2\theta\right)+\mathrm{i}\left(V_{xs}\left(-\sin2\theta\right)+V_{ys}\cos2\theta\right)\end{array}\right)$$

$$(5\text{-}60)$$

定 义 $V_{as}=V_{xs}\cos2\theta+V_{ys}\sin2\theta$ ， $V_{qc}=V_{xc}\left(-\sin2\theta\right)+V_{yc}\cos2\theta$ ， $V_{\theta}=V_{xs}\left(-\sin2\theta\right)+V_{ys}\cos2\theta$ ， $V_{\delta}=V_{xc}\cos2\theta+V_{yc}\sin2\theta$ 。其中， V_{as} 为幅度控制电压，用于控制驻波波腹幅值放大电压 a ； V_{qc} 为拟正交控制电压，用于抑制正交波波腹幅值放大电压 q ； V_{θ} 为力反馈控制电压或虚拟科氏电压，用于抑制由科氏效应引起的驻波进动或主动施加电激励驱动驻波进动； V_{δ} 为频相跟踪控制电压，通常设置 $V_{\delta}=0$ ，而使用锁相环能够实现驱动模态振动信号实时相位的跟踪，通常有 $\delta=0$ 。因此，令等式(5-60)两侧实部、虚部分别相等，分离 $\dot{a}$ 、$\dot{q}$ 、$\dot{\theta}$ 、$\dot{\varphi}$ ，可得

$$\dot{a}=-\left[\dfrac{1}{\tau}+\dfrac{1}{2}\Delta\!\left(\dfrac{1}{\tau}\right)\cos4\left(\theta-\theta_{\tau}\right)\right]a+\dfrac{1}{2}\Delta\omega\sin4\left(\theta-\theta_{\omega}\right)q+\dfrac{K_{\mathrm{ds}}V_{as}}{2\omega_{\mathrm{d}}}\qquad(5\text{-}61)$$

$$\dot{q}=-\left[\dfrac{1}{\tau}-\dfrac{1}{2}\Delta\!\left(\dfrac{1}{\tau}\right)\cos4\left(\theta-\theta_{\tau}\right)\right]q-\dfrac{1}{2}\Delta\omega\sin4\left(\theta-\theta_{\omega}\right)a+\dfrac{K_{\mathrm{ds}}V_{qc}}{2\omega_{\mathrm{d}}}\qquad(5\text{-}62)$$

$$\dot{\theta}=-K\Omega+\dfrac{1}{4}\dfrac{a^2+q^2}{a^2-q^2}\Delta\!\left(\dfrac{1}{\tau}\right)\sin4\left(\theta-\theta_{\tau}\right)+\dfrac{1}{4}\dfrac{2aq}{a^2-q^2}\Delta\omega\cos4\left(\theta-\theta_{\omega}\right)+\dfrac{K_{\mathrm{ds}}V_{\theta}}{4a\omega_{\mathrm{d}}}$$

$$(5\text{-}63)$$

$$\dot{\varphi}=-\dfrac{1}{2}\dfrac{2aq}{a^2-q^2}\Delta\!\left(\dfrac{1}{\tau}\right)\sin4\left(\theta-\theta_{\tau}\right)-\dfrac{1}{2}\dfrac{a^2+q^2}{a^2-q^2}\Delta\omega\cos4\left(\theta-\theta_{\omega}\right)+\dfrac{K_{\mathrm{ds}}V_{\delta}}{2a\omega_{\mathrm{d}}}\qquad(5\text{-}64)$$

全角模式下，陀螺可直接输出角度信息，驻波方位角误差的演化模型还需根据式(5-63)在不同的假设条件下进一步求解。此外，式(5-63)仅考虑了谐振子非等阻尼和非等弹性误差，当考虑检测、驱动、相位等更多误差时，式(5-61)～式(5-64)需要被进一步扩展。

参 考 文 献

[1] Lynch D D. Vibratory gyro analysis by the method of averaging[C]. Proceeding of the 2nd Saint Petersburg International Conference on Gyroscopic Technology and Navigation, Saint Petersburg, Russia, 1995: 26-34.

[2] Kline M, Yeh Y, Eminoglu B, et al. Quadrature FM gyroscope[C]. 26th IEEE International Conference on Micro Electro Mechanical Systems, Taipei, Taiwan, China, 2013: 604-608.

[3] Kline M. Frequency modulated gyroscopes[D]. Berkeley: UC Berkeley, 2013.

[4] Eminoglu B. High Performance FM Gyroscopes[D]. Berkeley: UC Berkeley, 2017.

第6章 力平衡半球谐振陀螺测控方案设计 与误差建模

6.1 测控方案设计

力平衡 HRG 工作原理简单，测量精度高，但受力平衡(force-to-rebalance，FTR)回路的影响，其角速度测量范围有限。力平衡 HRG 被广泛地应用于空间任务中，美国诺格公司的力平衡 HRG 已在空间任务中累积无故障运行超 5000 万 h。目前，研究力平衡 HRG 全生命周期内的免拆卸自标定方法是进一步提升其精度和可靠性的关键。

HRG 的工作原理基于科氏效应，如图 6-1 所示，当存在角速度激励时，起振后半球谐振子上的质点不仅做径向运动，而且做圆周运动，进而产生科氏加速度 $a_c = 2\Omega \times v$ 和科氏力 $F_c = -2m\Omega \times v$。科氏力迫使谐振子在与主波波腹轴夹角 45° 的方向产生径向运动，即产生正交波。在力平衡模式下，如图 6-2 所示，为了将驻波波腹轴始终锁定在 SX 电极轴方向，需要在 SY 电极轴方向(电极轴坐标系中夹角 90°对应谐振子物理坐标系中夹角 45°)施加反馈控制力，抑制由科氏效应产生的正交波振动位移。力平衡 HRG 根据反馈控制力的大小和方向，可解算得到

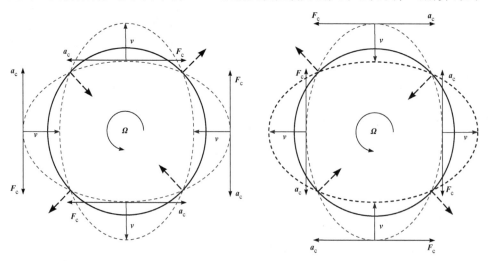

图 6-1 科氏效应与 HRG 工作原理

角速度信息。主波和正交波定义为驻波的驱动和检测模态，为了实现力平衡 HRG 敏感角速度激励的基本功能，需要完成驻波驱动和检测模态的有效控制。

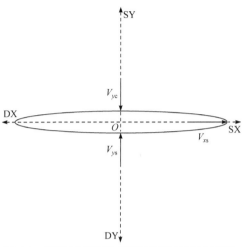

图 6-2　谐振子等效质点椭圆运动轨迹(力平衡)

　　驻波驱动模态控制的目标是将主波起振为二阶振型，锁定其二阶振动模态的固有谐振频率并维持其波腹幅值在设定参考幅值附近。因此，驻波驱动模态的控制需要幅度控制回路和频相跟踪回路，分别简称为 AGC 和 PLL，如图 6-3 所示。检测电极 SX 可获取驻波驱动模态的振动位移放大电压慢变量 C_x、S_x，进而得到驻波驱动模态振动幅值放大电压 $A = \sqrt{C_x^2 + S_x^2}$，其中，$C_x = A\cos\delta$，$S_x = A\sin\delta$，δ 为解调参考信号与驻波驱动模态振动信号的实时相位差，$\delta = \arctan(S_x / C_x)$。AGC 利用 PI 控制生成幅度控制电压 V_{xs} 控制 A 在参考电压 A_0 附近以维持主波波腹幅值，如图 6-2 所示。PLL 利用 PI 控制将 δ 锁定至 0°。

　　驻波检测模态控制的目标是抑制正交波波腹幅值，以主波的振动状态为基准，正交波可分解为与主波同相和正交的两部分，正交波波腹的同相和正交幅值均需要被抑制，因而驻波检测模态的控制需要力反馈控制回路和拟正交控制回路，分别简称为 FTR 回路和 Q null 回路，如图 6-3 所示。驻波检测模态的同相和正交振动位移放大电压慢变量 C_y 和 S_y 可利用检测电极 SY 获取。FTR 回路的控制判断量为 C_y，该回路利用 PI 控制生成力反馈控制电压 V_{ys} 将 C_y 抑制为 0，V_{ys} 中包含角速度激励信息。Q null 回路的控制判断量为 S_y，该回路利用 PI 控制生成拟正交控制电压 V_{yc} 将 S_y 抑制为 0。如图 6-2 所示，正交波波腹幅值被 V_{ys}、V_{yc} 充分抑制。

　　图 6-3 所示的力平衡 HRG 测控方案基于解耦力平衡控制架构[1-3]。当控制 $\sqrt{C_x^2 + S_x^2} = A$，$C_y = S_y = 0$ 时，驻波被锁定在检测电极 SX(0°电极轴)方位，称

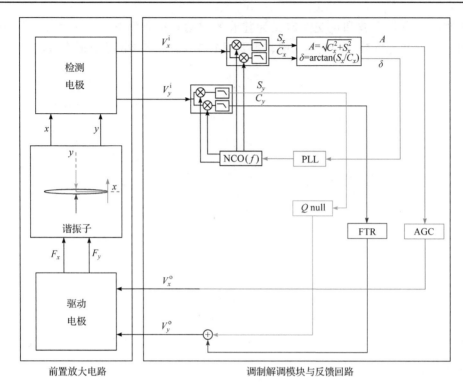

图 6-3　力平衡 HRG 的测控方案

为驻波被锁定在其 X 模态；当控制 $\sqrt{C_y^2 + S_y^2} = A$, $C_x = S_x = 0$ 时，驻波被锁定在检测电极 SY(45°电极轴)方位，称为驻波被锁定在其 Y 模态。当驻波被要求锁定在谐振子周向任意方位时，需要利用组合运算模块获得驻波驱动和检测模态振幅、驻波方位角等信息，利用驱动电极 DX 和 DY 将幅度控制电压等效施加在驻波驱动模态上，并将拟正交控制电压和力反馈控制电压等效施加在驻波检测模态上。此时，FTR 回路的控制判断量为驻波方位角，等效施加在驻波检测模态上的力反馈控制电压能够将驻波锁定在谐振子周向任意方位。此方案基于非解耦力平衡控制架构，该架构是全角控制架构的变体，所使用组合运算模块同式(8-2)，在此不再展开讨论。本章对力平衡 HRG 的分析基于解耦力平衡架构展开。

6.2　误差分析与建模

标度因数和零偏是力平衡 HRG 的两项核心参数，这两项参数在陀螺长期储存和使用过程中会发生漂移，严重影响力平衡 HRG 的输出精度。定期拆卸标定方法能够对力平衡陀螺的标度因数和零偏重新校准，但维护成本高、工作量大、使用灵活度和快速性降低。在解耦力平衡框架下，驱动电极误差、测控系统相位误差和谐振子误差都会影响力平衡 HRG 的标度因数和零偏。其中，驱动电极误差和测控系统相位误差会造成各控制电压间的耦合，影响力平衡 HRG 的控制精度，进而影响其标度因数和零偏。因此，只考虑各误差对力平衡 HRG 标度因数和零偏的影响，是一种治标而不治本的方法。分析各误差对力平衡 HRG 的影响机理，构建多误差影响下的力平衡 HRG 误差演化模型，完成各误差的辨识与补偿，是从本质上提升力平衡 HRG 性能的有效途径[4-9]。

6.2.1 谐振子非等阻尼与非等弹性误差

在力平衡模式下，只考虑驻波 X 模态和 Y 模态的振动特性，故可将式(5-25)改写为

$$
\begin{cases}
\ddot{x} - 4K\Omega\dot{y} + \dfrac{2}{\tau_x}\dot{x} + D_{xy}\dot{y} + \omega_x^2 x + k_{xy}y = f_x \\
\ddot{y} + 4K\Omega\dot{x} + D_{xy}\dot{x} + \dfrac{2}{\tau_y}\dot{y} + k_{xy}x + \omega_y^2 y = f_y
\end{cases}
\tag{6-1}
$$

其中，$D_{xy} = \Delta\left(\dfrac{1}{\tau}\right)\sin 4\theta_\tau$；$k_{xy} = -\omega\Delta\omega\sin 4\theta_\omega$；$\dfrac{2}{\tau_x} = \dfrac{2}{\tau} + \Delta\left(\dfrac{1}{\tau}\right)\cos 4\theta_\tau$；$\dfrac{2}{\tau_y} = \dfrac{2}{\tau} - \Delta\left(\dfrac{1}{\tau}\right)\cos 4\theta_\tau$；$\omega_x^2 = \omega^2 - \omega\Delta\omega\cos 4\theta_\omega$；$\omega_y^2 = \omega^2 + \omega\Delta\omega\cos 4\theta_\omega$；$\omega_x$、$\tau_x$ 分别为驻波 X 模态的谐振角频率和振荡衰减时间常数；ω_y、τ_y 分别为驻波 Y 模态的谐振角频率和振荡衰减时间常数。谐振子的非等阻尼和非等弹性误差被构建在式(6-1)所示的力平衡 HRG 动力学模型中。

6.2.2 检测和驱动电极误差

如图 6-4(a)所示，谐振子与面外电极基板的偏心误差会引起检测和驱动电极的倾角失准。以检测电极 SX 为基准，检测电极 SY 存在倾角误差 γ，驱动电极 DX 存在倾角误差 α，驱动电极 DY 存在倾角误差 β。谐振子相对于面外电极基板对称轴的倾斜会引起检测和驱动电极的增益失配，如图 6-4(b)所示。由于不同方位的电极间隙不同，检测和驱动电极的增益误差可分别定义为 G_{sy} 和 G_{dy}，其中，$G_{sy} = \dfrac{g_{sy}}{g_{sx}} - 1$，$G_{dy} = \dfrac{g_{dy}}{g_{dx}} - 1$，$g_{sx}$、$g_{sy}$、$g_{dx}$、$g_{dy}$ 分别为电极 SX、SY、DX、DY 的增益。

受检测电极误差的影响，检测电极获得的位移放大电压 $\hat{C}_x$、$\hat{S}_x$、$\hat{C}_y$、$\hat{S}_y$ 与

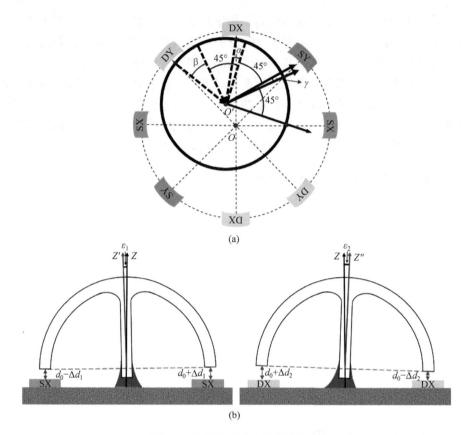

图 6-4　检测和驱动电极误差模型

(a) 检测和驱动电极的倾角失准；(b) 检测和驱动电极的增益失配

理想检测电极方位谐振子振动位移所对应的放大电压 C_x、C_y、S_x、S_y 的关系可表示为

$$\begin{bmatrix} C_x & S_x \\ C_y & S_y \end{bmatrix} = \begin{bmatrix} 1 & 0 \\ 2\gamma & 1+G_{sy} \end{bmatrix}\begin{bmatrix} \hat{C}_x & \hat{S}_x \\ \hat{C}_y & \hat{S}_y \end{bmatrix} \tag{6-2}$$

当驻波锁定在 X 模态时，$C_x \approx A$，$\hat{C}_y$ 受 C_x 的影响源于检测电极的倾角失准且不可忽略；当驻波锁定在 Y 模态时，$C_x \to 0$，$\hat{C}_y$ 几乎不受 C_x 的影响。

在理想检测电极坐标系下，检测电极 SX 和 SY 能够精确获取谐振子 0° 和 45° 的振动位移 x、y。依据式(6-1)，受驱动电极误差的影响，控制电路生成的控制电压慢变量 $\hat{V}_{xs}$、$\hat{V}_{xc}$、$\hat{V}_{ys}$、$\hat{V}_{yc}$ 与等效施加在谐振子 0° 和 45° 方位的控制力慢变量 V_{xs}、V_{xc}、V_{ys}、V_{yc} 的关系可表示为

$$\begin{bmatrix} V_{xs} & V_{xc} \\ V_{ys} & V_{yc} \end{bmatrix} = \begin{bmatrix} 1 & -2\beta \\ 2\alpha & 1+G_{dy} \end{bmatrix} \begin{bmatrix} \hat{V}_{xs} & \hat{V}_{xc} \\ \hat{V}_{ys} & \hat{V}_{yc} \end{bmatrix} \tag{6-3}$$

当驻波锁定在 X 模态时，定义力平衡 HRG 控制电路生成的幅度控制力、力反馈控制力和拟正交控制力分别为 $\hat{f}_{xs}^X$、$\hat{f}_{ys}^X$、$\hat{f}_{yc}^X$，则等效施加的 f_x、f_y 以及其作用效果可表示为

$$\begin{cases} \ddot{x} + \dfrac{2}{\tau_x}\dot{x} + \omega_x^2 x = \hat{f}_{xs}^X - 2\beta\hat{f}_{ys}^X - 2\beta\hat{f}_{yc}^X \\ \left(4K\Omega + D_{xy}\right)\dot{x} + k_{xy}x = \left(1+G_{dy}\right)\left(\hat{f}_{ys}^X + \hat{f}_{yc}^X\right) + 2\alpha\hat{f}_{xs}^X \end{cases} \tag{6-4}$$

由式(6-4)可反解得驻波锁定在 X 模态时控制电路生成的控制力为

$$\begin{bmatrix} \hat{f}_{xs}^X \\ \hat{f}_{ys}^X + \hat{f}_{yc}^X \end{bmatrix} = \begin{bmatrix} 1 \\ -2\alpha \end{bmatrix}\ddot{x} + \begin{bmatrix} \dfrac{2}{\tau_x} + 2\beta\left(4K\Omega + D_{xy}\right) \\ -\dfrac{4\alpha}{\tau_x} + \dfrac{\left(4K\Omega + D_{xy}\right)}{1+G_{dy}} \end{bmatrix}\dot{x} + \begin{bmatrix} 2\beta k_{xy} + \omega_x^2 \\ \dfrac{k_{xy}}{1+G_{dy}} - 2\alpha\omega_x^2 \end{bmatrix}x \tag{6-5}$$

当驻波锁定在 Y 模态时，定义力平衡 HRG 控制电路生成的幅度控制力、力反馈控制力和拟正交控制力分别为 $\hat{f}_{ys}^Y$、$\hat{f}_{xs}^Y$、$\hat{f}_{xc}^Y$，则等效施加的 f_x、f_y 以及其作用效果可表示为

$$\begin{cases} \left(-4K\Omega + D_{xy}\right)\dot{y} + k_{xy}y = \hat{f}_{xs}^Y + \hat{f}_{xc}^Y - 2\beta\hat{f}_{ys}^Y \\ \ddot{y} + \dfrac{2}{\tau_y}\dot{y} + \omega_y^2 y = 2\alpha\hat{f}_{xs}^Y + 2\alpha\hat{f}_{xc}^Y + \left(1+G_{dy}\right)\hat{f}_{ys}^Y \end{cases} \tag{6-6}$$

由式(6-6)可反解得驻波锁定在 Y 模态时控制电路生成的控制力为

$$\begin{bmatrix} \hat{f}_{xs}^Y + \hat{f}_{xc}^Y \\ \hat{f}_{ys}^Y \end{bmatrix} = \begin{bmatrix} 2\beta \\ \dfrac{1}{1+G_{dy}} \end{bmatrix}\ddot{y} + \begin{bmatrix} \dfrac{4\beta}{\tau_y} + \left(-4K\Omega + D_{xy}\right) \\ \dfrac{2}{\tau_y\left(1+G_{dy}\right)} - 2\alpha\left(-4K\Omega + D_{xy}\right) \end{bmatrix}\dot{y}$$

$$+ \begin{bmatrix} k_{xy} + 2\beta\omega_y^2 \\ -2\alpha k_{xy} + \dfrac{\omega_y^2}{1+G_{dy}} \end{bmatrix}y \tag{6-7}$$

基于式(6-5)和式(6-7)，可进一步考虑 X 和 Y 通道相位误差及其不平衡的影响，构建力平衡 HRG 的误差演化模型，并获得其标度因数和零偏的显性表达式。

6.2.3 测控系统相位误差

如图 6-5 所示，当驻波锁定在 X 模态时，Y 模态振动位移趋近于 0，因此只考虑 X 通道相位误差的影响下，X 模态幅度控制力 $\hat{f}_{xs}^X$ 的泄漏和 Y 模态双闭环控制力 $\hat{f}_{ys}^X$、$\hat{f}_{yc}^X$ 间的耦合。

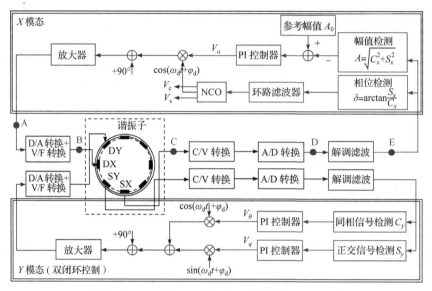

图 6-5　力平衡 HRG 中的信号流向和特征信号点

各特征信号点的实时相位情况见表 6-1，定义 X 通道相位误差为 $\Delta\delta_x$，该误差由 X 通道检测模块相移 $\Delta\phi_s^X$、驱动模块相移 $\Delta\phi_d^X$ 和解调滤波模块相移 $\Delta\phi_e^X$ 共同组成，$\Delta\delta_x = \Delta\phi_s^X + \Delta\phi_d^X + \Delta\phi_e^X$。根据 X 通道的信号流向，控制力的实时相位为 $\omega_d t + \varphi_d + \dfrac{\pi}{2} + \Delta\phi_d^X$（B 点），振动位移的实时相位为 $\omega_d t + \varphi_d + \dfrac{\pi}{2} + \Delta\phi_d^X + \delta\phi$（C 点），其中 $\delta\phi$ 为谐振子相移。

表 6-1　力平衡 HRG 特征信号点的实时相位情况

特征信号点	实时相位情况
A	$\omega_d t + \varphi_d + \dfrac{\pi}{2}$
B	$\omega_d t + \varphi_d + \dfrac{\pi}{2} + \Delta\phi_d^X$
C	$\omega_d t + \varphi_d + \dfrac{\pi}{2} + \Delta\phi_d^X + \delta\phi$

特征信号点	实时相位情况
D	$\omega_{\mathrm{d}}t+\varphi_{\mathrm{d}}+\dfrac{\pi}{2}+\Delta\phi_{\mathrm{d}}^{X}+\delta\phi+\Delta\phi_{\mathrm{s}}^{X}$
E	$\omega_{\mathrm{d}}t+\varphi_{\mathrm{d}}+\dfrac{\pi}{2}+\Delta\phi_{\mathrm{d}}^{X}+\delta\phi+\Delta\phi_{\mathrm{s}}^{X}+\Delta\phi_{\mathrm{e}}^{X}$

此时，驻波 X 模态振动位移 $x=a\cos\left(\omega_{\mathrm{d}}t+\varphi_{\mathrm{d}}+\dfrac{\pi}{2}+\Delta\phi_{\mathrm{d}}^{X}+\delta\phi\right)$，因而控制电路生成的 X 模态幅度控制力情况如下：

$$\hat{f}_{xs}^{X}=-\left[\frac{2}{\tau_x}+2\beta\left(4K\varOmega+D_{xy}\right)\right]a\omega_{\mathrm{d}}\sin\left(\omega_{\mathrm{d}}t+\varphi_{\mathrm{d}}+\frac{\pi}{2}+\Delta\phi_{\mathrm{d}}^{X}+\delta\phi\right)$$
$$+\left(\omega_x^2-\omega_{\mathrm{d}}^2+2\beta k_{xy}\right)a\cos\left(\omega_{\mathrm{d}}t+\varphi_{\mathrm{d}}+\frac{\pi}{2}+\Delta\phi_{\mathrm{d}}^{X}+\delta\phi\right)$$
$$=a_I^{X'}\sin\left(\omega_{\mathrm{d}}t+\varphi_{\mathrm{d}}+\frac{\pi}{2}+\Delta\phi_2^{X}+\delta\phi\right)$$
$$+\left(a_Q^{X'}+\omega_x^2-\omega_{\mathrm{d}}^2\right)\cos\left(\omega_{\mathrm{d}}t+\varphi_{\mathrm{d}}+\frac{\pi}{2}+\Delta\phi_{\mathrm{d}}^{X}+\delta\phi\right)$$
$$=\left[a_I^{X'}\cos(\delta\phi)-\left(a_Q^{X'}+\omega_x^2-\omega_{\mathrm{d}}^2\right)\sin(\delta\phi)\right]\sin\left(\omega_{\mathrm{d}}t+\varphi_{\mathrm{d}}+\frac{\pi}{2}+\Delta\phi_{\mathrm{d}}^{X}\right)$$
$$+\left[a_I^{X'}\sin(\delta\phi)+\left(a_Q^{X'}+\omega_x^2-\omega_{\mathrm{d}}^2\right)\cos(\delta\phi)\right]\cos\left(\omega_{\mathrm{d}}t+\varphi_{\mathrm{d}}+\frac{\pi}{2}+\Delta\phi_{\mathrm{d}}^{X}\right)\quad(6\text{-}8)$$

其中，$\begin{cases}a_I^{X'}=-\left[\dfrac{2}{\tau_x}+2\beta\left(4K\varOmega+D_{xy}\right)\right]a\omega_{\mathrm{d}}\\a_Q^{X'}=2\beta k_{xy}a\end{cases}$。由于 X 模态不施加相位为

$\sin\left(\omega_{\mathrm{d}}t+\varphi_{\mathrm{d}}+\dfrac{\pi}{2}+\Delta\phi_{\mathrm{d}}^{X}\right)$ 的控制力，故 $a_I^{X'}\cos(\delta\phi)=\left(a_Q^{X'}+\omega_x^2-\omega_{\mathrm{d}}^2\right)\sin(\delta\phi)$，即

$\omega_x^2-\omega_{\mathrm{d}}^2=a_I^{X'}\cot(\delta\phi)-a_Q^{X'}$。因此，控制电路生成的 X 模态幅度控制电压 $\hat{V}_a^{X}$ 可由式(6-8)进一步表示为

$$\hat{V}_a^{X}=\left[a_I^{X'}\sin(\delta\phi)+a_I^{X'}\cot(\delta\phi)\cos(\delta\phi)\right]/K_{\mathrm{ds}}=\frac{A_I^{X'}}{\sin(\delta\phi)}/K_{\mathrm{ds}}\quad(6\text{-}9)$$

其中，$A_I^{X'}=-\left[\dfrac{2}{\tau_x}+2\beta\left(4K\varOmega+D_{xy}\right)\right]A\omega_{\mathrm{d}}$，$A$ 为驻波 X 模态的振动幅值 a 所对应的振动幅值放大电压，$A=K_{\mathrm{s}}a$，K_{s} 为检测增益；$K_{\mathrm{ds}}=K_{\mathrm{d}}K_{\mathrm{s}}$，$K_{\mathrm{ds}}$ 为环路增

益，K_{d} 为驱动增益。与此同时，控制电路生成的 Y 模态力反馈控制力和拟正交控制力情况如下：

$$
\hat{f}_{ys}^{X} + \hat{f}_{yc}^{X} = -\left(-\frac{4\alpha}{\tau_x} + \frac{4K\Omega + D_{xy}}{1+G_{\mathrm{dy}}} \right) a\omega_{\mathrm{d}} \sin\left(\omega_{\mathrm{d}}t + \varphi_{\mathrm{d}} + \frac{\pi}{2} + \Delta\phi_{\mathrm{d}}^{X} + \delta\phi \right)
$$

$$
+ \left[-2\alpha\left(\omega_x^2 - \omega_{\mathrm{d}}^2 \right) + \frac{k_{xy}}{1+G_{\mathrm{dy}}} \right] a\cos\left(\omega_{\mathrm{d}}t + \varphi_{\mathrm{d}} + \frac{\pi}{2} + \Delta\phi_{\mathrm{d}}^{X} + \delta\phi \right)
$$

$$
= a_I^{X''} \sin\left(\omega_{\mathrm{d}}t + \varphi_{\mathrm{d}} + \frac{\pi}{2} + \Delta\phi_{\mathrm{d}}^{X} + \delta\phi \right)
$$

$$
+ \left[-2\alpha a_I^{X'} \cot(\delta\phi) + 2\alpha a_Q^{X'} + a_Q^{X''} \right] \cos\left(\omega_{\mathrm{d}}t + \varphi_{\mathrm{d}} + \frac{\pi}{2} + \Delta\phi_{\mathrm{d}}^{X} + \delta\phi \right)
$$

$$
= \left[\left(a_I^{X''} + 2\alpha a_I^{X'} \right)\cos(\delta\phi) - \left(a_Q^{X''} + 2\alpha a_Q^{X'} \right)\sin(\delta\phi) \right]
$$

$$
\cdot \sin\left(\omega_{\mathrm{d}}t + \varphi_{\mathrm{d}} + \frac{\pi}{2} + \Delta\phi_{\mathrm{d}}^{X} \right)
$$

$$
+ \left[a_I^{X''} \sin(\delta\phi) + \left(-2\alpha a_I^{X'} \cot(\delta\phi) + a_Q^{X''} + 2\alpha a_Q^{X'} \right)\cos(\delta\phi) \right]
$$

$$
\cdot \cos\left(\omega_{\mathrm{d}}t + \varphi_{\mathrm{d}} + \frac{\pi}{2} + \Delta\phi_{\mathrm{d}}^{X} \right) \tag{6-10}
$$

其中，$\begin{cases} a_I^{X''} = \left(\dfrac{4\alpha}{\tau_x} - \dfrac{4K\Omega + D_{xy}}{1+G_{\mathrm{dy}}} \right) a\omega_{\mathrm{d}} \\ a_Q^{X''} = \dfrac{k_{xy}}{1+G_{\mathrm{dy}}} a \end{cases}$。式(6-10)中，$2\alpha a_Q^{X'}$ 相较于 $a_Q^{X''}$ 可忽略不

计，$-2\alpha a_I^{X'} \cot(\delta\phi)\cos(\delta\phi)$ 相较于 $a_I^{X''} \sin(\delta\phi)$ 可忽略不计，而 $2\alpha a_I^{X'}$ 相较于 $a_I^{X''}$ 不可忽略，进而可得

$$
a_I^{X''} + 2\alpha a_I^{X'} = \left(\frac{4\alpha}{\tau_x} - \frac{4K\Omega + D_{xy}}{1+G_{\mathrm{dy}}} \right) a\omega_{\mathrm{d}} - 2\alpha\left(\frac{2}{\tau_x} + 2\beta\left(4K\Omega + D_{xy} \right) \right) a\omega_{\mathrm{d}}
$$

$$
\approx -\left(\frac{4K\Omega + D_{xy}}{1+G_{\mathrm{dy}}} \right) a\omega_{\mathrm{d}} \tag{6-11}
$$

因此，控制电路生成的 Y 模态力反馈控制电压 $\hat{V}_{\Omega}^{X}$ 和拟正交控制电压 $\hat{V}_{q}^{X}$ 可由式(6-10)进一步表示为

$$
\begin{cases} \hat{V}_{\Omega}^{X} = \left[A_I^{X''} \sin(\delta\phi) + A_Q^{X''} \cos(\delta\phi) \right] \big/ K_{\mathrm{ds}} \\ \hat{V}_{q}^{X} = \left[-\left(\dfrac{4K\Omega + D_{xy}}{1+G_{\mathrm{dy}}} \right) A\omega_{\mathrm{d}} \cos(\delta\phi) - A_Q^{X''} \sin(\delta\phi) \right] \big/ K_{\mathrm{ds}} \end{cases} \tag{6-12}
$$

其中，
$$\begin{cases} A_I^{X''} = \left(\dfrac{4\alpha}{\tau_x} - \dfrac{4K\Omega + D_{xy}}{1+G_{dy}}\right)A\omega_d \\[3mm] A_Q^{X''} = \dfrac{k_{xy}}{1+G_{dy}}A \end{cases}$$
。定义 $A_I^{X'} = A_\tau^X + 2\beta\left(A_\Omega^X + A_{\Delta\tau}^X\right)$，$A_I^{X''} =$

$A_{\alpha\beta}^X + \dfrac{A_\Omega^X + A_{\Delta\tau}^X}{1+G_{dy}}$，其中

$$\begin{cases} A_\tau^X = -\dfrac{2}{\tau_x}A\omega_d \\[3mm] A_{\Delta\tau}^X = -D_{xy}A\omega_d \\[3mm] A_\Omega^X = -4K\Omega A\omega_d \\[3mm] A_{\alpha\beta}^X = \dfrac{4\alpha A\omega_d}{\tau_x} \end{cases} \tag{6-13}$$

进而根据式(6-9)和式(6-12)，可将驻波锁定在 X 模态时所需控制电压 $\hat{V}_a^X$、$\hat{V}_\Omega^X$、$\hat{V}_q^X$ 表示为

$$\begin{cases} \hat{V}_a^X = \dfrac{A_\tau^X + 2\beta\left(A_\Omega^X + A_{\Delta\tau}^X\right)}{\sin(\delta\phi)} \Big/ K_{ds} \\[4mm] \hat{V}_\Omega^X = \left[\left(A_{\alpha\beta}^X + \dfrac{A_\Omega^X + A_{\Delta\tau}^X}{1+G_{dy}}\right)\sin(\delta\phi) + A_Q^{X''}\cos(\delta\phi)\right] \Big/ K_{ds} \\[4mm] \hat{V}_q^X = \left[\left(\dfrac{A_\Omega^X + A_{\Delta\tau}^X}{1+G_{dy}}\right)\cos(\delta\phi) - A_Q^{X'}\sin(\delta\phi)\right] \Big/ K_{ds} \end{cases} \tag{6-14}$$

由式(6-14)可以看出，当驻波锁定在 X 模态时，拟正交控制电压 $\hat{V}_q^X$ 与驱动电极倾角误差 α、β 无关联，驱动电极增益误差 G_{dy} 影响 Y 模态的双闭环控制电压 $\hat{V}_\Omega^X$、$\hat{V}_q^X$。幅度控制电压 $\hat{V}_a^X$、力反馈控制电压 $\hat{V}_\Omega^X$ 和拟正交控制电压 $\hat{V}_q^X$ 均敏感转台激励角速度 Ω，各电压对转台激励角速度的敏感程度可表示为

$$\begin{cases} K_a^X = \dfrac{\partial\hat{V}_a^X}{\partial\Omega} = \dfrac{-8\beta KA\omega_d}{\sin(\delta\phi)K_{ds}} \\[4mm] K_\Omega^X = \dfrac{\partial\hat{V}_\Omega^X}{\partial\Omega} = \dfrac{-4KA\omega_d\sin(\delta\phi)}{(1+G_{dy})K_{ds}} \\[4mm] K_q^X = \dfrac{\partial\hat{V}_q^X}{\partial\Omega} = \dfrac{-4KA\omega_d\cos(\delta\phi)}{(1+G_{dy})K_{ds}} \end{cases} \tag{6-15}$$

根据式(6-15)中三者间的比例关系，可求解得当驻波锁定在 X 模态时，谐振子相移 $\delta\phi = \arctan\dfrac{K_\Omega^X}{K_q^X}$，驱动电极倾角误差 $\beta = \dfrac{K_a^X \sin^2(\delta\phi)}{2K_\Omega^X(1+G_{dy})} \approx \dfrac{K_a^X}{2K_\Omega^X}$，由于此时谐振子相移 $\delta\phi = -\dfrac{\pi}{2} - \Delta\delta_x$，可辨识出 X 通道相位误差 $\Delta\delta_x$。

同样地，当驻波锁定在 Y 模态时，X 模态的振动位移趋于 0，因此只考虑 Y 通道相位误差的影响下，Y 模态幅度控制力 $\hat{f}_{ys}^Y$ 的泄漏和 X 模态双闭环控制力 $\hat{f}_{xs}^Y$、$\hat{f}_{xc}^Y$ 间的耦合。定义 Y 通道相位误差为 $\Delta\delta_y$，该误差由 Y 通道检测模块相移 $\Delta\phi_s^Y$、驱动模块相移 $\Delta\phi_d^Y$ 和解调滤波模块相移 $\Delta\phi_e^Y$ 共同组成，$\Delta\delta_y = \Delta\phi_s^Y + \Delta\phi_d^Y + \Delta\phi_e^Y$。根据 Y 通道的信号流向，控制力的实时相位为 $\omega_d t + \varphi_d + \dfrac{\pi}{2} + \Delta\phi_d^Y$，振动位移的实时相位为 $\omega_d t + \varphi_d + \dfrac{\pi}{2} + \Delta\phi_d^Y + \delta\phi$，其中 $\delta\phi$ 为谐振子相移。此时，驻波 Y 模态振动位移 $y = a\cos\left(\omega_d t + \varphi_d + \dfrac{\pi}{2} + \Delta\phi_d^Y + \delta\phi\right)$，因而控制电路生成的 Y 模态幅度控制力情况如下：

$$
\begin{aligned}
\hat{f}_{ys}^Y &= -\left[\frac{2}{(1+G_{dy})\tau_y} - 2\alpha(-4K\Omega + D_{xy})\right]a\omega_d \sin\left(\omega_d t + \varphi_d + \frac{\pi}{2} + \Delta\phi_d^Y + \delta\phi\right) \\
&\quad + \left(\frac{\omega_y^2 - \omega_d^2}{1+G_{dy}} - 2\alpha k_{xy}\right)a\cos\left(\omega_d t + \varphi_d + \frac{\pi}{2} + \Delta\phi_d^Y + \delta\phi\right) \\
&= a_I^Y \sin\left(\omega_d t + \varphi_d + \frac{\pi}{2} + \Delta\phi_2^Y + \delta\phi\right) + \left(a_Q^Y + \frac{\omega_y^2 - \omega_d^2}{1+G_{dy}}\right)\cos\left(\omega_d t + \varphi_d + \frac{\pi}{2} + \Delta\phi_d^Y + \delta\phi\right) \\
&= \left[a_I^Y \cos(\delta\phi) - \left(a_Q^Y + \frac{\omega_y^2 - \omega_d^2}{1+G_{dy}}\right)\sin(\delta\phi)\right]\sin\left(\omega_d t + \varphi_d + \frac{\pi}{2} + \Delta\phi_d^Y\right) \\
&\quad + \left[a_I^Y \sin(\delta\phi) + \left(a_Q^Y + \frac{\omega_y^2 - \omega_d^2}{1+G_{dy}}\right)\cos(\delta\phi)\right]\cos\left(\omega_d t + \varphi_d + \frac{\pi}{2} + \Delta\phi_d^Y\right)
\end{aligned}
$$

$$(6-16)$$

其中，$\begin{cases} a_I^Y = -\left[\dfrac{2}{(1+G_{dy})\tau_y} - 2\alpha(-4K\Omega + D_{xy})\right]a\omega_d \\ a_Q^Y = -2\alpha k_{xy}a \end{cases}$。由于 Y 模态不施加相位为

$\sin\left(\omega_{\mathrm{d}}t+\varphi_{\mathrm{d}}+\dfrac{\pi}{2}+\Delta\phi_{\mathrm{d}}^{Y}\right)$ 的控制力，故 $a_{I}^{Y'}\cos\left(\delta\phi\right)=\left(a_{Q}^{Y'}+\dfrac{\omega_{y}^{2}-\omega_{\mathrm{d}}^{2}}{1+G_{\mathrm{dy}}}\right)\sin\left(\delta\phi\right)$，即

$\omega_{y}^{2}-\omega_{\mathrm{d}}^{2}=\left(1+G_{\mathrm{dy}}\right)\left[a_{I}^{Y'}\cot\left(\delta\phi\right)-a_{Q}^{Y'}\right]$。因此，控制电路生成的 Y 模态幅度控制电压 $\hat{V}_{a}^{Y}$ 可由式(6-16)进一步表示为

$$\hat{V}_{a}^{Y}=\left[A_{I}^{Y'}\sin\left(\delta\phi\right)+A_{I}^{Y'}\cot\left(\delta\phi\right)\cos\left(\delta\phi\right)\right]/K_{\mathrm{ds}}=\dfrac{A_{I}^{Y'}}{\sin\left(\delta\phi\right)}/K_{\mathrm{ds}} \qquad (6\text{-}17)$$

其中，$A_{I}^{Y'}=-\left[\dfrac{2}{\left(1+G_{\mathrm{dy}}\right)\tau_{y}}-2\alpha\left(-4K\Omega+D_{xy}\right)\right]A\omega_{\mathrm{d}}$。同时，控制电路生成的 X 模态力反馈控制力和拟正交控制力情况如下：

$$\begin{aligned}
\hat{f}_{xs}^{Y}+\hat{f}_{xc}^{Y}&=-\left[\dfrac{4\beta}{\tau_{y}}+\left(-4K\Omega+D_{xy}\right)\right]a\omega_{\mathrm{d}}\sin\left(\omega_{\mathrm{d}}t+\varphi_{\mathrm{d}}+\dfrac{\pi}{2}+\Delta\phi_{\mathrm{d}}^{Y}+\delta\phi\right)\\
&\quad+\left[2\beta\left(\omega_{y}^{2}-\omega_{\mathrm{d}}^{2}\right)+k_{xy}\right]a\cos\left(\omega_{\mathrm{d}}t+\varphi_{\mathrm{d}}+\dfrac{\pi}{2}+\Delta\phi_{\mathrm{d}}^{Y}+\delta\phi\right)\\
&\approx a_{I}^{Y''}\sin\left(\omega_{\mathrm{d}}t+\varphi_{\mathrm{d}}+\dfrac{\pi}{2}+\Delta\phi_{2}^{Y}+\delta\phi\right)\\
&\quad+\left[2\beta a_{I}^{Y'}\cot\left(\delta\phi\right)-2\beta a_{Q}^{Y'}+a_{Q}^{Y''}\right]\cos\left(\omega_{\mathrm{d}}t+\varphi_{\mathrm{d}}+\dfrac{\pi}{2}+\Delta\phi_{\mathrm{d}}^{Y}+\delta\phi\right)\\
&=\left[\left(a_{I}^{Y''}-2\beta a_{I}^{Y'}\right)\cos\left(\delta\phi\right)-\left(a_{Q}^{Y''}-2\beta a_{Q}^{Y'}\right)\sin\left(\delta\phi\right)\right]\sin\left(\omega_{\mathrm{d}}t+\varphi_{\mathrm{d}}+\dfrac{\pi}{2}+\Delta\phi_{\mathrm{d}}^{Y}\right)\\
&\quad+\left[a_{I}^{Y''}\sin\left(\delta\phi\right)+\left(2\beta a_{I}^{Y'}\cot\left(\delta\phi\right)+a_{Q}^{Y''}-2\beta a_{Q}^{Y'}\right)\cos\left(\delta\phi\right)\right]\cos\left(\omega_{\mathrm{d}}t+\varphi_{\mathrm{d}}+\dfrac{\pi}{2}+\Delta\phi_{\mathrm{d}}^{Y}\right)
\end{aligned}$$

$$(6\text{-}18)$$

其中，$\begin{cases}a_{I}^{Y''}=-\left[\dfrac{4\beta}{\tau_{y}}+\left(-4K\Omega+D_{xy}\right)\right]a\omega_{\mathrm{d}}\\ a_{Q}^{Y''}=k_{xy}a\end{cases}$。式(6-18)中，$-2\beta a_{Q}^{Y'}$ 相较于 $a_{Q}^{Y''}$ 可忽略不计，$2\beta a_{I}^{Y'}\cot\left(\delta\phi\right)\cos\left(\delta\phi\right)$ 相较于 $a_{I}^{Y''}\sin\left(\delta\phi\right)$ 可忽略不计，而 $-2\beta a_{I}^{Y'}$ 相较于 $a_{I}^{Y''}$ 不可忽略，进而可得

$$\begin{aligned}
a_{I}^{Y''}-2\beta a_{I}^{Y'}&=-\left[\dfrac{4\beta}{\tau_{y}}+\left(-4K\Omega+D_{xy}\right)\right]a\omega_{\mathrm{d}}\\
&\quad+2\beta\left[\dfrac{2}{\tau_{y}}-2\alpha\left(-4K\Omega+D_{xy}\right)\right]a\omega_{\mathrm{d}}\\
&\approx-\left(-4K\Omega+D_{xy}\right)a\omega_{\mathrm{d}} \qquad (6\text{-}19)
\end{aligned}$$

因此，控制电路生成的 X 模态力反馈控制电压 $\hat{V}_\Omega^Y$ 和拟正交控制电压 $\hat{V}_q^Y$ 可由式(6-18)进一步表示为

$$\begin{cases} \hat{V}_\Omega^Y = \left[A_I^{Y''} \sin(\delta\phi) + A_Q^{Y''} \cos(\delta\phi) \right] / K_{ds} \\ \hat{V}_q^Y = \left[-\left(-4K\Omega + D_{xy} \right) A\omega_d \cos(\delta\phi) - A_Q^{Y''} \sin(\delta\phi) \right] / K_{ds} \end{cases} \tag{6-20}$$

其中，$\begin{cases} A_I^{Y''} = -\left[\dfrac{4\beta}{\tau_y} + \left(-4K\Omega + D_{xy} \right) \right] A\omega_d \\ A_Q^{Y''} = k_{xy} A \end{cases}$。定义 $A_I^Y = \dfrac{A_\tau^Y}{1 + G_{dy}} - 2\alpha \left(A_\Omega^Y + A_{\Delta\tau}^Y \right)$，

$A_I^{Y''} = A_\Omega^Y + A_{\Delta\tau}^Y + A_{\alpha\beta}^Y$，其中，

$$\begin{cases} A_\tau^Y = -\dfrac{2}{\tau_y} A\omega_d \\ A_{\Delta\tau}^Y = -D_{xy} A\omega_d \\ A_\Omega^Y = 4K\Omega A\omega_d \\ A_{\alpha\beta}^Y = -\dfrac{4\beta A\omega_d}{\tau_y} \end{cases} \tag{6-21}$$

进而根据式(6-17)和式(6-20)，可将驻波锁定在 Y 模态时所需控制电压 $\hat{V}_a^Y$、$\hat{V}_\Omega^Y$、$\hat{V}_q^Y$ 表示为

$$\begin{cases} \hat{V}_a^Y = \dfrac{\dfrac{A_\tau^Y}{1 + G_{dy}} - 2\alpha \left(A_\Omega^Y + A_{\Delta\tau}^Y \right)}{\sin(\delta\phi)} / K_{ds} \\ \hat{V}_\Omega^Y = \left[\left(A_\Omega^Y + A_{\Delta\tau}^Y + A_{\alpha\beta}^Y \right) \sin(\delta\phi) + A_Q^{Y''} \cos(\delta\phi) \right] / K_{ds} \\ \hat{V}_q^Y = \left[\left(A_\Omega^Y + A_{\Delta\tau}^Y \right) \cos(\delta\phi) - A_Q^{Y''} \sin(\delta\phi) \right] / K_{ds} \end{cases} \tag{6-22}$$

由式(6-22)可以看出，当驻波锁定在 Y 模态时，拟正交控制电压 $\hat{V}_q^Y$ 与驱动电极倾角误差 α、β 无关联，驱动电极增益误差 G_{dy} 影响 X 模态的双闭环控制电压 $\hat{V}_\Omega^Y$、$\hat{V}_q^Y$。幅度控制电压 $\hat{V}_a^Y$、力反馈控制电压 $\hat{V}_\Omega^Y$ 和拟正交控制电压 $\hat{V}_q^Y$ 均敏感转台激励角速度 Ω，各电压对转台激励角速度的敏感程度可表示为

$$\begin{cases} K_a^Y = \dfrac{\partial \hat{V}_a^Y}{\partial \Omega} = \dfrac{-8\alpha KA\omega_{\mathrm{d}}}{\sin(\delta\phi)K_{\mathrm{ds}}} \\[3mm] K_\Omega^Y = \dfrac{\partial \hat{V}_\Omega^Y}{\partial \Omega} = \dfrac{4KA\omega_{\mathrm{d}}\sin(\delta\phi)}{K_{\mathrm{ds}}} \\[3mm] K_q^Y = \dfrac{\partial \hat{V}_q^Y}{\partial \Omega} = \dfrac{4KA\omega_{\mathrm{d}}\cos(\delta\phi)}{K_{\mathrm{ds}}} \end{cases} \tag{6-23}$$

根据式(6-23)中三者间的比例关系，可求解得当驻波锁定在 Y 模态时，谐振子相移 $\delta\phi = \arctan\dfrac{K_\Omega^Y}{K_q^Y}$，驱动电极倾角误差 $\alpha = -\dfrac{K_a^Y \sin^2(\delta\phi)}{2K_\Omega^Y} \approx -\dfrac{K_a^Y}{2K_\Omega^Y}$，由于此时谐振子相移 $\delta\phi = -\dfrac{\pi}{2} - \Delta\delta_y$，可辨识出 Y 通道相位误差 $\Delta\delta_y$。

驱动电极倾角误差 α、β 以及 X 和 Y 通道相位误差 $\Delta\delta_x$、$\Delta\delta_y$ 补偿后，幅度控制电压 $\hat{V}_a^X$、$\hat{V}_a^Y$ 和拟正交控制电压 $\hat{V}_q^X$、$\hat{V}_q^Y$ 将不再敏感转台激励角速度 Ω，此时各控制电压可表示为

$$\begin{cases} \hat{V}_a^X = -\dfrac{2}{\tau_x} A\omega_{\mathrm{d}} / K_{\mathrm{ds}} \\[3mm] \hat{V}_a^Y = \dfrac{-\dfrac{2}{\tau_y} A\omega_{\mathrm{d}}}{1 + G_{\mathrm{dy}}} / K_{\mathrm{ds}} \\[4mm] \hat{V}_q^X = -\dfrac{k_{xy}}{1 + G_{\mathrm{dy}}} A / K_{\mathrm{ds}} \\[3mm] \hat{V}_q^Y = -k_{xy} A / K_{\mathrm{ds}} \end{cases} \tag{6-24}$$

根据 X 和 Y 模态拟正交控制电压的比值，可求解驱动电极的增益误差，即

$$G_{\mathrm{dy}} = \frac{\hat{V}_q^Y}{\hat{V}_q^X} - 1 \tag{6-25}$$

此外，由于 $\dfrac{2}{\tau} = \dfrac{\omega}{Q}$，根据 X 和 Y 模态幅度控制电压和拟正交控制电压的比值，可求解两模态的 Q 值比：

$$\frac{Q_x}{Q_y} \approx \frac{\tau_x}{\tau_y} = \frac{\hat{V}_a^Y}{\hat{V}_a^X}\frac{\hat{V}_q^Y}{\hat{V}_q^X} \tag{6-26}$$

综上所述，驻波 X 模态和 Y 模态控制电压的角速度敏感程度可用于辨识驱动电极倾角误差和 X 和 Y 通道相位误差，对应关系如式(6-15)和式(6-23)所示；当 X

和 Y 模态的幅度控制电压和拟正交控制电压不再受角速度影响，则可利用 X 和 Y 模态拟正交控制电压的比值辨识驱动电极增益误差，如式(6-25)所示；X 和 Y 模态的 Q 值比可利用式(6-26)计算，当半球谐振子的最大阻尼轴对准检测电极 SX 或 SY 时，X 和 Y 模态的 Q 值比可用于生成有效的力补偿电压，从而抑制半球谐振子非等阻尼误差对 HRG 输出精度的影响。

参 考 文 献

[1] 李云. 半球谐振陀螺力再平衡数字控制技术[D]. 长沙: 国防科学技术大学, 2011.

[2] 王旭. 半球谐振陀螺误差建模补偿与力平衡控制方法研究[D]. 长沙: 国防科学技术大学, 2012.

[3] 宫必成. 力平衡模式下半球谐振陀螺的正交控制技术研究[D]. 哈尔滨: 哈尔滨工程大学, 2020.

[4] 徐泽远. 力反馈半球谐振陀螺建模、误差分析与抑制方法研究[D]. 哈尔滨: 哈尔滨工业大学, 2022.

[5] 阮志虎. 微半球谐振陀螺误差建模与补偿技术研究[D]. 南京: 东南大学, 2022.

[6] Ruan Z, Ding X, Qin Z, et al. Compensation of assembly eccentricity error of micro hemispherical resonator gyroscope[C]. 2021 IEEE International Symposium on Robotic and Sensors Environments, Toronto, Canada, 2021: 1-5.

[7] Ruan Z H, Ding X K, Gao Y, et al. Analysis and compensation of bias drift of force-to-rebalanced micro-hemispherical resonator gyroscope caused by assembly eccentricity error[J]. Journal of Microelectromechanical Systems, 2023, 32(1): 16-28.

[8] Wang P, Xu Y, Song G, et al. Calibration and compensation of the misalignment angle errors for the disk resonator gyroscopes[C]. 7th IEEE International Symposium on Inertial Sensors and Systems, Hiroshima, Japan, 2020: 1-3.

[9] 赵万良, 夏昕, 成宇翔, 等. 锁相环相位误差对半球谐振陀螺零偏影响分析与校准[J]. 中国惯性技术学报, 2022, 30(5): 620-625.

第7章 力平衡半球谐振陀螺误差的标定与补偿

7.1 陀螺标度因数和零偏的误差演化模型

力平衡 HRG 利用力反馈控制电压解算陀螺输出角速度信息。第 6 章推导了同时考虑驱动电极误差、测控系统相位误差以及半球谐振子误差时的力平衡 HRG 控制电压输出情况。

当驻波锁定在 X 模态时，根据式(6-14)，力平衡 HRG 的力反馈控制电压输出为

$$\hat{V}_{\Omega}^{X} = \left[\left(A_{\alpha\beta}^{X} + \frac{A_{\Omega}^{X} + A_{\Delta\tau}^{X}}{1 + G_{\mathrm{dy}}} \right) \sin(\delta\phi) + A_{Q}^{X''} \cos(\delta\phi) \right] \Big/ K_{\mathrm{ds}} \tag{7-1}$$

其中，$A_{\alpha\beta}^{X} = \dfrac{4\alpha A\omega_{\mathrm{d}}}{\tau_{x}}$；$A_{\Delta\tau}^{X} = -D_{xy}A\omega_{\mathrm{d}} = -\Delta\left(\dfrac{1}{\tau}\right)\sin 4\theta_{\tau} A\omega_{\mathrm{d}}$；$A_{\Omega}^{X} = -4K\Omega A\omega_{\mathrm{d}}$；

$A_{Q}^{X''} = \dfrac{k_{xy}}{1 + G_{\mathrm{dy}}} A = -\dfrac{\omega\Delta\omega\sin\theta_{\omega}}{1 + G_{\mathrm{dy}}}$。此时，力平衡 HRG 标度因数和零偏的误差演化模型为

$$\begin{aligned} \Omega^{X} &= -\frac{1 + G_{\mathrm{dy}}}{4KA\omega_{\mathrm{d}}\sin(\delta\phi)} K_{\mathrm{ds}}\hat{V}_{\Omega}^{X} - \frac{\Delta\omega\sin 4\theta_{\omega}}{4K\tan(\delta\phi)} - \frac{\Delta\left(\dfrac{1}{\tau}\right)\sin 4\theta_{\tau}}{4K} + \frac{\alpha}{K\tau_{x}} \\ &= K_{\mathrm{FTR}}^{X}\hat{V}_{\Omega}^{X} + B^{X} \end{aligned} \tag{7-2}$$

其中，标度因数 $K_{\mathrm{FTR}}^{X} = -\dfrac{1 + G_{\mathrm{dy}}}{4KA\omega_{\mathrm{d}}\sin(\delta\phi)} K_{\mathrm{ds}}$；零偏误差 $B^{X} = -\dfrac{\Delta\omega\sin 4\theta_{\omega}}{4K\tan(\delta\phi)} -$

$\dfrac{\Delta\left(\dfrac{1}{\tau}\right)\sin 4\theta_{\tau}}{4K} + \dfrac{\alpha}{K\tau_{x}}$。标度因数受驱动电极增益误差和 X 通道相位误差的影响，零偏误差由三部分组成，第一部分是谐振子非等弹性误差与 X 通道相位误差耦合产生的，第二部分源于谐振子非等阻尼误差，第三部分由驱动电极 DX 的倾角误差产生。

当驻波锁定在 Y 模态时，根据式(6-22)，力平衡 HRG 的力反馈控制电压输出为

$$\hat{V}_\Omega^Y = \left[\left(A_\Omega^Y + A_{\Delta\tau}^Y + A_{\alpha\beta}^Y \right) \sin(\delta\phi) + A_Q^{Y''} \cos(\delta\phi) \right] \Big/ K_{\mathrm{ds}} \tag{7-3}$$

其中，$A_\Omega^Y = 4K\Omega A\omega_{\mathrm{d}}$ ；$A_{\Delta\tau}^Y = -D_{xy}A\omega_{\mathrm{d}} = -\Delta\left(\dfrac{1}{\tau}\right)\sin 4\theta_\tau A\omega_{\mathrm{d}}$ ；$A_{\alpha\beta}^Y = -\dfrac{4\beta A\omega_{\mathrm{d}}}{\tau_y}$ ；

$A_Q^{Y''} = k_{xy}A = \omega\Delta\omega\sin 4\theta_\omega A$ 。此时，力平衡 HRG 标度因数和零偏的误差演化模型为

$$\begin{aligned}
\Omega^Y &= \frac{1}{4KA\omega_{\mathrm{d}}\sin(\delta\phi)} K_{\mathrm{ds}}\hat{V}_\Omega^Y - \frac{\Delta\omega\sin 4\theta_\omega}{4K\tan(\delta\phi)} + \frac{\Delta\left(\dfrac{1}{\tau}\right)\sin 4\theta_\tau}{4K} + \frac{\beta}{K\tau_y} \\
&= K_{\mathrm{FTR}}^Y \hat{V}_\Omega^Y + B^Y
\end{aligned} \tag{7-4}$$

其中，标度因数 $K_{\mathrm{FTR}}^Y = \dfrac{1}{4KA\omega_{\mathrm{d}}\sin(\delta\phi)} K_{\mathrm{ds}}$ ；零偏误差 $B^Y = -\dfrac{\Delta\omega\sin 4\theta_\omega}{4K\tan(\delta\phi)} +$

$\dfrac{\Delta\left(\dfrac{1}{\tau}\right)\sin 4\theta_\tau}{4K} + \dfrac{\beta}{K\tau_y}$ 。标度因数受驱动电极增益误差和 Y 通道相位误差的影响，

零偏误差由三部分组成，第一部分是谐振子非等弹性误差与 Y 通道相位误差耦合产生的，第二部分源于谐振子非等阻尼误差，第三部分由驱动电极 DY 的倾角误差产生。

7.2 误差的离线标定与补偿

由力平衡 HRG 标度因数和零偏的误差演化模型式(7-2)和式(7-4)可以看出，驱动电极误差、测控系统相位误差和谐振子误差共同产生力平衡 HRG 的零速率输出(zero rate output, ZRO)，部分误差影响着力平衡 HRG 的标度因数。利用 X 模态和 Y 模态力平衡 HRG 的输出特性，测控系统误差和谐振子误差可被离线标定与补偿，提升力平衡 HRG 的控制精度和控制效率、减小其零偏误差、提高其标度因数稳定性和角速度输出精度[1-7]。

7.2.1 X 和 Y 模态间和模态内耦合误差消除

首先，在阶梯波形式的转台角速度激励下，基于式(6-15)和式(6-23)完成驱动电极倾角误差 α、β 与 X 和 Y 通道相位误差 $\Delta\delta_x$、$\Delta\delta_y$ 的离线标定与补偿，其流程如图 7-1 所示。

如图 7-1 所示，驱动电极倾角误差与 X 和 Y 通道相位误差的离线标定与补偿需要将驻波依次锁定在 X 模态和 Y 模态，共 8 步：

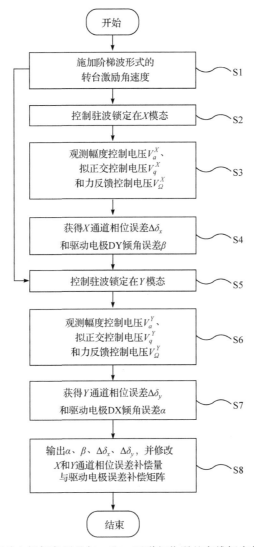

图 7-1 驱动电极倾角误差与 X 和 Y 通道相位误差离线标定与补偿流程

(1) 施加阶梯波形式的转台激励角速度, 进而利用力反馈控制电压充分激发驱动和检测模态之间以及检测模态内控制电压的耦合;

(2) 控制驻波锁定在 X 模态;

(3) 在阶梯波形式的转台角速度激励下, 观测驱动模态幅度控制电压 V_a^X 和检测模态双闭环控制电压 V_q^X、V_Ω^X 对角速度的敏感程度, 得到 V_a^X、V_Ω^X、V_q^X 的角速度敏感系数 K_a^X、K_Ω^X、K_q^X;

(4) 根据驱动电极 DY 倾角误差 β 和 X 通道相位误差 $\Delta\delta_x$ 与 K_a^X、K_Ω^X、K_q^X 的

关系，标定 $\beta = \dfrac{K_a^X}{2K_\Omega^X}$ ， $\Delta\delta_x = -\dfrac{\pi}{2} - \arctan\dfrac{K_\Omega^X}{K_q^X}$ ；

(5) 控制驻波锁定在 Y 模态；

(6) 在阶梯波形式的转台角速度激励下，观测驱动模态幅度控制电压 V_a^Y 和检测模态双闭环控制电压 V_q^Y、V_Ω^Y 对角速度的敏感程度，得到 V_a^Y、V_Ω^Y、V_q^Y 的角速度敏感系数 K_a^Y、K_Ω^Y、K_q^Y；

(7) 根据驱动电极 DX 倾角误差 α 和 Y 通道相位误差 $\Delta\delta_y$ 与 K_a^Y、K_Ω^Y、K_q^Y 的关系，标定 $\alpha = -\dfrac{K_a^Y}{2K_\Omega^Y}$ ， $\Delta\delta_y = -\dfrac{\pi}{2} - \arctan\dfrac{K_\Omega^Y}{K_q^Y}$ ；

(8) 最终输出 α、β、$\Delta\delta_x$、$\Delta\delta_y$，修改 X 和 Y 通道解调参考信号相位误差补偿量 $\phi_{xc} = \Delta\delta_x$ ， $\phi_{yc} = \Delta\delta_y$ (或修改 X 和 Y 通道控制电压调制模块的相位误差补偿量 $\phi_{xc} = -\Delta\delta_x$ ， $\phi_{yc} = -\Delta\delta_y$)，并修改驱动电极误差补偿矩阵 $M_{dc} = \begin{bmatrix} 1 & 2\beta \\ -2\alpha & 1 \end{bmatrix}$。

接下来，当驻波锁定在 X 模态和 Y 模态时，幅度控制电压 $\hat{V}_a^X$、$\hat{V}_a^Y$ 和拟正交控制电压 $\hat{V}_q^X$、$\hat{V}_q^Y$ 将不再敏感转台激励角速度 Ω，此时基于式(6-25)完成驱动电极增益误差的补偿，流程如图 7-2 所示。

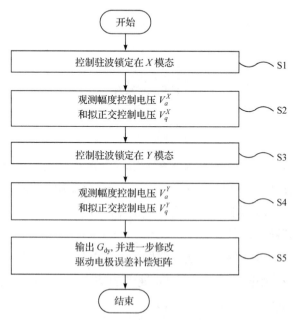

图 7-2　驱动电极增益误差离线标定与补偿流程

如图 7-2 所示，驱动电极增益误差的离线标定与补偿仍然需要利用驻波锁定在 X 模态和 Y 模态时控制电压的情况，共 5 步：

(1) 控制驻波锁定在 X 模态；

(2) 观测幅度控制电压 V_a^X 和拟正交控制电压 V_q^X；

(3) 控制驻波锁定在 Y 模态；

(4) 观测幅度控制电压 V_a^Y 和拟正交控制电压 V_q^Y；

(5) 标定 $G_{dy} = \dfrac{V_q^Y}{V_q^X} - 1$，计算 $\dfrac{Q_x}{Q_y} = \dfrac{V_a^Y}{V_a^X} \dfrac{V_q^Y}{V_q^X}$，并进一步修改驱动电极误差补

偿矩阵 $M_{dc} = \begin{bmatrix} 1 & 2\beta \\ -2\alpha & 1 - G_{dy} \end{bmatrix}$。

包括驱动电极增益失配、倾角失准、X 和 Y 通道相位误差在内测控系统相位误差的离线标定与补偿消除了力平衡 HRG 驱动和检测模态内、检测模态双闭环控制电压间的耦合，有效提高了各控制电压的输出精度和控制效率，以力反馈控制电压输出解算陀螺输出角速度不再受测控系统误差的影响。

力平衡 HRG 模态间和模态内耦合消除方案在某 30 型 HRG(编号#1)上得到实验验证。按照图 7-1 所示的误差标定与补偿流程，在 300s 内施加阶梯波形式的转台激励角速度，每 50s 变化 1 次输入角速度，依次输入的角速度分别为 $0°/s, 10°/s, 20°/s, 30°/s, 40°/s, 50°/s$。在上述激励状态下，当驻波锁定在 X 模态和 Y 模态时，未补偿前和驱动电极倾角误差以及 X 和 Y 通道相位误差补偿后，各控制电压的输出情况如图 7-3～图 7-5 所示。

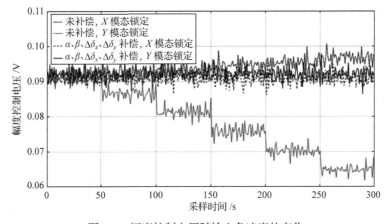

图 7-3　幅度控制电压随输入角速度的变化

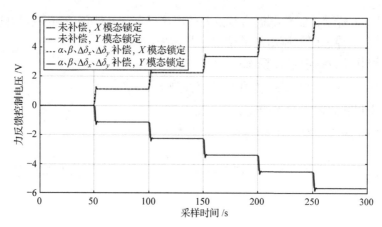

图 7-4　力反馈控制电压随输入角速度的变化

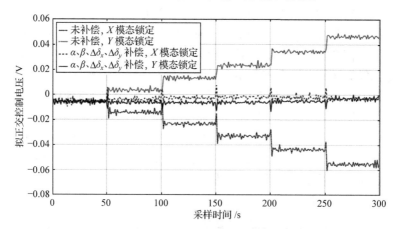

图 7-5　拟正交控制电压随输入角速度的变化

根据未补偿前各控制电压对输入角速度的敏感程度可计算得到表 7-1，进而利用各控制电压的角速度敏感系数可标定得 $\alpha = -\dfrac{K_a^Y}{2K_\Omega^Y} = -0.1394°$，$\beta = \dfrac{K_a^X}{2K_\Omega^X} = 0.0292°$，

$\Delta\delta_x = -\dfrac{\pi}{2} - \arctan\dfrac{K_\Omega^X}{K_q^X} = -0.5033°$，$\Delta\delta_y = -\dfrac{\pi}{2} - \arctan\dfrac{K_\Omega^Y}{K_q^Y} = -0.5282°$。

表 7-1　未补偿前，各控制电压的角速度敏感系数

控制电压/V	角速度敏感系数/[V/(° · s)]
$\hat{V}_a^X$	$K_a^X = 1.1453 \times 10^{-4}$
$\hat{V}_a^Y$	$K_a^Y = -5.4631 \times 10^{-4}$
$\hat{V}_q^X$	$K_q^X = -9.8732 \times 10^{-4}$

控制电压/V	角速度敏感系数/[V·(°·s)]
$\hat{V}_q^Y$	$K_q^Y = 1.0352 \times 10^{-3}$
V_Ω^X	$K_\Omega^X = 1.1239 \times 10^{-1}$
V_Ω^Y	$K_\Omega^Y = -1.1229 \times 10^{-1}$

α、β、$\Delta\delta_x$、$\Delta\delta_y$ 补偿后，如图 7-3 和图 7-5 中的虚线和实线所示，幅度控制电压和拟正交控制电压不再随输入角速度的变化而显著变化。驱动电极误差的补偿使幅度控制电压与力反馈控制电压的耦合显著降低，X 和 Y 通道相位误差的补偿使检测模态双闭环控制电压间的耦合显著降低，本节提出的测控系统误差离线标定与补偿方法得到实验验证。

7.2.2　标度因数和零偏标定与补偿

在力平衡 HRG 的 X 和 Y 模态间和模态内耦合消除的基础上，当驻波锁定在 X 模态和 Y 模态时，力平衡 HRG 的标度因数和零偏的误差演化模型可由式(7-2)和式(7-4)简化为

$$\Omega^X = -\frac{K_{ds}}{4KA\omega_d}\hat{V}_\Omega^X - \frac{\Delta\left(\dfrac{1}{\tau}\right)\sin 4\theta_\tau}{4K} \tag{7-5}$$

$$\Omega^Y = \frac{K_{ds}}{4KA\omega_d}\hat{V}_\Omega^Y + \frac{\Delta\left(\dfrac{1}{\tau}\right)\sin 4\theta_\tau}{4K} \tag{7-6}$$

在解耦力平衡框架下，当驻波锁定在 X 模态，即谐振子 0°时，幅度控制电压应施加于 0°电极轴方向，力反馈控制电压和拟正交控制电压应施加于 45°电极轴方向；当驻波锁定在 Y 模态，即谐振子 45°时，幅度控制电压应施加于 45°电极轴方向，力反馈控制电压和拟正交控制电压应施加于 90°电极轴方向，因而式(7-6)中施加于 0°电极轴方向的 $\hat{V}_\Omega^Y$ 可进一步表示为

$$\Omega^Y = -\frac{K_{ds}}{4KA\omega_d}\hat{V}_\Omega^Y + \frac{\Delta\left(\dfrac{1}{\tau}\right)\sin 4\theta_\tau}{4K} \tag{7-7}$$

其中，力反馈控制电压 $\hat{V}_\Omega^Y$ 施加于 90°电极轴方向。由式(7-5)和式(7-7)可以看出，当驻波依次锁定在 X 模态和 Y 模态时，力平衡 HRG 的标度因数相同，

$K_{\text{FTR}}^{X} = K_{\text{FTR}}^{Y} = -\dfrac{K_{\text{ds}}}{4KA\omega_{\text{d}}}$ ，零偏误差等大反向，$B^{X} = -\dfrac{\Delta\left(\dfrac{1}{\tau}\right)\sin 4\theta_{\tau}}{4K}$ ，

$B^{Y} = \dfrac{\Delta\left(\dfrac{1}{\tau}\right)\sin 4\theta_{\tau}}{4K}$。定义力平衡 HRG 标度因数 $K_{\text{FTR}} = K_{\text{FTR}}^{X} = K_{\text{FTR}}^{Y}$，零偏误差

$B = B^{X} = -B^{Y}$，当驻波锁定在 X 模态时，在转台施加的单轴正反转角速度激励下，力平衡 HRG 的标度因数和零偏误差可按照如下公式标定：

$$\begin{cases} K_{\text{FTR}} = \dfrac{\Omega^{+} - \Omega^{-}}{\hat{V}_{\Omega^{+}}^{X} - \hat{V}_{\Omega^{-}}^{X}} \\[4mm] B = -\dfrac{K_{\text{FTR}}\left(\hat{V}_{\Omega^{+}}^{X} + \hat{V}_{\Omega^{-}}^{X}\right)}{2} \end{cases} \tag{7-8}$$

其中，Ω^{+}、Ω^{-} 为转台施加的单轴正反转角速度；$\hat{V}_{\Omega^{+}}^{X}$、$\hat{V}_{\Omega^{-}}^{X}$ 为驻波锁定在 X 模态时，施加 Ω^{+}、Ω^{-} 所对应的力反馈控制电压。

最终，在力平衡 HRG 输出角速度时补偿其零偏误差，可消除谐振子非等阻尼误差的影响。此外，如图 7-6 所示的单陀螺模态反转方案理论上可以在陀螺运行过程中消除其零偏误差对角速度输出精度的影响。在单陀螺模态反转方案中，一个完成的测量周期共分为四个阶段：驻波锁定在 X 模态时的测量阶段1、驻波由 X 模态进动至 Y 模态的反转阶段1、驻波锁定在 Y 模态时的测量阶段2、驻波由 Y 模态进动回 X 模态的反转阶段2。由式(7-5)和式(7-7)可知，驻波锁定在 X 和 Y 模态测量时，标度因数相同，零偏误差等大反向，因此若保证一个完整的测量周期内外界激励角速度恒定，则力平衡 HRG 可在数据融合后准确地输出角速度。然而，单陀螺模态反转方案下力平衡 HRG 的带宽严重受限，此方案的实用性不强。

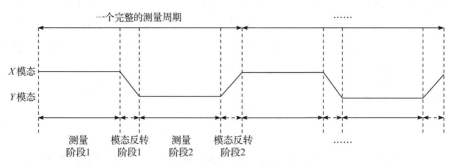

图 7-6　单陀螺模态反转方案

7.3　误差的在线辨识与补偿

驱动电极误差、测控系统相位误差以及谐振子非等阻尼和非等弹性误差均可视为随时间缓慢变化的慢时变参数，这些误差随时间的变化或因温度变化，或因陀螺老化等。7.2 节中各误差的离线标定与补偿并不能应对各误差在力平衡 HRG 全生命周期内的缓慢变化，力平衡 HRG 的定期拆卸标定可一定程度上对误差补偿量进行修正，提高后续力平衡 HRG 的使用精度，但这一过程费时费力且降低陀螺的灵活性。

双陀螺模态反转方案可实现力平衡 HRG 驱动电极误差、测控系统相位误差以及谐振子非等阻尼的在线辨识与补偿[8-9]。如图 7-7 所示，陀螺#1 和陀螺#2 构成的单轴双力平衡 HRG 系统共有四个同步测量阶段(阶段 1～4)。定义 $\Omega_i(i=1,2,3,4)$ 为同步测量阶段 1～4 外界激励角速度，此角速度可以不恒定，两陀螺测量数据处理后输出角速度平均值。在任意两个编号连续的同步测量阶段之间，某一只陀螺进行 X 和 Y 模态反转，另一只陀螺保持测量状态，此时保持测量状态的陀螺输出角速度信息。

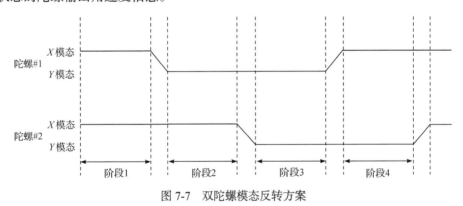

图 7-7　双陀螺模态反转方案

定义 $\Omega_i^{\#j}(i=1,2,3,4;j=1,2)$ 为陀螺#1 和陀螺#2 在阶段 1～4 的输出角速度，可得

$$\begin{cases} \Omega_i^{\#1} = \Omega_i + B_i^{\#1} \\ \Omega_i^{\#2} = \Omega_i + B_i^{\#1} \end{cases} \tag{7-9}$$

以图 7-7 所示的阶段 1 和阶段 2 为例，陀螺#1 和陀螺#2 的输出角速度可表示为

$$\begin{cases} \Omega_1^{\#1} = \Omega_1 + B^{\#1} \\ \Omega_1^{\#2} = \Omega_1 + B^{\#2} \\ \Omega_2^{\#1} = \Omega_2 - B^{\#1} \\ \Omega_2^{\#2} = \Omega_2 + B^{\#2} \end{cases} \tag{7-10}$$

将式(7-10)写成向量-矩阵形式，即

$$\begin{bmatrix} \Omega_1^{\#1} \\ \Omega_1^{\#2} \\ \Omega_2^{\#1} \\ \Omega_2^{\#2} \end{bmatrix} = \begin{bmatrix} 1 & 0 & 1 & 0 \\ 1 & 0 & 0 & 1 \\ 0 & 1 & -1 & 0 \\ 0 & 1 & 0 & 1 \end{bmatrix} \begin{bmatrix} \Omega_1 \\ \Omega_2 \\ B^{\#1} \\ B^{\#2} \end{bmatrix} \tag{7-11}$$

进而可反解得

$$\begin{bmatrix} \Omega_1 \\ \Omega_2 \\ B^{\#1} \\ B^{\#2} \end{bmatrix} = \begin{bmatrix} 0.5 & 0.5 & 0.5 & -0.5 \\ 0.5 & -0.5 & 0.5 & 0.5 \\ 0.5 & -0.5 & -0.5 & 0.5 \\ -0.5 & 0.5 & -0.5 & 0.5 \end{bmatrix} \begin{bmatrix} \Omega_1^{\#1} \\ \Omega_1^{\#2} \\ \Omega_2^{\#1} \\ \Omega_2^{\#2} \end{bmatrix} \tag{7-12}$$

由式(7-12)可以看出，两陀螺阶段 1 和 2 的测量数据处理后，外界激励角速度 Ω_1、Ω_2 可被精确感知，两陀螺的零偏误差 $B^{\#1}$、$B^{\#2}$ 可被实时估计，其原理如图 7-8 所示。

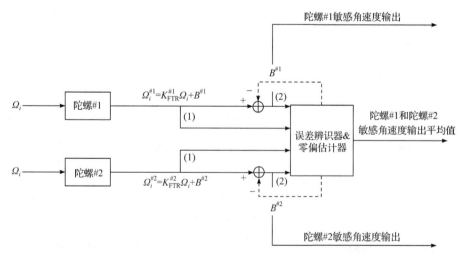

图 7-8　双陀螺误差辨识、零偏估计与角速度输出原理

此外，图 7-8 所示的双陀螺原理不仅能够完成零偏估计和角速度输出，还能

够完成驱动电极增益失配、倾角失准以及测控系统相位误差的在线辨识。以图 7-7 的阶段 1 和阶段 2 为例，陀螺#1 在阶段 1 和阶段 2 分别将驻波锁定在 X 模态和 Y 模态，以陀螺#2 的输出角速度为基准，陀螺#1 中各控制电压的角速度敏感情况可被获取，陀螺#1 的驱动电极倾角误差 $\alpha^{\#1}$、$\beta^{\#1}$，X 和 Y 通道相位误差 $\Delta\delta_x^{\#1}$、$\Delta\delta_y^{\#1}$ 可被在线辨识与补偿；随后利用不敏感外界角速度的 X 和 Y 模态幅度控制电压可进一步在线辨识与补偿驱动电极增益误差 $G_{\mathrm{dy}}^{\#1}$。同理，在图 7-7 所示的阶段 3 和阶段 4 中，陀螺#2 在阶段 3 和阶段 4 分别将驻波锁定在 X 模态和 Y 模态，以陀螺#1 的输出角速度为基准，陀螺#2 中包括 $\alpha^{\#2}$、$\beta^{\#2}$、$\Delta\delta_x^{\#2}$、$\Delta\delta_y^{\#2}$、$G_{\mathrm{dy}}^{\#2}$ 在内的测控系统误差可被在线辨识与补偿。各误差辨识的理论参考 7.1 节和 7.2 节，此处不再赘述。

参 考 文 献

[1] Liu, Y, Challoner A D. Electronic bias compensation for a gyroscope: 20130179105[P]. 2013-07-11.

[2] Challoner A D, Ge H H, Liu J Y. Boeing disc resonator gyroscope[C]. 2014 IEEE/ION Position, Location and Navigation Symposium, Savannah, GA, USA, 2014: 504-514.

[3] 潘覃毅, 赵万良, 王伟, 等. 基于模态反转的半球谐振陀螺零位自校准方法[J]. 飞控与探测, 2021, 4(5): 79-86.

[4] Gu H Y, Zhao B L, Zhou H, et al. MEMS gyroscope bias drift self-calibration based on noise-suppressed mode reversal[J]. Micromachines, 2019, 10(12): 823.

[5] Wang Y C, Hou J K, Li C, et al. Ultrafast mode reversal coriolis gyroscopes[J]. IEEE-ASME Transactions on Mechatronics, 2022, 27(6): 5969-5980.

[6] Chen L Q, Miao T Q, Li Q S, et al. A temperature drift suppression method of mode-matched MEMS gyroscope based on a combination of mode reversal and multiple regression[J]. Micromachines, 2022, 13(10): 1557.

[7] Zeng L, Deng K, Pan Y, et al. Self-calibration of hemispherical resonator gyroscopes under drastic changes of ambient temperature based on mode reversal[J]. Sensors and Actuators A: Physical, 2024, 366: 114986.

[8] Trusov A A, Phillips M R, Mccammon G H, et al. Continuously self-calibrating CVG system using hemispherical resonator gyroscopes[C]. 2nd IEEE International Symposium on Inertial Sensors and Systems, Hakone, Japan, 2015: 18-21.

[9] Foloppe Y, Lenoir Y. HRG crystal™ dual core: Rebooting the INS revolution[C]. 2019 DGON Inertial Sensors and Systems, Bremen, Germany, 2019: 1-24.

第8章 全角半球谐振陀螺测控方案设计与误差分析

相较于力平衡 HRG，全角 HRG 具有测量范围大、带宽无限制、标度因数稳定等优势。"两件套"全角 HRG 有望满足海、陆、空、天等领域高端应用的需求，是当前国内外的研究热点。目前，适用于力平衡 HRG 的标度因数和零偏误差演化模型构建与参数标定方法，难以解决全角模式下驻波方位角和陀螺输出角速度的误差问题，多种误差耦合影响下，具有角度依赖性的全角 HRG 输出误差尚未有明确建模。显然，建立完备的全角 HRG 输出误差模型是各误差自激解耦、标定与补偿的先决条件，因此本书开创性地构建了包含谐振子、检测、驱动、相位等误差在内的全角 HRG 驻波方位角输出误差演化模型。

8.1 测控方案设计

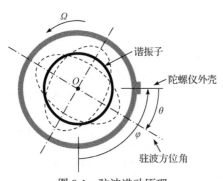

图 8-1 驻波进动原理

全角模式下，驻波在科氏力的作用下产生进动。如图 8-1 所示，当陀螺仪外壳受角速度激励逆时针旋转角度为 φ 时，科氏力作用下驻波相对于外壳顺时针旋转角度为 θ，两者之间存在固定的比例关系 K，也就是驻波的进动因子，$\theta = K\varphi$。因此，在该模式下，通过对驻波方位角的检测，能够实现对陀螺敏感角度和外界角速度的检测。

根据式(5-61)和式(5-62)，幅度控制电压 V_{as} 和拟正交控制电压 V_{qc} 分别用于控制 a、q，以确保主波和正交波波腹幅值 a_0、q_0 的稳定，如图 8-2 所示。

此外，频相跟踪回路用于对主波振动信号的实时相位进行跟踪。综上所述，全角 HRG 的测控方案如图 8-3 所示。其中，幅度控制回路、拟正交控制回路和频相跟踪回路分别简称为 AGC 回路、Q null 回路、PLL。由于驻波的自由进动特性，全角 HRG 各回路的控制判断量无法通过检测电极直接获取，因此需要设计

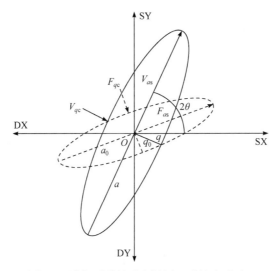

图 8-2　谐振子等效质点椭圆运动轨迹(全角)

组合运算模块来实时获取驻波驱动和检测模态信息[1-4]。

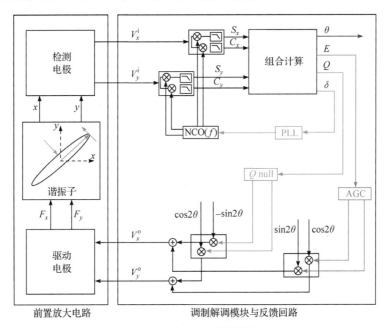

图 8-3　全角 HRG 的测控方案

当检测电极所提取的振动位移 x、y 经过乘法解调和低通滤波后，获得的振动位移放大电压慢变量为

$$\begin{cases} C_x = a\cos 2\theta \cos\delta + q\sin 2\theta \sin\delta \\ S_x = a\cos 2\theta \sin\delta - q\sin 2\theta \cos\delta \\ C_y = a\sin 2\theta \cos\delta - q\cos 2\theta \sin\delta \\ S_y = a\sin 2\theta \sin\delta + q\cos 2\theta \cos\delta \end{cases} \tag{8-1}$$

利用 C_x、S_x、C_y、S_y 的组合运算可得

$$\begin{cases} E = C_x^2 + S_x^2 + C_y^2 + S_y^2 = a^2 + q^2 \\ Q = 2\left(C_x S_y - C_y S_x\right) = 2aq \\ L = 2\left(C_x S_x + C_y S_y\right) = \left(a^2 - q^2\right)\sin 2\delta \\ L' = C_x^2 + C_y^2 - S_x^2 - S_y^2 = \left(a^2 - q^2\right)\cos 2\delta \\ S = 2\left(C_x C_y + S_x S_y\right) = \left(a^2 - q^2\right)\sin 4\theta \\ R = C_x^2 + S_x^2 - C_y^2 - S_y^2 = \left(a^2 - q^2\right)\cos 4\theta \end{cases} \tag{8-2}$$

利用式(8-2)所示组合运算模块输出，AGC 回路和 Q null 回路分别将 E 和 Q 作为控制判断量，此外，也可将 $\sqrt{E}$ 和 q 作为上述两回路的控制判断量，其中 $a \approx \sqrt{E}$，$q = \dfrac{\sqrt{E+Q} - \sqrt{E-Q}}{2}$；PLL 的控制判断量利用 L、L' 获得，即解调参考信号与驱动模态振动信号相位差 $\delta = \dfrac{1}{2}\arctan\dfrac{L}{L'}$；驻波方位角可利用 S、R 计算，即 $\theta = \dfrac{1}{4}\arctan\dfrac{S}{R}$。

8.2　陀螺自激励与驻波自进动

从陀螺仪整体发展上来看，现有陀螺仪多属于被动式，仅完成敏感外界角速度激励的任务，输出角速度信息。然而，由于被动式陀螺仪在线免拆卸自调整能力有限，工作环境复杂多变和自身损耗，其难以在全生命周期内保持高精度输出。全角 HRG 作为科氏振动陀螺的典型代表，其工作原理基于科氏效应，而虚拟科氏效应的产生使全角模式下的陀螺自激励和驻波自进动成为可能，这将极大程度上推动全角 HRG 自标定与自补偿技术的发展。本书提出虚拟科氏效应生成方案，设计了图 8-4 所示的全角 HRG 自激励模块。

在全角模式下，利用组合运算模块输出的幅值信号 $\sqrt{E}$ 和 PLL 输出的解调参考信号 $V_s = 2\sin\left(\omega_d t + \varphi_d\right)$ 可生成驱动模态振动速度信息。虚拟科氏电压慢变量 V_θ

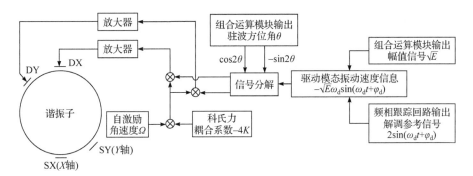

图 8-4　全角 HRG 自激励模块原理

需利用驱动模态振动信号角频率 ω_d、自激励角速度 Ω_{vir}、科氏力耦合系数 $-4K$ 和环路增益 K_{ds} 合成，即

$$V_\theta = -4K\Omega_{vir}\omega_d\sqrt{E}/K_{ds} \tag{8-3}$$

根据式(5-63)，当施加形如式(8-3)的虚拟科氏电压时，驻波方位角将按如下方式变化：

$$\dot\theta = -K\Omega_{vir} + \frac{1}{4}\frac{a^2+q^2}{a^2-q^2}\Delta\left(\frac{1}{\tau}\right)\sin 4(\theta-\theta_\tau) + \frac{1}{4}\frac{2aq}{a^2-q^2}\Delta\omega\cos 4(\theta-\theta_\omega) \tag{8-4}$$

即在虚拟科氏电压的作用下，驻波将产生 $-K\Omega_{vir}$ 的自进动角速度。陀螺自激励与驻波自进动的实现，为全角 HRG 检测、驱动、相位和谐振子的自激误差解耦、标定与补偿提供了条件，但各误差对全角模式下驻波方位角与陀螺输出角速度的影响需要率先明确。

8.3　误差源与误差特性分析

在 HRG 中，由谐振子本体缺陷引起的非等阻尼、非等弹性误差已在各种模式下被广泛研究，并提出了包括修调、控制和补偿在内的多层次全流程解决方案。然而，在对谐振子和测控系统周向对称性要求极高的全角 HRG 中，检测和驱动电极的增益失配、倾角失准、非线性误差、测控系统的相位误差以及 X 和 Y 通道的相位误差不平衡，都是不可忽略的重要误差源，这些误差共同组成了全角 HRG 的测控系统误差。因此，全角 HRG 测控系统中各误差的定性与定量分析，提出行之有效的多误差解耦策略，并依据误差演化模型逐步完成多误差的标定与补偿，是当下全角 HRG 的研究热点，也是全角 HRG 性能提升的关键[5-19]。

在如今已具备高 Q 值(大于 1000 万)和低频差(小于 1mHz)的半球谐振子上，全角 HRG 性能受制于除谐振子非等阻尼和非等弹性误差之外的其他误差源而难以提升，谐振子误差特性将不会在陀螺输出中充分表现。若无法率先完成测控系统误差的标定与补偿，提高全角 HRG 的测控精度和输出表现，使非等阻尼和非等弹性误差特性凸显，那么先前针对此类误差的诸多研究将无意义。

8.3.1　检测电极增益失配与倾角失准

"两件套" HRG 中，装配误差以及半球谐振子与面外电极基板连接部分的老化，将无法避免半球谐振子与面外电极基板对称轴之间倾角误差的存在，如图 8-5 所示，在检测电极 SX 的截面上，该倾角误差为 ε_1，这将导致检测电极间隙不对称，进而导致检测电极增益失配。除此之外，若固定检测电极 SX 方向为谐振子的 0° 方向，则制造出的面外电极基板上，与检测电极 SX 在电极轴坐标系内保持严格正交的检测电极 SY，将由于面外电极基板中心 O 和半球谐振子中心 O' 的偏心误差，在谐振子真实物理坐标系中存在倾角误差 γ，即检测电极 SY 无法准确测量谐振子 45° 方向的振动状态，如图 8-6 所示。

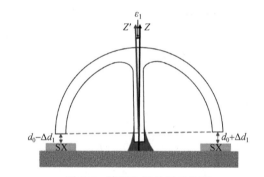

图 8-5　检测电极的增益失配

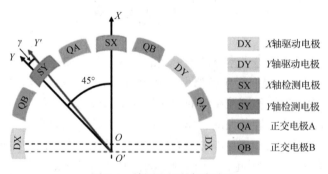

图 8-6　检测电极的倾角失准

综上所述，以谐振子 0° 和 45° 方向建立理想检测电极坐标系，在该坐标系中，检测电极增益失配和倾角失准的等效模型如图 8-7 所示，其中，g_{sx}、g_{sy} 分别为检测电极 SX、SY 的转换增益，定义 G_{sy} 为由装配误差引起的检测电极 SY、

SX 间的相对增益误差，即 $\dfrac{g_{sy}}{g_{sx}} = 1 + G_{sy}$，$\dfrac{g_{sx}}{g_{sy}} = \dfrac{1}{1 + G_{sy}} \approx 1 - G_{sy}$ [16]。

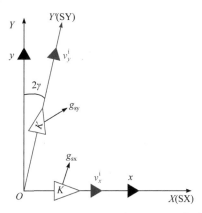

图 8-7　检测电极增益失配和倾角失准的等效模型

由图 8-7 可得，谐振子 0° 和 45° 方向上的真实振动位移 x、y 与检测电极测量到的振动位移放大电压 v_x^i、v_y^i 存在如下关系：

$$\begin{bmatrix} v_x^i \\ v_y^i \end{bmatrix} = K_s \begin{bmatrix} 1 & 0 \\ 0 & G_{sy} \end{bmatrix} \begin{bmatrix} 1 & 0 \\ \sin 2\gamma & \cos 2\gamma \end{bmatrix} \begin{bmatrix} x \\ y \end{bmatrix} = M_s \operatorname{Re}\left[V^i e^{i(\omega_d t + \varphi_d)} \right] \tag{8-5}$$

其中，检测误差矩阵 $M_s \approx \begin{bmatrix} 1 & 0 \\ \sin 2\gamma & 1 + G_{sy} \end{bmatrix}$；振动位移放大电压慢变量 $V^i = \begin{pmatrix} C_x - iS_x \\ C_y - iS_y \end{pmatrix}$。受检测电极增益失配和倾角失准的影响，电子接口电路所获得位移放大电压慢变量 $\hat{C}_x$、$\hat{S}_x$、$\hat{C}_y$、$\hat{S}_y$ 存在估计误差，$\hat{C}_x$、$\hat{S}_x$、$\hat{C}_y$、$\hat{S}_y$ 与其理论值 C_x、S_x、C_y、S_y 存在如下关系：

$$\begin{cases} \hat{C}_x = C_x \\ \hat{S}_x = S_x \\ \hat{C}_y = \sin 2\gamma\, C_x + \left(1 + G_{sy}\right) C_y \\ \hat{S}_y = \sin 2\gamma\, S_x + \left(1 + G_{sy}\right) S_y \end{cases} \tag{8-6}$$

由于 $C_x = a\cos 2\theta$，$S_x = -q\sin 2\theta$，$C_y = a\sin 2\theta$，$S_y = q\cos 2\theta$，在 $a \gg q$ 的前提假设下，忽略误差二阶以上的高阶小量，$\hat{E}$、$\hat{S}$、$\hat{R}$ 的求解可简化为

$$
\begin{cases}
\hat{E} = \hat{C}_x^2 + \hat{C}_y^2 = C_x^2 + \left(1 + G_{sy}\right)C_y^2 + 2\sin 2\gamma C_x C_y \\
\qquad = \left(1 + \sin\gamma\sin 4\theta + G_{sy} - G_{sy}\cos 4\theta\right)a^2 \\
\hat{S} = 2\hat{C}_x\hat{C}_y = 2\left(1 + G_{sy}\right)C_x C_y + 2\sin 2\gamma C_x^2 \\
\qquad = \left(\sin 2\gamma + \sin 2\gamma\cos 4\theta + \left(1 + G_{sy}\right)\sin 4\theta\right)a^2 \\
\hat{R} = \hat{C}_x^2 - \hat{C}_y^2 = C_x^2 - C_y^2 - 2G_{sy}C_y^2 - 2\sin 2\gamma C_x C_y \\
\qquad = \left(-\sin 2\gamma\sin 4\theta - G_{sy} + \left(1 + G_{sy}\right)\cos 4\theta\right)a^2
\end{cases}
\tag{8-7}
$$

在此认为 γ、G_{sy} 是小量，根据式(8-7)进一步求解 $\hat{a}$、$\hat{\theta}$，在 $\gamma \to 0, G_{sy} \to 0$ 处对 $\hat{a}$、$\hat{\theta}$ 的表达式进行泰勒展开，可得

$$
\begin{cases}
\hat{a} = \left[1 + \left(\sin 2\gamma\sin 4\theta + G_{sy} - G_{sy}\cos 4\theta\right)/2\right]a \\
\hat{\theta} = \theta + \left(\sin 2\gamma + \sin 2\gamma\cos 4\theta + G_{sy}\sin 4\theta\right)/4
\end{cases}
\tag{8-8}
$$

定义主波波腹幅值估计误差 $\delta a = \hat{a} - a$，驻波方位角估计误差 $\delta\theta_e = \hat{\theta} - \theta$。则由式(8-8)可以得出如下结论：

(1) 检测电极增益误差 G_{sy} 引起的估计误差 δa、$\delta\theta_e$ 具有 4θ 角度依赖性，其中，由 G_{sy} 产生的 δa 一部分以 4θ 余弦形式随驻波方位角变化，另一部分为与该周期性估计误差等幅的常值估计误差分量；由 G_{sy} 产生的 $\delta\theta_e$ 以 4θ 正弦形式随驻波方位角变化，当驻波位于 $\lambda\pi/4(\lambda \in Z)$ 方位时，G_{sy} 不会影响驻波方位角的输出，而当驻波位于 $\pi/8 + \lambda\pi/4(\lambda \in Z)$ 方位时，由 G_{sy} 产生的驻波方位角估计误差将达到最大值。

(2) 检测电极倾角误差 γ 引起的估计误差 δa、$\delta\theta_e$ 同样具有 4θ 角度依赖性，其中，由 γ 产生的 δa 以 4θ 正弦形式随驻波方位角变化；由 γ 产生的 $\delta\theta_e$ 一部分以 4θ 余弦形式随驻波方位角变化，另一部分为与该周期性估计误差等幅的常值估计误差分量，当驻波位于 $\pi/4 + \lambda\pi/2(\lambda \in Z)$ 方位时，γ 不会影响驻波方位角的输出，而当驻波位于 $\lambda\pi/2(\lambda \in Z)$ 方位时，由 γ 产生的驻波方位角估计误差将达到最大值。

8.3.2　驱动电极增益失配与倾角失准

在完成检测误差的标定与补偿后，驻波信息能够被高精度提取。以谐振子 $0°$ 和 $45°$ 方向建立理想检测电极坐标系，则驱动电极与理想检测电极的位置关系如图 8-8 所示。由于半球谐振子中心 O' 相对于面外电极基板中心 O 存在偏心误

差，在谐振子真实物理坐标系中，驱动电极 DX 和 DY 相对于谐振子 0°和 45°分别存在倾角误差 α 和 β。驱动电极增益误差产生原因与检测电极相同，如图 8-9 所示，装配误差以及半球谐振子与面外电极基板连接部分的老化，将无法避免半球谐振子与面外电极基板对称轴之间倾角误差的存在，在驱动电极 DX 截面上，该倾角误差为 ε_2。半球谐振子对称轴相对于面外电极基板对称轴的偏移，将不同程度地改变各方向上谐振子唇沿与面外电极基板的间距，必然会影响驱动电极间隙的均匀性，进而导致驱动电极增益失配。

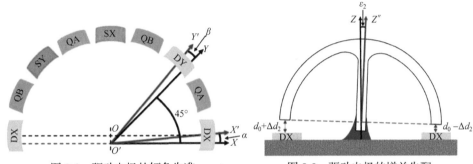

图 8-8　驱动电极的倾角失准　　　　　图 8-9　驱动电极的增益失配

更直观地讲，在以谐振子 0°和 45°方向建立的理想检测电极坐标系中，驱动电极增益失配和倾角失准的等效模型如图 8-10 所示，其中，g_{dx}、g_{dy} 分别为驱动电极 DX 和 DY 的增益，定义 G_{dy} 为由装配误差引起的驱动电极 DY、DX 间的相对增益误差，即 $\dfrac{g_{dy}}{g_{dx}} = 1 + G_{dy}$，$\dfrac{g_{dx}}{g_{dy}} = \dfrac{1}{1 + G_{dy}} \approx 1 - G_{dy}$ [17]。

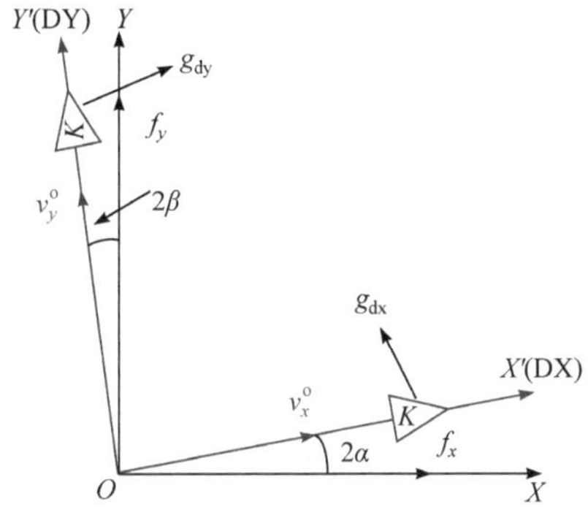

图 8-10　驱动电极增益和倾角失准的等效模型

由图 8-10 可得，控制电路输出电压 v_x^o、v_y^o 与等效施加在谐振子 0°和 45°方向上的控制力 f_x、f_y 存在如下关系：

$$\begin{bmatrix} f_x \\ f_y \end{bmatrix} = \begin{bmatrix} \cos 2\alpha & -\sin 2\beta \\ \sin 2\alpha & \cos 2\beta \end{bmatrix} \begin{bmatrix} 1 & 0 \\ 0 & 1 + G_{dy} \end{bmatrix} \begin{bmatrix} v_x^o \\ v_y^o \end{bmatrix} / K_d = M_d \operatorname{Re}\left[V^o e^{i(\omega_d t + \varphi_d)} \right] / K_d \quad (8\text{-}9)$$

其中，驱动误差矩阵 $M_d \approx \begin{bmatrix} 1 & -\sin 2\beta \\ \sin 2\alpha & 1 + G_{dy} \end{bmatrix}$；控制电路输出电压慢变量

$V^o = \begin{pmatrix} V_{xc} + i V_{xs} \\ V_{yc} + i V_{ys} \end{pmatrix}$。在全角模式下，定义等效施加在驻波驱动和检测模态上的

控制电压慢变量 V_a、V_q，其中 $V_a = V_{ac} + \mathrm{i}V_{as}$，$V_q = V_{qc} + \mathrm{i}V_{qs}$。因此，$V_{as}$、$V_{ac}$、$V_{qs}$、$V_{qc}$ 与控制电路生成的 $\hat{V}_{as}$、$\hat{V}_{qc}$(全角模式下)或 $\hat{V}_{as}$、$\hat{V}_{qc}$、$\hat{V}_{\theta}$(陀螺自激励与驻波自进动状态下)存在如下关系：

$$\begin{pmatrix} V_{ac} & V_{as} \\ V_{qc} & V_{qs} \end{pmatrix} = \underbrace{\begin{pmatrix} \cos 2\theta & \sin 2\theta \\ -\sin 2\theta & \cos 2\theta \end{pmatrix} M_{\mathrm{d}} \begin{pmatrix} \cos 2\theta & -\sin 2\theta \\ \sin 2\theta & \cos 2\theta \end{pmatrix}}_{K} \begin{pmatrix} 0 & \hat{V}_{as} \\ \hat{V}_{qc} & \hat{V}_{\theta} \end{pmatrix} \tag{8-10}$$

其中，转换矩阵 K 中各元素可进一步表示为

$$\begin{cases} k_{11} = 1 + \dfrac{1}{2}\Big[2\sin(\alpha-\beta)\sin 4\theta - G_{\mathrm{dy}}\cos 4\theta + G_{\mathrm{dy}} \Big] \\[2mm] k_{12} = \dfrac{1}{2}\Big[-2\sin(\alpha-\beta)\cos 4\theta - 2\sin(\alpha+\beta) + G_{\mathrm{dy}}\sin 4\theta \Big] \\[2mm] k_{21} = \dfrac{1}{2}\Big[2\sin(\alpha-\beta)\cos 4\theta + 2\sin(\alpha+\beta) + G_{\mathrm{dy}}\sin 4\theta \Big] \\[2mm] k_{22} = 1 + \dfrac{1}{2}\Big[-2\sin(\alpha-\beta)\sin 4\theta + G_{\mathrm{dy}}\cos 4\theta + G_{\mathrm{dy}} \Big] \end{cases} \tag{8-11}$$

在全角模式下，控制电路输出电压慢变量 $\hat{V}_{as}$、$\hat{V}_{qc}$ 用于维持驻波驱动模态的振动状态并抑制其检测模态的不良振动。然而，由于驱动误差的存在，等效施加在驻波驱动和检测模态上的控制电压慢变量均由与振动信号实时相位同相和正交两部分组成，即

$$\begin{cases} V_{ac} = k_{12}\hat{V}_{qc} \\ V_{as} = k_{11}\hat{V}_{as} \\ V_{qc} = k_{22}\hat{V}_{qc} \\ V_{qs} = k_{21}\hat{V}_{as} \end{cases} \tag{8-12}$$

在使用控制电压保持全角 HRG 正常工作状态的目标下，V_{as}、V_{qc} 将保持稳定，而结合式(8-11)和式(8-12)，$\hat{V}_{as}$、$\hat{V}_{qc}$ 将依赖于驻波方位角。此外，耦合产生的检测模态正交电压慢变量 V_{qs} 将引起驻波的不良漂移，根据表达式 $V_{qs} = k_{21}\hat{V}_{as} = \dfrac{k_{21}}{k_{11}}V_{as} \approx \dfrac{k_{21}}{k_{11}}\dfrac{1}{\tau}2a\omega_{\mathrm{d}}/K_{\mathrm{ds}}$ 可得耦合产生的与驻波方位角相关的额外角速度漂移误差 $\Omega_{\mathrm{e}}^{\mathrm{d}}(0)$，可表示为

$$\Omega_{\mathrm{e}}^{\mathrm{d}}(0) = \frac{k_{21}}{k_{11}} \cdot \frac{K_{\mathrm{ds}}V_{as}}{4a\omega_{\mathrm{d}}/(-K)} \approx \frac{k_{21}}{k_{11}} \cdot \frac{1}{-4K} \cdot \frac{2}{\tau} \tag{8-13}$$

其中，$\dfrac{k_{21}}{k_{11}}$ 可被进一步表示为

$$\frac{k_{21}}{k_{11}}=\frac{1}{2}\Big[\sin 2\alpha\left(1+\cos 4\theta\right)+\sin 2\beta\left(1-\cos 4\theta\right)+G_{dy}\sin 4\theta\Big] \tag{8-14}$$

然而，由于高 Q 值半球谐振子的平均振荡衰减时间常数 τ 很大，根据式(8-13)可得，在全角模式下，由驱动误差引起的额外角速度漂移误差处于一个较小量级。全角 HRG 具有成为主动式陀螺的潜力，能够完成陀螺自激励和驻波自进动，当施加 Ω_{vir} 的虚拟角速度激励时，驱动误差对虚拟旋转角速度精度的影响将随着 Ω_{vir} 的增大而增大。当自激励模块产生形如 $\hat{V}_\theta=-4K\Omega_{vir}a\omega_d/K_{ds}$ 的虚拟科氏电压时，与式(8-12)相比，等效作用在驻波驱动和检测模态上的控制电压慢变量将变化为

$$\begin{cases} V_{ac}=k_{12}\hat{V}_{qc}\\ V_{as}=k_{11}\hat{V}_{as}+k_{12}\hat{V}_\theta\\ V_{qc}=k_{22}\hat{V}_{qc}\\ V_{qs}=k_{21}\hat{V}_{as}+k_{22}\hat{V}_\theta\approx k_{22}\hat{V}_\theta \end{cases} \tag{8-15}$$

当施加恒定幅值的虚拟科氏电压时，V_{as}、V_{qs} 将变得依赖于驻波方位角。根据表达式 $V_{qs}=k_{22}\hat{V}_\theta$，受 k_{22} 的影响，驱动误差的可观测性将被虚拟科氏电压充分激发，导致陀螺输出角速度中包含显著的额外角速度漂移误差，进而式(8-13)在陀螺自激励与驻波自进动状态下将变化为

$$\Omega_e^d=\frac{K_{ds}V_{qs}}{4a\omega_d/(-K)}\approx\frac{K_{ds}k_{22}\hat{V}_\theta}{4a\omega_d/(-K)}=\frac{k_{22}\left(-4K\Omega_{vir}\right)a\omega_d}{4a\omega_d/(-K)}=k_{22}\Omega_{vir} \tag{8-16}$$

显然，$k_{22}=1+\frac{1}{2}\Big[-2\sin(\alpha-\beta)\sin 4\theta+G_{dy}\cos 4\theta+G_{dy}\Big]$ 决定了该状态下由驱动误差引起的角速度漂移误差特性。根据式(8-13)和式(8-16)可以得出如下结论：

(1) 在陀螺自激励与驻波自进动状态下，驱动电极增益误差 G_{dy} 引起的角速度漂移误差 Ω_e^d 具有 4θ 角度依赖性，其中，由 G_{dy} 产生的 Ω_e^d 一部分以 4θ 余弦形式随驻波方位角变化，另一部分为与该周期性漂移误差等幅的常值漂移误差分量，且随着虚拟旋转角速度的增大，由 G_{dy} 产生的 Ω_e^d 将被不断放大。

(2) 在全角模式下，驱动电极增益误差 G_{dy} 引起的角速度漂移误差 Ω_e^d 同样具有 4θ 角度依赖性，由 G_{dy} 产生的 Ω_e^d 以 4θ 正弦形式随驻波方位角变化，但由 G_{dy} 产生的 Ω_e^d 不会随着外界激励角速度 Ω 的增大而被放大。

(3) 在陀螺自激励与驻波自进动状态下，驱动电极倾角误差 α、β 引起的角速度漂移误差 Ω_e^d 具有 4θ 角度依赖性，由 $\alpha-\beta$ 产生的 Ω_e^d 以 4θ 余弦形式随驻波

方位角变化，且随着虚拟旋转角速度的增大，由 $\alpha - \beta$ 产生的 Ω^{d} 被不断放大。

(4) 在全角模式下，驱动电极倾角误差 α、β 引起的角速度漂移误差 Ω^{d} 同样具有 4θ 角度依赖性，由 α 产生的 Ω^{d} 一部分以 4θ 余弦形式随驻波方位角变化，另一部分为与该周期性漂移误差等幅的常值漂移误差分量；由 β 产生的 Ω^{d} 一部分以 4θ 余弦形式随驻波方位角变化，另一部分为与该周期性漂移误差等幅的常值漂移误差分量，但由 α、β 产生的 Ω^{d} 不会随着外界激励角速度 Ω 的增大而被放大。

(5) 在静态测漂状态下，全角 HRG 的零偏误差(零速率输出)包含由驱动误差产生的额外角速度漂移误差，在该成分中，当驻波位于 $\lambda\pi/4(\lambda\in Z)$ 方位时，G_{dy} 不会影响陀螺的零速率输出，而当驻波位于 $\pi/8+\lambda\pi/4(\lambda\in Z)$ 方位时，由 G_{dy} 产生的全角 HRG 零偏误差将达到最大值；当驻波位于 $\pi/4+\lambda\pi/2(\lambda\in Z)$ 方位时，α 不会影响陀螺的零速率输出，而当驻波位于 $\lambda\pi/2(\lambda\in Z)$ 方位时，由 α 产生的全角 HRG 零偏误差将达到最大值；当驻波位于 $\lambda\pi/2(\lambda\in Z)$ 方位时，β 不会影响陀螺的零速率输出，而当驻波位于 $\pi/4+\lambda\pi/2(\lambda\in Z)$ 方位时，由 β 产生的全角 HRG 零偏误差将达到最大值。

8.3.3　电容检测与静电驱动非线性

电容检测和静电驱动的原理在第 5 章已详细介绍。本质上，电容式 HRG 的检测和驱动都是非线性的，振动位移向放大电压的转换以及控制电压向控制力的转换均可被表示为振动位移的非线性函数。根据式(5-4)可得，受电容检测非线性的影响，电子接口电路所获得位移放大电压慢变量 $\hat{C}_x$、$\hat{S}_x$、$\hat{C}_y$、$\hat{S}_y$ 存在估计增益误差，$\hat{C}_x$、$\hat{S}_x$、$\hat{C}_y$、$\hat{S}_y$ 与其理论值 C_x、S_x、C_y、S_y 存在如下关系：

$$\begin{pmatrix} \hat{C}_x & \hat{S}_x \\ \hat{C}_y & \hat{S}_y \end{pmatrix} = \begin{pmatrix} 1+\eta\cos^2 2\theta & 0 \\ 0 & 1+\eta\sin^2 2\theta \end{pmatrix} \begin{pmatrix} C_x & S_x \\ C_y & S_y \end{pmatrix} \tag{8-17}$$

其中，定义检测电极非线性误差系数 $\eta = \dfrac{3a_0^2}{4d_0^2}$。

根据式(5-10)可得，受静电驱动非线性的影响，等效施加在驻波驱动和检测模态上的控制电压慢变量 V_{as}、V_{ac}、V_{qs}、V_{qc} 与控制电路生成的 $\hat{V}_{as}$、$\hat{V}_{qc}$ (全角模式下)或 $\hat{V}_{as}$、$\hat{V}_{qc}$、$\hat{V}_{\theta}$ (陀螺自激励与驻波自进动状态下)存在如下关系：

$$\begin{pmatrix} V_{ac} & V_{as} \\ V_{qc} & V_{qs} \end{pmatrix} = \begin{pmatrix} 1+\zeta\cos^2 2\theta & 0 \\ 0 & 1+\zeta\sin^2 2\theta \end{pmatrix} \begin{pmatrix} 0 & \hat{V}_{as} \\ \hat{V}_{qc} & \hat{V}_{\theta} \end{pmatrix} \tag{8-18}$$

其中，定义驱动电极非线性误差系数 $\zeta = \dfrac{3a_0^2}{2d_0^2}$。

因此，当同时考虑检测电极增益、倾角、非线性误差的影响时，检测误差矩阵 M_s 将被进一步扩展为[18]

$$M_s = \begin{bmatrix} 1+\eta\cos^2 2\theta & 0 \\ \sin 2\gamma & 1+G_{sy}+\eta\sin^2 2\theta \end{bmatrix} \tag{8-19}$$

式(8-6)将被进一步扩展为

$$\begin{cases} \hat{C}_x = \left(1+\eta\cos^2 2\theta\right)C_x \\ \hat{S}_x = \left(1+\eta\cos^2 2\theta\right)S_x \\ \hat{C}_y = \sin 2\gamma C_x + \left(1+G_{sy}+\eta\sin^2 2\theta\right)C_y \\ \hat{S}_y = \sin 2\gamma S_x + \left(1+G_{sy}+\eta\sin^2 2\theta\right)S_y \end{cases} \tag{8-20}$$

$\hat{E}$、$\hat{S}$、$\hat{R}$ 的表达式将由式(8-7)扩展为

$$\begin{cases} \hat{E} = \hat{C}_x^2 + \hat{C}_y^2 = (1+\eta)\left(C_x^2+C_y^2\right) + 2\sin 2\gamma C_x C_y + 2G_{sy}C_y^2 + \eta\cos 4\theta\left(C_x^2-C_y^2\right) \\ \quad = \left[1+\dfrac{1}{2}\left(2\sin 2\gamma\sin 4\theta + 2G_{sy} - 2G_{sy}\cos 4\theta + 3\eta + \eta\cos 8\theta\right)\right]a^2 \\ \hat{S} = 2\hat{C}_x\hat{C}_y = 2\left(1+G_{sy}+\eta\right)C_x C_y + 2\sin 2\gamma C_x^2 \\ \quad = \left[\left(1+G_{sy}+\eta\right)\sin 4\theta + \sin 2\gamma + \sin 2\gamma\cos 4\theta\right]a^2 \\ \hat{R} = \hat{C}_x^2 - \hat{C}_y^2 = (1+\eta)\left(C_x^2-C_y^2\right) - 2G_{sy}C_y^2 - 2\sin 2\gamma C_x C_y + \eta\cos 4\theta\left(C_x^2+C_y^2\right) \\ \quad = \left[\left(1+G_{sy}+2\eta\right)\cos 4\theta - G_{sy} - \sin 2\gamma\sin 4\theta\right]a^2 \end{cases} \tag{8-21}$$

在此认为 γ、G_{sy}、η 是小量，根据式(8-21)进一步求解 $\hat{a}$、$\hat{\theta}$，在 $\gamma\to 0$，$G_{sy}\to 0$, $\eta\to 0$ 处对 $\hat{a}$、$\hat{\theta}$ 的表达式进行泰勒展开，可得

$$\begin{cases} \hat{a} = \left[1+\left(16\sin 2\gamma\sin 4\theta + 16G_{sy} - 16G_{sy}\cos 4\theta + 24\eta + 8\eta\cos 8\theta\right)/32\right]a \\ \hat{\theta} = \theta + \left(2\sin 2\gamma + 2\sin 2\gamma\cos 4\theta + 2G_{sy}\sin 4\theta - \eta\sin 8\theta\right)/8 \end{cases} \tag{8-22}$$

当同时考虑检测电极的增益、倾角、非线性误差时，根据式(8-22)可得，电容检测非线性系数 η 对驻波波腹幅值估计误差 δa 和驻波方位角估计误差 $\delta\theta_e$ 的影响有如下结论(扩展为检测误差对全角 HRG 影响分析的结论(3))：

(3) 检测电极非线性误差 η 引起的估计误差 δa、$\delta\theta_e$ 具有 8θ 角度依赖性，其

中，由 η 产生的 δa 一部分以 8θ 余弦形式随驻波方位角变化，另一部分为与该周期性估计误差幅值比为 $3:1$ 的常值估计误差分量；由 η 产生的 $\delta\theta_{\mathrm{e}}$ 以 8θ 正弦形式随驻波方位角变化，当驻波位于 $\lambda\pi/8(\lambda\in Z)$ 方位时，η 不会影响驻波方位角的输出，而当驻波位于 $\pi/16+\lambda\pi/8(\lambda\in Z)$ 方位时，由 η 产生的驻波方位角估计误差将达到最大值。

在完成检测电极增益、倾角和非线性误差标定与补偿的前提下，同时考虑驱动电极增益、倾角和非线性误差的影响，此时驱动误差矩阵 M_{d} 将被进一步扩展为

$$M_{\mathrm{d}} = \begin{bmatrix} 1+\zeta\cos^2 2\theta & -\sin 2\beta \\ \sin 2\alpha & 1+G_{\mathrm{dy}}+\zeta\sin^2 2\theta \end{bmatrix} \tag{8-23}$$

转换矩阵 K 中各元素将由式(8-11)被进一步扩展为

$$\begin{cases} k_{11}=1+\dfrac{1}{4}\Big[4\sin(\alpha-\beta)\sin 4\theta-2G_{\mathrm{dy}}\cos 4\theta+2G_{\mathrm{dy}}+\zeta\cos 8\theta+3\zeta\Big] \\[2mm] k_{12}=\dfrac{1}{4}\Big[-4\sin(\alpha-\beta)\cos 4\theta-4\sin(\alpha+\beta)+2G_{\mathrm{dy}}\sin 4\theta-\zeta\sin 8\theta\Big] \\[2mm] k_{21}=\dfrac{1}{4}\Big[4\sin(\alpha-\beta)\cos 4\theta+4\sin(\alpha+\beta)+2G_{\mathrm{dy}}\sin 4\theta-\zeta\sin 8\theta\Big] \\[2mm] k_{22}=1+\dfrac{1}{4}\Big[-4\sin(\alpha-\beta)\sin 4\theta+2G_{\mathrm{dy}}\cos 4\theta+2G_{\mathrm{dy}}-\zeta\cos 8\theta+\zeta\Big] \end{cases} \tag{8-24}$$

进而有

$$\frac{k_{21}}{k_{11}}=\frac{1}{4}\Big[2\sin 2\alpha(1+\cos 4\theta)+2\sin 2\beta(1-\cos 4\theta)+2G_{\mathrm{dy}}\sin 4\theta-\zeta\sin 8\theta\Big] \tag{8-25}$$

因此，根据式(8-24)和式(8-25)可得，静电驱动非线性系数 ζ 引起的额外角速度漂移误差 $\Omega_{\mathrm{e}}^{\mathrm{d}}$ 有如下特性和结论(扩展为驱动误差对全角 HRG 影响分析的结论(6)～(8))：

(6) 在陀螺自激励与驻波自进动状态下，驱动电极非线性误差 ζ 引起的角速度漂移误差 $\Omega_{\mathrm{e}}^{\mathrm{d}}$ 具有 8θ 角度依赖性，其中，由 ζ 产生的 $\Omega_{\mathrm{e}}^{\mathrm{d}}$ 一部分以 8θ 余弦形式随驻波方位角变化，另一部分为与该周期性漂移误差等幅的常值漂移误差分量，且随着虚拟旋转角速度的增大，由 ζ 产生的 $\Omega_{\mathrm{e}}^{\mathrm{d}}$ 将被不断放大。

(7) 在全角模式下，驱动电极非线性误差 ζ 引起的角速度漂移误差 $\Omega_{\mathrm{e}}^{\mathrm{d}}$ 同样具有 8θ 角度依赖性，由 ζ 产生的 $\Omega_{\mathrm{e}}^{\mathrm{d}}$ 以 8θ 正弦形式随驻波方位角变化，但由 ζ 产生的 $\Omega_{\mathrm{e}}^{\mathrm{d}}$ 不会随着外界激励角速度 Ω 的增大而被放大。

(8) 在静态测漂状态下，全角 HRG 的零偏误差(零速率输出)包含由驱动误差

产生的额外角速度漂移误差，在该成分中，当驻波位于 $\lambda\pi/8(\lambda\in Z)$ 方位时，ζ 不会影响陀螺的零速率输出，而当驻波位于 $\pi/16+\lambda\pi/8(\lambda\in Z)$ 方位时，由 ζ 产生的全角 HRG 零偏误差将达到最大值。

综上所述，检测和驱动电极的增益、倾角和非线性误差严重影响着全角 HRG 的动态和静态性能。在全角模式下，检测误差将产生驻波方位角以及陀螺输出角速度估计误差，此估计误差具有角度依赖性，且此误差与半球谐振子特性无关，其中，陀螺输出角速度估计误差会随着外界激励角速度的增大而被放大；驻波方位角估计误差则与激励角速度无关，只与检测误差相关，是检测误差的有效量测，由检测误差产生驻波方位角估计误差表达式(8-22)是检测误差标定与补偿的关键。

然而，在全角模式下，当半球谐振子具有高 Q 值特性时，驱动误差产生的驻波方位角以及陀螺输出角速度漂移误差可观测性不足。但当陀螺自激励与驻波自进动时，驱动误差严重影响虚拟旋转角速度的输出精度，在此状态下，驱动误差产生的陀螺输出角速度漂移误差被充分凸显，此漂移误差同样具有角度依赖性，且此误差与半球谐振子特性无关，陀螺输出角速度漂移误差会随着虚拟旋转角速度的增大而被放大，是驱动误差的有效量测，但当虚拟旋转角速度未知时，利用陀螺输出角速度漂移误差的驱动误差标定与补偿效果不佳。因此，由驱动误差产生的驻波方位角漂移误差的显性表达式需要被得出，该工作将在本书的第 9 章中进行。

8.3.4　测控系统相位误差

相位延迟存在于测控系统的多个模块中，定义检测、驱动和解调滤波模块的相位延迟分别为 $\Delta\phi_s$、$\Delta\phi_d$、$\Delta\phi_e$，谐振子相移为 $\delta\phi$，测控系统相位误差 $\Delta\delta=\Delta\phi_s+\Delta\phi_d+\Delta\phi_e$。按照全角 HRG 中的信号流向进行分析，如图 8-11 所示，频相跟踪回路产生的电压调制信号相位为 $\omega_d t+\varphi_d$；经过驱动电压调制模块后，控制电路输出电压信号相位为 $\omega_d t+\varphi_d+\dfrac{\pi}{2}$ (特征信号点 A)；经过静电驱动电极后，控制力信号相位为 $\omega_d t+\varphi_d+\dfrac{\pi}{2}+\Delta\phi_d$ (特征信号点 B)；在谐振子上由控制力产生的振动位移信号相位为 $\omega_d t+\varphi_d+\dfrac{\pi}{2}+\Delta\phi_d+\delta\phi$ (特征信号点 C)；经过电容检测电极后，振动位移放大信号相位为 $\omega_d t+\varphi_d+\dfrac{\pi}{2}+\Delta\phi_d+\delta\phi+\Delta\phi_s$ (特征信号点 D)；最终在解调滤波模块内，振动位移放大信号与参考信号乘法解调，可得两者相位差为 $\delta=-\dfrac{\pi}{2}-\Delta\phi_d-\delta\phi-\Delta\phi_s-\Delta\phi_e$ (特征信号点 E)。

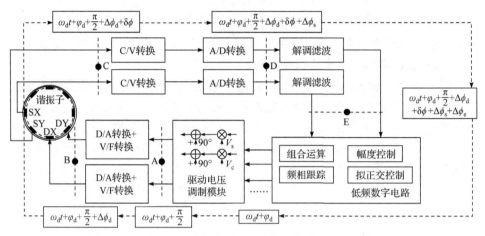

图 8-11　全角 HRG 中的信号流向和特征信号点实时相位情况

δ 作为频相跟踪回路的控制判断量，当锁相环目标值为 0 时，谐振子相移可表示为

$$\delta\phi = -\frac{\pi}{2} - \Delta\delta \qquad (8\text{-}26)$$

由于 $\Delta\delta < 0$，$\delta\phi > -\frac{\pi}{2}$，谐振子将处于非谐振状态。此时，需要考虑测控系统相位误差对各模式下慢变量控制的影响。在全角模式下，不考虑 X 和 Y 通道相位误差不平衡的影响，有 $\phi_x = \phi_y = \omega_\mathrm{d} t + \varphi_\mathrm{d} + \frac{\pi}{2} + \Delta\phi_\mathrm{d} + \delta\phi$，$\phi'_x = \phi'_y = \omega_\mathrm{d} t + \varphi_\mathrm{d} + \Delta\phi_\mathrm{d}$，进而有

$$\Delta\phi_x = \Delta\phi_y = -\frac{\pi}{2} - \delta\phi = \Delta\delta \neq 0 \qquad (8\text{-}27)$$

重新定义振动位移 $z = \begin{pmatrix} x \\ y \end{pmatrix} = \mathrm{Re}\left[V^{\mathrm{i}}(t)\mathrm{e}^{\mathrm{i}\left(\omega_\mathrm{d} t + \varphi_\mathrm{d}(t) + \frac{\pi}{2} + \Delta\phi_\mathrm{d} + \delta\phi\right)} \right] \Big/ K_\mathrm{s}$，控制力 $f = \begin{pmatrix} f_x \\ f_y \end{pmatrix} = \mathrm{Re}\left[V^{\mathrm{o}}(t)\mathrm{e}^{\mathrm{i}(\omega_\mathrm{d} t + \varphi_\mathrm{d}(t) + \Delta\phi_\mathrm{d})} \right] K_\mathrm{d}$，利用 Lynch 平均法可将全角模式下的慢变量方程由式(5-58)重构为

$$\dot{V}^{\mathrm{i}}(t) + \Gamma V^{\mathrm{i}}(t) = -\frac{\mathrm{i}}{2\omega_\mathrm{d}} \mathrm{e}^{\mathrm{i}\Delta\delta} K_\mathrm{ds} V^{\mathrm{o}}(t) \qquad (8\text{-}28)$$

将 $p(t)$、$\dot{p}(t)$ 代入式(8-28)，并在方程两边同时左乘 $\mathrm{e}^{\mathrm{i}\delta}\mathrm{e}^{\mathrm{i}\sigma_2 2\theta}$ 可得

$$\dot{X}_0 - \mathrm{i}\sigma_2 2\dot{\theta}X_0 - \mathrm{i}\dot{\delta}X_0 + \mathrm{e}^{\mathrm{i}\sigma_2 2\theta}\Gamma\mathrm{e}^{-\mathrm{i}\sigma_2 2\theta} = -\frac{\mathrm{i}}{2\omega_\mathrm{d}}\mathrm{e}^{\mathrm{i}\delta}\mathrm{e}^{\mathrm{i}\sigma_2 2\theta}\mathrm{e}^{\mathrm{i}\Delta\delta}K_\mathrm{ds}V^{\mathrm{o}}(t) \qquad (8\text{-}29)$$

其中，$e^{i\sigma_2 2\theta}\Gamma e^{-i\sigma_2 2\theta}=2K\Omega(-i\sigma_2)+\dfrac{1}{\tau}+\dfrac{1}{2}\Delta\left(\dfrac{1}{\tau}\right)\sigma_3 e^{-i\sigma_2 4(\theta-\theta_\tau)}+i\dot\varphi_d+\dfrac{1}{2}\Delta\omega\sigma_3\cdot$

$e^{-i\sigma_2 4(\theta-\theta_\omega)}$，$\dot\delta=\dot\varphi_d-\dot\varphi$，$X_0=\begin{pmatrix}a\\-iq\end{pmatrix}$。当锁相环目标值为 0 时，$\delta=0$，

$e^{i\delta}=1$。式(8-29)可进一步化简为

$$\begin{pmatrix}\dot a+i2\dot\theta q+i2K\Omega q+\left[\dfrac{1}{\tau}+\dfrac{1}{2}\Delta\left(\dfrac{1}{\tau}\right)\cos 4(\theta-\theta_\tau)\right]a+\dfrac{i}{2}\Delta\left(\dfrac{1}{\tau}\right)\sin 4(\theta-\theta_\tau)q\\[2mm]-i\dot q+2\dot\theta a+2K\Omega a-i\left[\dfrac{1}{\tau}-\dfrac{1}{2}\Delta\left(\dfrac{1}{\tau}\right)\cos 4(\theta-\theta_\omega)\right]q-\dfrac{1}{2}\Delta\left(\dfrac{1}{\tau}\right)\sin 4(\theta-\theta_\tau)a\end{pmatrix}$$

$$+\begin{pmatrix}i\dot\varphi a+\dfrac{i}{2}\Delta\omega\cos 4(\theta-\theta_\omega)a-\dfrac{1}{2}\Delta\omega\sin 4(\theta-\theta_\omega)q\\[2mm]\dot\varphi q-\dfrac{i}{2}\Delta\omega\sin 4(\theta-\theta_\omega)a-\dfrac{1}{2}\Delta\omega\cos 4(\theta-\theta_\omega)q\end{pmatrix}$$

$$=-\dfrac{i}{2\omega_d}K_{ds}(\cos\Delta\delta+i\sin\Delta\delta)\begin{pmatrix}\hat V_\delta+i\hat V_{as}\\[1mm]\hat V_{qc}+i\hat V_\theta\end{pmatrix}\tag{8-30}$$

在全角模式下，$\hat V_{as}$、$\hat V_{qc}$ 分别为控制电路生成的幅度控制电压和拟正交控制电压，$\hat V_\delta=0$，$\hat V_\theta$ 可充当虚拟科氏电压使用以执行自激励操作。在此先设置 $\hat V_\theta=0$，则全角模式下 $\dot a$、$\dot q$、$\dot\theta$ 受测控系统相位误差的影响可由式(8-30)表示为[19]

$$\dot a=-\left[\dfrac{1}{\tau}+\dfrac{1}{2}\Delta\left(\dfrac{1}{\tau}\right)\cos 4(\theta-\theta_\tau)\right]a+\dfrac{1}{2}\Delta\omega\sin 4(\theta-\theta_\omega)q+\dfrac{K_{ds}\hat V_{as}\cos\Delta\delta}{2\omega_d}\tag{8-31}$$

$$\dot q=-\left[\dfrac{1}{\tau}-\dfrac{1}{2}\Delta\left(\dfrac{1}{\tau}\right)\cos 4(\theta-\theta_\tau)\right]q-\dfrac{1}{2}\Delta\omega\sin 4(\theta-\theta_\omega)a+\dfrac{K_{ds}\hat V_{qc}\cos\Delta\delta}{2\omega_d}\tag{8-32}$$

$$\dot\theta=-K\Omega+\dfrac{1}{4}\dfrac{a^2+q^2}{a^2-q^2}\Delta\left(\dfrac{1}{\tau}\right)\sin 4(\theta-\theta_\tau)+\dfrac{1}{4}\dfrac{2aq}{a^2-q^2}\Delta\omega\cos 4(\theta-\theta_\omega)$$

$$+\dfrac{1}{2}\dfrac{a^2}{a^2-q^2}\dfrac{K_{ds}\hat V_{qc}\sin\Delta\delta}{2a\omega_d}+\dfrac{1}{2}\dfrac{aq}{a^2-q^2}\dfrac{K_{ds}\hat V_{as}\sin\Delta\delta}{2a\omega_d}\tag{8-33}$$

当检测电极的增益、倾角和非线性误差被率先标定与补偿后，a 不存在估计误差。此时，测控系统相位误差影响下，根据式(8-31)和式(8-32)，控制电压 $\hat V_{as}$、$\hat V_{qc}$ 将稳定于

$$\begin{cases}\hat V_{as}=\left[\dfrac{2}{\tau}+\Delta\left(\dfrac{1}{\tau}\right)\cos 4(\theta-\theta_\tau)\right]\dfrac{a\omega_d}{K_{ds}\cos\Delta\delta}\\[4mm]\hat V_{qc}=\Delta\omega\sin 4(\theta-\theta_\omega)\dfrac{a\omega_d}{K_{ds}\cos\Delta\delta}\end{cases}\tag{8-34}$$

而驻波方位角受测控系统相位误差的影响可进一步表示为

$$\dot{\theta} = -K\Omega + \frac{1}{4}\frac{a^2+q^2}{a^2-q^2}\Delta\left(\frac{1}{\tau}\right)\sin 4(\theta-\theta_\tau) + \frac{1}{4}\frac{2aq}{a^2-q^2}\Delta\omega\cos 4(\theta-\theta_\omega)$$

$$+ \frac{a^2}{a^2-q^2}\frac{\Delta\omega\sin 4(\theta-\theta_\omega)\tan\Delta\delta}{4} + \frac{aq}{a^2-q^2}\frac{\left[\frac{2}{\tau}+\Delta\left(\frac{1}{\tau}\right)\cos 4(\theta-\theta_\tau)\right]\tan\Delta\delta}{4}$$

$$\approx -K\Omega + \frac{1}{4}\Delta\left(\frac{1}{\tau}\right)\sin 4(\theta-\theta_\tau) + \frac{1}{4}\Delta\omega\sin 4(\theta-\theta_\omega)\tan\Delta\delta \tag{8-35}$$

由式(8-35)可以明显看出，在全角模式下，测控系统相位误差将主要给驻波方位角带来形如 $\frac{1}{4}\Delta\omega\sin 4(\theta-\theta_\omega)\tan\Delta\delta$ 的漂移速度误差，该误差与谐振子的非等弹性误差幅值和主轴偏角密切相关。

此外，驱动误差与测控系统相位误差的耦合关系需要被分析，其中，驱动误差将引起驱动和检测模态间控制电压的耦合，测控系统相位误差将引起驱动和检测模态内控制电压的耦合，两者共同影响着控制电压的施加效果。在全角模式下，等效施加在驻波驱动和检测模态上的控制电压 V_{as}、V_{ac}、V_{qs}、V_{qc} 与控制回路生成的控制电压 $\hat{V}_{as}$、$\hat{V}_{qc}$ 关系如下：

$$\begin{bmatrix} V_{as} & V_{ac} \\ V_{qs} & V_{qc} \end{bmatrix} = \begin{bmatrix} k_{11} & k_{12} \\ k_{21} & k_{22} \end{bmatrix}\begin{bmatrix} \hat{V}_{as}\cos\Delta\delta & \hat{V}_{as}\sin\Delta\delta \\ \hat{V}_{qc}\sin\Delta\delta & \hat{V}_{qc}\cos\Delta\delta \end{bmatrix}$$

$$\approx \begin{bmatrix} k_{11}\hat{V}_{as}\cos\Delta\delta & k_{11}\hat{V}_{as}\sin\Delta\delta + k_{12}\hat{V}_{qc}\cos\Delta\delta \\ k_{21}\hat{V}_{as}\cos\Delta\delta + k_{22}\hat{V}_{qc}\sin\Delta\delta & k_{22}\hat{V}_{qc}\cos\Delta\delta \end{bmatrix} \tag{8-36}$$

其中，k_{11}、k_{12}、k_{21}、k_{22} 由式(8-24)决定，忽略误差的二阶小量。在同时考虑驱动和相位误差的耦合影响时，式(8-34)将进一步表示为

$$\begin{cases} \hat{V}_{as} = \left[\frac{2}{\tau}+\Delta\left(\frac{1}{\tau}\right)\cos 4(\theta-\theta_\tau)\right]\dfrac{a\omega_d}{K_{ds}k_{11}\cos\Delta\delta} \\ \hat{V}_{qc} = \Delta\omega\sin 4(\theta-\theta_\omega)\dfrac{a\omega_d}{K_{ds}k_{22}\cos\Delta\delta} \end{cases} \tag{8-37}$$

而驻波方位角受驱动和相位误差的耦合影响可由式(8-35)进一步表示为

$$\dot{\theta} \approx -K\Omega + \frac{1}{4}\Delta\left(\frac{1}{\tau}\right)\sin 4(\theta-\theta_\tau) + \frac{1}{4}\Delta\omega\sin 4(\theta-\theta_\omega)\tan\Delta\delta + \frac{k_{21}}{k_{11}}\frac{1}{2\tau} \tag{8-38}$$

由式(8-38)和式(8-35)对比可知，相位误差和谐振子非等弹性误差共同产生的驻波漂移速度 $\frac{1}{4}\Delta\omega\sin 4(\theta-\theta_\omega)\tan\Delta\delta$ 并不与驱动误差耦合，驱动误差将主要给

驻波方位角带来形如 $\dfrac{k_{21}}{k_{11}}\dfrac{1}{2\tau}$ 的漂移速度误差。

当陀螺执行自激励操作时，需要进一步分析主动施加恒定幅值 $\hat{V}_{\theta}$ 产生的影响。在自激励操作下，等效施加在驻波驱动和检测模态上的控制电压 V_{as}、V_{ac}、V_{qs}、V_{qc} 与控制回路生成的控制电压 $\hat{V}_{as}$、$\hat{V}_{qc}$、$\hat{V}_{\theta}$ 关系如下：

$$\begin{bmatrix} V_{as} & V_{ac} \\ V_{qs} & V_{qc} \end{bmatrix} = \begin{bmatrix} k_{11} & k_{12} \\ k_{21} & k_{22} \end{bmatrix} \begin{bmatrix} \hat{V}_{as}\cos\Delta\delta & \hat{V}_{as}\sin\Delta\delta \\ \hat{V}_{\theta}\cos\Delta\delta + \hat{V}_{qc}\sin\Delta\delta & \hat{V}_{qc}\cos\Delta\delta + \hat{V}_{\theta}\sin\Delta\delta \end{bmatrix}$$

$$\approx \begin{bmatrix} k_{11}\hat{V}_{as}\cos\Delta\delta + k_{12}\hat{V}_{\theta}\cos\Delta\delta & k_{11}\hat{V}_{as}\sin\Delta\delta + k_{12}\hat{V}_{qc}\cos\Delta\delta + k_{12}\hat{V}_{\theta}\sin\Delta\delta \\ k_{21}\hat{V}_{as}\cos\Delta\delta + k_{22}\hat{V}_{qc}\sin\Delta\delta + k_{22}\hat{V}_{\theta}\cos\Delta\delta & k_{22}\hat{V}_{qc}\cos\Delta\delta + k_{22}\hat{V}_{\theta}\sin\Delta\delta \end{bmatrix}$$

$$(8\text{-}39)$$

若在自激励操作下率先完成相位误差的标定与补偿，则 $\sin\Delta\delta = 0$，$\cos\Delta\delta = 1$，式(8-39)将简化为式(8-15)，式(8-36)将简化为式(8-12)。因此，驱动电极增益、倾角和非线性误差影响分析与相关结论的正确性在解耦相位误差的影响后将得到保障。

8.3.5 谐振子非等阻尼与非等弹性误差

当检测、驱动和相位误差被精确标定和补偿后，测控系统的检测精度、驱动效率和稳定性均将得到提升。此时，谐振子的非等阻尼和非等弹性误差特性将会显现，其中，频相跟踪回路输出的谐振频率受非等弹性误差影响而表现为

$$\omega_{d} = \sqrt{\omega^2 - \omega\Delta\omega\cos 4(\theta - \theta_{\omega})} \qquad (8\text{-}40)$$

幅度控制电压和驻波方位角输出受非等阻尼误差影响而表现为

$$V_{as} = \left[\frac{1}{\tau} + \frac{1}{2}\Delta\left(\frac{1}{\tau}\right)\cos 4(\theta - \theta_{\tau})\right]\frac{2a\omega_{d}}{K_{ds}} \qquad (8\text{-}41)$$

$$\dot{\theta} = -K\Omega + \frac{1}{4}\Delta\left(\frac{1}{\tau}\right)\sin 4(\theta - \theta_{\tau}) \qquad (8\text{-}42)$$

由于半球谐振子经粗胚加工、精密研磨、化学抛光、质量调平、球面镀膜等表头技术处理后往往具有高 Q 值和低频差特性，全角 HRG 往往采用八电极配置下的"半球谐振子+面外电极基板"两件套结构，并不采用正交电极对谐振子的非等弹性误差进行调轴和调平，仅仅使用拟正交控制回路抑制受频差影响的驻波检测模态幅值。此外，由式(8-35)可以看出，谐振子非等弹性误差与测控系统相位误差将耦合产生形如 $\dfrac{1}{4}\Delta\omega\sin 4(\theta - \theta_{\omega})\tan\Delta\delta$ 的驻波方位角漂移速度，在八电

极配置的全角 HRG 中，此驻波不良漂移往往通过标定和补偿测控系统相位误差的方式消除。

然而，谐振子的非等弹性误差所引起形如 $\frac{1}{4}\Delta\left(\frac{1}{\tau}\right)\sin 4(\theta-\theta_\tau)$ 的驻波不良漂移需要被分析和讨论。全角 HRG 的速率死区与谐振子的非等弹性误差密切相关。

在完成测控系统误差的标定与补偿后，驻波的进动特性将主要受制于谐振子阻尼和刚度的周向不均，即谐振子的非等阻尼和非等弹性误差。在谐振子真实物理坐标系中，驻波自由进动过程中某时刻主波波腹轴与谐振子最大阻尼轴和最小刚度轴的位置关系如图 8-12 所示。

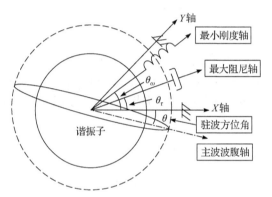

图 8-12　驻波自由进动过程中某时刻主波波腹轴与谐振子最大阻尼轴、最小刚度轴的位置关系

根据式(5-36)，在全角模式下，驻波自由进动过程中受谐振子非等阻尼和非等弹性误差的影响，将产生如下形式的驻波方位角变化：

$$\dot\theta = -K\Omega + \frac{1}{4}\frac{a^2+q^2}{a^2-q^2}\Delta\left(\frac{1}{\tau}\right)\sin 4(\theta-\theta_\tau) + \frac{1}{4}\frac{2aq}{a^2-q^2}\Delta\omega\cos 4(\theta-\theta_\omega) \quad (8\text{-}43)$$

在使用拟正交控制电路有效抑制 q 的情况下，有 $a \gg q$，因此全角 HRG 速率死区和驻波方位角误差的分析将聚焦于表达式(8-42)。

在此引入一个新的变量 $y = \tan 2(\theta-\theta_\tau)$，可得 $\dot\theta = \frac{1}{2}\cos^2 2(\theta-\theta_\tau)\frac{\mathrm{d}y}{\mathrm{d}t}$，即

$$\frac{1}{2}\cos^2 2(\theta-\theta_\tau)\frac{\mathrm{d}y}{\mathrm{d}t} = -K\Omega + \frac{1}{4}\Delta\left(\frac{1}{\tau}\right)2\sin 2(\theta-\theta_\tau)\cos 2(\theta-\theta_\tau) \quad (8\text{-}44)$$

式(8-44)可进一步整理得

$$\frac{\mathrm{d}y}{\mathrm{d}t} = -2\left[1+\tan^2 2(\theta-\theta_\tau)\right]K\Omega + \Delta\left(\frac{1}{\tau}\right)\tan 2(\theta-\theta_\tau)$$

$$= -2\left(1+y^2\right)K\Omega + \Delta\left(\frac{1}{\tau}\right)y \quad (8\text{-}45)$$

将式(8-46)对时间进行积分可得

$$-\int \frac{\mathrm{d}y}{2(1+y^2)K\Omega - \Delta\left(\frac{1}{\tau}\right)y} = t + C \tag{8-46}$$

在此引入另一个新变量 $b = \dfrac{\Delta\left(\frac{1}{\tau}\right)}{4K\Omega}$，该变量是接下来分类讨论的关键。令 $u = y - b$，式(8-46)可改写为

$$-\int \frac{\mathrm{d}y}{2(1+y^2)K\Omega - \Delta\left(\frac{1}{\tau}\right)y} = -\frac{1}{2K\Omega}\int \frac{\mathrm{d}u}{u^2 + 1 - b^2} = t + C \tag{8-47}$$

令 $|a|^2 = |1-b^2|$，则 $u^2 + 1 - b^2 = u^2 \pm |a|^2$，其中，$\pm$ 取决于 $4K|\Omega|$ 与 $\Delta\left(\frac{1}{\tau}\right)$ 之间的大小关系，具体有

$$\begin{cases} -\dfrac{1}{2K\Omega}\displaystyle\int \frac{1}{u^2 - |a|^2}\mathrm{d}u = t + C, & |\Omega| < \dfrac{\Delta\left(\frac{1}{\tau}\right)}{4K} \\[4mm] -\dfrac{1}{2K\Omega}\displaystyle\int \frac{1}{u^2 + |a|^2}\mathrm{d}u = t + C, & |\Omega| > \dfrac{\Delta\left(\frac{1}{\tau}\right)}{4K} \end{cases} \tag{8-48}$$

下面根据角速度激励情况进行分类讨论，分析全角 HRG 速率死区、高速旋转下的驻波方位角显性表达式以及全角 HRG 输出的高通滤波行为等。

(1) $|\Omega| < \dfrac{\Delta\left(\frac{1}{\tau}\right)}{4K}$，即 $|b| = \left|\dfrac{\Delta\left(\frac{1}{\tau}\right)}{4K\Omega}\right| > 1$。

此时，角速度激励在全角 HRG 的速率死区内，由式(8-48)可得

$$-\frac{1}{4K\Omega|a|}\ln\left|\frac{u-|a|}{u+|a|}\right| = t + C \tag{8-49}$$

假设 $\dfrac{u-|a|}{u+|a|} > 0$，即 $u > |a|$ 或 $u < -|a|$，此时有 $u = \dfrac{2|a|}{1 - \mathrm{e}^{-4K\Omega|a|(t+C)}} - |a|$，设 $C_1 = \mathrm{e}^{-4K\Omega|a|C}$，则变量 y 可显性表示为

$$y = \tan 2(\theta - \theta_\tau) = u + b = \frac{2|a|}{1 - C_1\mathrm{e}^{-4K\Omega|a|t}} - |a| + b \tag{8-50}$$

由于谐振子工作在二阶振动模态时具有四波腹振型，因此驻波在谐振子周向

上具有周期性，且每 $90°$ 为一个整周期。定义图 8-12 中主波波腹轴与谐振子最大阻尼轴的夹角 $\delta\theta = \theta - \theta_\tau$，在一个周期内有 $-\dfrac{\pi}{4} + \dfrac{\pi}{2}n < \theta - \theta_\tau < \dfrac{\pi}{4} + \dfrac{\pi}{2}n (n \in Z)$，在此周期内可根据式(8-50)将驻波方位角显性表示为

$$\theta = \theta_\tau + \frac{1}{2}\arctan\left\{ \frac{2\sqrt{\dfrac{\Delta\left(\dfrac{1}{\tau}\right)^2}{(4K\Omega)^2} - 1}}{\left[1 - C_1 \mathrm{e}^{-4K\Omega\sqrt{\dfrac{\Delta\left(\dfrac{1}{\tau}\right)^2}{(4K\Omega)^2} - 1}\,t}\right]} - \sqrt{\frac{\Delta\left(\dfrac{1}{\tau}\right)^2}{(4K\Omega)^2} - 1} + \frac{\Delta\left(\dfrac{1}{\tau}\right)}{4K\Omega} \right\} + \frac{\pi}{2}n \tag{8-51}$$

式 (8-51) 是在 $\dfrac{u - |a|}{u + |a|} > 0$ 假设下得出的，下面在 $-\dfrac{\pi}{4} + \dfrac{\pi}{2}n < \theta - \theta_\tau < \dfrac{\pi}{4} + \dfrac{\pi}{2}n (n \in Z)$ 的情况下对该假设条件进行分类讨论。当 $\Omega > 0$ 时，驻波顺时针进动，驻波方位角 θ 随自变量 t 单调递减，因而 $y = \tan 2(\theta - \theta_\tau)$ 也随自变量 t 单调递减，当 $t \to +\infty$ 时，根据式(8-50)可得，$-4K\Omega|a|t \to -\infty$，$\mathrm{e}^{-4K\Omega|a|t} \to 0$，$y \to |a| + b$。因此当 $t \in (0, +\infty)$ 时，满足 $y = u + b > |a| + b$，即 $u > |a|$。同理，当 $\Omega < 0$ 时，驻波逆时针进动，驻波方位角 θ 随自变量 t 单调递增，因而 y 也随自变量 t 单调递增，当 $t \to +\infty$ 时，根据式(8-50)可得，$-4K\Omega|a|t \to +\infty$，$\mathrm{e}^{-4K\Omega|a|t} \to +\infty$，$y \to -|a| + b$。因此当 $t \in (0, +\infty)$ 时，满足 $y = u + b < -|a| + b$，即 $u < -|a|$。由此可得，当全角 HRG 具有输入角速度时，$\dfrac{u - |a|}{u + |a|} > 0$ 的假设恒成立，故式(8-51)即输入角速度在全角 HRG 速率死区内的驻波方位角显性表达式。当 $t \to +\infty$ 时，根据式(8-51)有

$$\begin{cases} \theta = \theta_\tau + \dfrac{1}{2}\arctan\left[\sqrt{\dfrac{\Delta\left(\dfrac{1}{\tau}\right)^2}{(4K\Omega)^2} - 1} + \dfrac{\Delta\left(\dfrac{1}{\tau}\right)}{4K\Omega} \right] + \dfrac{\pi}{2}n, \quad \Omega > 0 \\[6mm] \theta = \theta_\tau + \dfrac{1}{2}\arctan\left[-\sqrt{\dfrac{\Delta\left(\dfrac{1}{\tau}\right)^2}{(4K\Omega)^2} - 1} + \dfrac{\Delta\left(\dfrac{1}{\tau}\right)}{4K\Omega} \right] + \dfrac{\pi}{2}n, \quad \Omega < 0 \end{cases} \tag{8-52}$$

由式(8-52)可以看出，当输入角速度在全角 HRG 速率死区内时，驻波方位角输出最终会收敛到某一由输入角速度和非等阻尼误差共同决定的固定值上，即驻波最终会锁定在某一固定方位上。

此外，若假设 $|b| = \left| \dfrac{\Delta\left(\dfrac{1}{\tau}\right)}{4K\Omega} \right| \gg 1$，在 $|b| \to +\infty$ 处，有 $|a| = \sqrt{|b|^2 - 1} \approx |b| - \dfrac{1}{2|b|}$，驻

波最终会锁定在 $\theta = \theta_\tau + \dfrac{\pi}{4} - \dfrac{K\Omega}{\Delta\left(\dfrac{1}{\tau}\right)} + \dfrac{\pi}{2}n$。理论上，若 $\Omega = 0$，则 $\theta = \theta_\tau + \dfrac{\pi}{4}$，驻

波锁定在最小阻尼轴方位。

(2) $|\Omega| = \dfrac{\Delta\left(\dfrac{1}{\tau}\right)}{4K}$，即 $|b| = \left| \dfrac{\Delta\left(\dfrac{1}{\tau}\right)}{4K\Omega} \right| = 1$。

在输入角速度等于全角 HRG 速率死区的临界条件下，有 $u = \dfrac{1}{2K\Omega(t + C)}$，设 $C_2 = 2K\Omega C$，则

$$y = \tan 2(\theta - \theta_\tau) = u + b = \frac{1}{2K\Omega t + C_2} + b \tag{8-53}$$

当 $t \to +\infty$ 时，根据式(8-53)有

$$\begin{cases} \theta = \theta_\tau + \dfrac{1}{2}\arctan\dfrac{\Delta\left(\dfrac{1}{\tau}\right)}{4K\Omega} + \dfrac{\pi}{2}n = \theta_\tau + \dfrac{\pi}{8} + \dfrac{\pi}{2}n, & \Omega > 0 \\[4mm] \theta = \theta_\tau + \dfrac{1}{2}\arctan\dfrac{\Delta\left(\dfrac{1}{\tau}\right)}{4K\Omega} + \dfrac{\pi}{2}n = \theta_\tau - \dfrac{\pi}{8} + \dfrac{\pi}{2}n, & \Omega < 0 \end{cases} \tag{8-54}$$

结合式(8-52)和式(8-54)可以看出，在全角 HRG 速率死区内，随着输入角速度的增大，驻波锁定方位会逐渐偏离最小阻尼轴方位，而当输入角速度与速率死区相等时，驻波临界稳定在偏离最小阻尼轴 $\pm\dfrac{\pi}{8}$ 方位上。

(3) $|\Omega| > \dfrac{\Delta\left(\dfrac{1}{\tau}\right)}{4K}$，即 $|b| = \left| \dfrac{\Delta\left(\dfrac{1}{\tau}\right)}{4K\Omega} \right| < 1$。

此时，输入角速度在全角 HRG 的速率死区外，由式(8-48)可得

$$u = -|a|\tan\left(2K\Omega|a|t + 2K\Omega|a|C\right) \tag{8-55}$$

设 $C_3 = 2K\Omega|a|C$，则变量 y 可显性表示为

$$y = \tan 2\left(\theta - \theta_\tau\right) = u + b = -|a|\tan\left(2K\Omega|a|t + C_3\right) + b \tag{8-56}$$

将变量 a 和 b 代入式(8-56)，即

$$y = \tan 2\left(\theta - \theta_\tau\right) = -\sqrt{1 - \frac{\Delta\left(\frac{1}{\tau}\right)^2}{\left(4K\Omega\right)^2}}\tan\left[2K\Omega\sqrt{1 - \frac{\Delta\left(\frac{1}{\tau}\right)^2}{\left(4K\Omega\right)^2}}t + C_3\right] + \frac{\Delta\left(\frac{1}{\tau}\right)}{4K\Omega} \tag{8-57}$$

仍然在单个周期内依据式(8-57)获得驻波方位角的显性表达式，在 $-\frac{\pi}{4} + \frac{\pi}{2}n < \theta - \theta_\tau < \frac{\pi}{4} + \frac{\pi}{2}n \,(n \in Z)$ 的情况下，式(8-57)可进一步表示为

$$\theta = \theta_\tau + \frac{1}{2}\arctan\left\{\sqrt{1 - \frac{\Delta\left(\frac{1}{\tau}\right)^2}{\left(4K\Omega\right)^2}}\tan\left[-2K\Omega\sqrt{1 - \frac{\Delta\left(\frac{1}{\tau}\right)^2}{\left(4K\Omega\right)^2}}t - C_3\right] + \frac{\Delta\left(\frac{1}{\tau}\right)}{4K\Omega}\right\} + \frac{\pi}{2}n \tag{8-58}$$

尽管式(8-58)完成了输入角速度在全角 HRG 的速率死区时驻波方位角的显性表示，但反正切函数的存在使利用该显性表达式难以分析驻波在自由进动过程中的状态。在此使用一个强假设条件：单个周期内的输入角速度恒定。在该假设下，式(8-58)中驻波方位角的变化周期为

$$T = \frac{\pi}{\left|-2K\Omega\sqrt{1 - \frac{\Delta\left(\frac{1}{\tau}\right)^2}{\left(4K\Omega\right)^2}}\right|} \tag{8-59}$$

在一个完整周期内，驻波方位角的变化量为 $\theta(t+T) - \theta(t) = -\frac{\pi}{2}(\Omega > 0)$，$\theta(t+T) - \theta(t) = \frac{\pi}{2}(\Omega < 0)$，进而可得单个周期内驻波方位角变化率的平均值 $\bar{\dot{\theta}}$ 为

$$\bar{\dot{\theta}} = \frac{1}{T}\int_t^{t+T}\dot{\theta}(\tau)\mathrm{d}\tau = \frac{\theta(t+T) - \theta(t)}{T}$$

$$= -K\Omega\sqrt{1 - \frac{\Delta\left(\frac{1}{\tau}\right)^2}{\left(4K\Omega\right)^2}} = -\sqrt{\left(K\Omega\right)^2 - \frac{\Delta\left(\frac{1}{\tau}\right)^2}{16}} \tag{8-60}$$

由式(8-60)可以看出，谐振子的非等阻尼误差将降低驻波方位角的有效进动

速度，进动因子由 K 降低至 $K\sqrt{1-\dfrac{\Delta\left(\dfrac{1}{\tau}\right)^2}{(4K\Omega)^2}}$。假设 $|b|=\left|\dfrac{\Delta\left(\dfrac{1}{\tau}\right)}{4K\Omega}\right|\ll1$，由

$$\sqrt{1-b^2}\approx\sqrt{1-b^2+\frac{1}{4}b^4}=\sqrt{\left(1-\frac{1}{2}b^2\right)^2}=1-\frac{1}{2}b^2，式(8-60)可进一步化简为$$

$$\bar{\theta}\approx-K\Omega\left[1-\frac{1}{2}\frac{\Delta\left(\frac{1}{\tau}\right)^2}{(4K\Omega)^2}\right]=-K\Omega+\frac{1}{32}\frac{\Delta\left(\frac{1}{\tau}\right)^2}{K\Omega}\tag{8-61}$$

此时，全角 HRG 有效进动因子约为 $K\left[1-\dfrac{1}{32}\dfrac{\Delta\left(\frac{1}{\tau}\right)^2}{(K\Omega)^2}\right]$。在单个周期内输入

角速度恒定的强假设条件下，可进一步化简式(8-58)以分析驻波进动特性。在

$|b|=\left|\dfrac{\Delta\left(\dfrac{1}{\tau}\right)}{4K\Omega}\right|\ll1$ 的情况下，式(8-58)等价于

$$\theta=\theta_\tau+\frac{1}{2}\arctan(A+B)+\frac{\pi}{2}n\tag{8-62}$$

其中，$A=\dfrac{\Delta\left(\dfrac{1}{\tau}\right)}{4K\Omega}$；$B=\tan\left[-2K\Omega\sqrt{1-\dfrac{\Delta\left(\frac{1}{\tau}\right)^2}{(4K\Omega)^2}}t-C_3\right]$。当 $\Omega>0$ 时，有 $A>0$ 且

$B>0$；当 $\Omega<0$ 时，有 $A<0$ 且 $B<0$，因此可利用反正切函数性质

$\arctan(A+B)=\arctan B+\arctan\dfrac{A}{AB+B^2+1}$ 化简式(8-62)中反正切部分得

$$\arctan\left\{\frac{\Delta\left(\dfrac{1}{\tau}\right)}{4K\Omega}+\tan\left[-2K\Omega\sqrt{1-\frac{\Delta\left(\dfrac{1}{\tau}\right)^2}{\left(4K\Omega\right)^2}}\,t-C_3\right]\right\}$$

$$=\arctan\left\{\tan\left[-2K\Omega\sqrt{1-\frac{\Delta\left(\dfrac{1}{\tau}\right)^2}{\left(4K\Omega\right)^2}}\,t-C_3\right]\right\}$$

$$+\arctan\frac{\dfrac{\Delta\left(\dfrac{1}{\tau}\right)}{4K\Omega}}{\dfrac{\Delta\left(\dfrac{1}{\tau}\right)}{4K\Omega}\tan\left[-2K\Omega\sqrt{1-\dfrac{\Delta\left(\dfrac{1}{\tau}\right)^2}{\left(4K\Omega\right)^2}}\,t-C_3\right]+\tan^2\left[-2K\Omega\sqrt{1-\dfrac{\Delta\left(\dfrac{1}{\tau}\right)^2}{\left(4K\Omega\right)^2}}\,t-C_3\right]+1}$$

$$\approx-2K\Omega\sqrt{1-\frac{\Delta\left(\dfrac{1}{\tau}\right)^2}{\left(4K\Omega\right)^2}}\,t-C_3+\arctan\left\{\frac{\Delta\left(\dfrac{1}{\tau}\right)}{4K\Omega}\cos^2\left[-2K\Omega\sqrt{1-\frac{\Delta\left(\dfrac{1}{\tau}\right)^2}{\left(4K\Omega\right)^2}}\,t-C_3\right]\right\}$$

$$\approx-2K\Omega\left[1-\frac{1}{32}\frac{\Delta\left(\dfrac{1}{\tau}\right)^2}{\left(K\Omega\right)^2}\right]t-C_3+\frac{\Delta\left(\dfrac{1}{\tau}\right)}{8K\Omega}\cos2\left\{-2K\Omega\left[1-\frac{1}{32}\frac{\Delta\left(\dfrac{1}{\tau}\right)^2}{\left(K\Omega\right)^2}\right]t-C_3\right\}+\frac{\Delta\left(\dfrac{1}{\tau}\right)}{8K\Omega}$$

$$\tag{8-63}$$

最终得到可分析驻波进动特性的驻波方位角显性表达式为

$$\theta=-K\Omega\left[1-\frac{1}{32}\frac{\Delta\left(\dfrac{1}{\tau}\right)^2}{\left(K\Omega\right)^2}\right]t-\frac{\Delta\left(\dfrac{1}{\tau}\right)}{-16K\Omega}\cos\left\{-4K\Omega\left[1-\frac{1}{32}\frac{\Delta\left(\dfrac{1}{\tau}\right)^2}{\left(K\Omega\right)^2}\right]t-2C_3\right\}$$

$$+\theta_\tau-\frac{\Delta\left(\dfrac{1}{\tau}\right)}{-16K\Omega}-\frac{1}{2}C_3+\frac{\pi}{2}n\tag{8-64}$$

由式(8-64)可以看出，当输入角速度远大于全角 HRG 速率死区时，全角 HRG 的驻波方位角输出主要由以下三部分组成：①一个斜率为 $-K\Omega \cdot$

$$\left[1 - \frac{1}{32}\frac{\Delta\left(\frac{1}{\tau}\right)^2}{(K\Omega)^2}\right]$$，自变量为时间的线性函数，代表驻波的有效进动速度；②一个

幅度为 $\left|\dfrac{\Delta\left(\frac{1}{\tau}\right)}{-16K\Omega}\right|$，频率为 $-4K\Omega\left[1 - \dfrac{1}{32}\dfrac{\Delta\left(\frac{1}{\tau}\right)^2}{(K\Omega)^2}\right] \approx 4\theta$，自变量为时间的周期性函

数，代表驻波方位角的角度依赖性误差，该误差具有 4 次谐波余弦特性；③一个

幅度为 $\left|\dfrac{\Delta\left(\frac{1}{\tau}\right)}{-16K\Omega}\right|$ 的驻波方位角常值误差。为了明确更多形式的驻波速度误差向

驻波角度误差的演化结果，在此构建如下形式的驻波方位角广义慢变方程：

$$\dot{\theta} = k\Omega + b_{4\theta}\sin 4(\theta - \varphi_{4\theta}) + b_{8\theta}\sin 8(\theta - \varphi_{8\theta}) + b_0 \tag{8-65}$$

其中，k 为驻波的有效进动因子；$b_{4\theta}$、$\varphi_{4\theta}$、$b_{8\theta}$、$\varphi_{8\theta}$ 分别为具有 4 次和 8 次谐波特性驻波速度误差的幅值和相位；b_0 为驻波的常值速度误差。此时，全角 HRG 的速率死区与 $b_{4\theta}$、b_0、k 相关。在输入角速度远大于全角 HRG 速率死区的情况下，有 $|k\Omega + b_0| \gg |b_{4\theta}|$，进而可得驻波方位角显性表达式的一般形式为

$$\theta = k\Omega t + b_0 t + \theta_0$$
$$- \frac{b_{4\theta}}{4(k\Omega + b_0)}\cos 4(k\Omega t + b_0 t + \theta_0 - \varphi_{4\theta}) - \frac{b_{4\theta}}{4(k\Omega + b_0)}$$
$$- \frac{b_{8\theta}}{8(k\Omega + b_0)}\cos 8(k\Omega t + b_0 t + \theta_0 - \varphi_{4\theta}) - \frac{b_{8\theta}}{8(k\Omega + b_0)} \tag{8-66}$$

其中，θ_0 为驻波的初始方位角。在 $|k\Omega + b_0| \gg |b_{4\theta}|$ 的情况下，当驻波速度误差幅值为 $|b_{4\theta}|$ 且具有 4 次谐波正弦特性时，此角度依赖性误差将产生一个幅值为

$\left|\dfrac{b_{4\theta}}{4(k\Omega + b_0)}\right|$ 的常值误差，以及一个与此常值误差等幅的角度依赖性误差，该误

差具有 4 次谐波余弦特性，该误差演化过程满足积分前后的相位关系；同理，当驻波速度误差幅值为 $|b_{8\theta}|$ 且具有 8 次谐波正弦特性时，与之对应的驻波方位角误

差为两等幅、幅值为 $\left|\dfrac{b_{8\theta}}{8(k\Omega+b_0)}\right|$ 的常值和角度依赖性误差，该角度依赖性误差具

有 8 次谐波余弦特性，此外，驻波常值速度误差将演化为驻波方位角的斜坡误差。

综上所述，情况(1)～(3)详细分析了全角 HRG 的时域特性，得到了全角 HRG 速率死区的计算方法以及不同输入角速度下的驻波方位角显性表达式，明确了不同输入角速度下驻波方位角的输出特性。当输入角速度在全角 HRG 速率死区内时，驻波将被锁定在某一固定方位；随着输入角速度的增大，驻波跳出死区并自由进动，驻波方位角误差会随着输入角速度的增大而减小，驻波有效进动因子也会随着输入角速度的增大而趋于理论值。

为了进一步获得全角 HRG 的频域特性，依然聚焦于表达式(8-42)，分析不同激励角速度频率下的驻波方位角输出响应，明确驻波方位角的测量带宽。将表达式(8-42)在 $\theta-\theta_\tau\to 0$ 附近线性化，可得

$$\dot{\theta}=-K\Omega+\Delta\left(\frac{1}{\tau}\right)(\theta-\theta_\tau) \tag{8-67}$$

时域内，令 $\dot{\theta}=\dfrac{\mathrm{d}\theta_\mathrm{o}}{\mathrm{d}t}$ ，$\Omega=\dfrac{\mathrm{d}\theta_\mathrm{i}}{\mathrm{d}t}$ ，则式(8-67)可转化为

$$\frac{\mathrm{d}\theta_\mathrm{o}}{\mathrm{d}t}-\Delta\left(\frac{1}{\tau}\right)\theta=-K\frac{\mathrm{d}\theta_\mathrm{i}}{\mathrm{d}t}-\Delta\left(\frac{1}{\tau}\right)\theta_\tau\approx -K\frac{\mathrm{d}\theta_\mathrm{i}}{\mathrm{d}t} \tag{8-68}$$

对式(8-68)进行傅里叶变化，在频域内可得

$$\frac{\theta_\mathrm{o}(\mathrm{j}\omega)}{\theta_\mathrm{i}(\mathrm{j}\omega)}=\frac{-K\mathrm{j}\omega}{\mathrm{j}\omega-\Delta\left(\frac{1}{\tau}\right)}=\frac{-K}{1+\mathrm{j}\dfrac{\Delta\left(\frac{1}{\tau}\right)}{\omega}} \tag{8-69}$$

显然，由于谐振子非等阻尼误差的存在，全角 HRG 的驻波方位角输出将呈现高通滤波特性，截止角频率 $\omega_\mathrm{c}=\Delta\left(\dfrac{1}{\tau}\right)$。当驻波按照 $-K\Omega$ 的速率自由进动时，其角频率为

$$\omega_\theta=2\pi f_\theta=2\pi\frac{|-K\Omega|}{\pi/2}=|-4K\Omega| \tag{8-70}$$

因此，当驻波角频率 $|-4K\Omega|$ 小于全角 HRG 的截止角频率 $\Delta\left(\dfrac{1}{\tau}\right)$ 时，驻波将无法有效输出角速度信息；当 $|-4K\Omega|>\Delta\left(\dfrac{1}{\tau}\right)$ 时，驻波将能够较为准确地敏感输入角速度。在频域内得到的上述结论与时域内情况(1)和情况(3)的分析高度对

应，当 $\left|-4K\Omega\right| < \Delta\left(\dfrac{1}{\tau}\right)$ 时，输入角速度在全角 HRG 的速率死区内，驻波最终将被锁定在某一方位上，无法有效输出角速度信息。

参 考 文 献

[1] 张岚昕, 赵万良, 李绍良, 等. 半球谐振陀螺全角模式信号处理控制方法[J]. 导航定位与授时, 2019, 6(2): 98-104.

[2] 于翔宇, 张岚昕, 段杰, 等. 全角模式半球谐振陀螺振型控制与角度检测[J]. 导航与控制, 2019, 18(2): 33-38, 76.

[3] 王奇. 速率积分半球谐振陀螺建模与控制方法研究[D]. 哈尔滨: 哈尔滨工业大学, 2020.

[4] 赵明洋. 全角模式半球谐振陀螺控制电路设计与实现[D]. 哈尔滨: 哈尔滨工业大学, 2021.

[5] 伊国兴, 魏振楠, 王常虹, 等. 半球谐振陀螺控制及补偿技术[J]. 宇航学报, 2020, 41(6): 780-789.

[6] 郭锞琛. 速率积分型半球谐振陀螺阻尼误差辨识与补偿技术研究[D]. 长沙: 国防科技大学, 2020.

[7] 郭杰. 半球谐振陀螺阻尼不均匀性误差补偿技术[D]. 大连: 大连海事大学, 2022.

[8] 赵万良. 大动态半球谐振陀螺控制方式及其误差补偿方法研究[D]. 南京: 南京理工大学, 2021.

[9] 魏振楠. 速率积分半球谐振陀螺建模、测试及误差补偿技术[D]. 哈尔滨: 哈尔滨工业大学, 2022.

[10] 王瑞祺. 速率积分半球谐振陀螺误差建模及控制方法研究[D]. 哈尔滨: 哈尔滨工业大学, 2022.

[11] 郭杰, 曲天良, 张晶泊. 半球谐振陀螺阻尼不均匀误差补偿方法[J]. 飞控与探测, 2021, 4(1): 73-80.

[12] 王泽宇. 全角模式半球谐振陀螺建模与控制算法研究[D]. 哈尔滨: 哈尔滨工业大学, 2018.

[13] 浦云飞. 半球谐振陀螺全角模式控制技术研究与实现[D]. 南京: 东南大学, 2022.

[14] 吴英杰. 半球谐振陀螺全角模式误差机理与抑制方法仿真研究[D]. 南京: 东南大学, 2022.

[15] 汪昕杨. 全角模式半球谐振陀螺控制电路误差参数辨识研究[D]. 哈尔滨: 哈尔滨工业大学, 2022.

[16] Sun J, Yu S, Zhang Y, et al. Characterization and compensation of detection electrode errors for whole-angle micro-shell resonator gyroscope[J]. Journal of Microelectromechanical Systems, 2022, 31(1): 19-28.

[17] Sun J, Yu S, Xi X, et al. Investigation of angle drift induced by actuation electrode errors for whole-angle micro-shell resonator gyroscope[J]. IEEE Sensors Journal, 2022, 22(4): 3105-3112.

[18] Sun J, Yu S, Zhang Y, et al. 0.79 ppm scale-factor nonlinearity whole-angle microshell gyroscope realized by real-time calibration of capacitive displacement detection[J]. Microsystems and Nanoengineering, 2021, 7(1): 79.

[19] Sun J, Liu K, Yu S, et al. Identification and correction of phase error for whole-angle micro-shell resonator gyroscope[J]. IEEE Sensors Journal, 2022, 22(20): 19228-19236.

第9章 全角半球谐振陀螺误差的
自激解耦、标定与补偿

9.1 误差的自激解耦、标定与补偿方案设计

第 8 章完成了全角 HRG 检测、驱动、相位和谐振子误差的分析，在此基础上，本章设计了一种全角 HRG 误差自激解耦、标定与补偿(self-excitation decoupling, calibration and compensation，SE-DCC)方案，以逐步提升全角 HRG 的动态和静态性能[1-2]。SE-DCC 方案制订了全角 HRG 误差的补偿顺序为"检测—相位—驱动—谐振子"，相对应的误差激励方式为"高速转台激励—恒定虚拟科氏电压激励—静态测漂"。SE-DCC 方案的制订基于式(8-22)、式(8-25)、式(8-39)、式(8-41)、式(8-42)以及式(8-16)和式(8-24)在自激励操作模式下的进一步分析。

图 9-1 是全角 HRG 误差的 SE-DCC 方案，该方案共分为 4 步：

(1) 利用外部转台施加高速旋转激励，基于检测增益、倾角、非线性误差 G_{sy}、γ、η 引起的驻波方位角估计误差特性，以消除驻波方位角估计误差 $\delta\theta_e$ 的 4θ 正弦、4θ 余弦、8θ 正弦分量为目标，完成检测增益、倾角、非线性误差的标定与补偿；

(2) 施加尽可能大的恒定虚拟科氏电压 V_θ 执行陀螺自激励操作，基于驻波检测模态虚拟科氏电压 V_θ 和拟正交控制电压 V_{qc} 间的耦合关系，以拟正交控制电压均值归零为目标，调整锁相环目标值 δ 完成测控系统相位误差的标定与补偿；

(3) 保持上述陀螺自激励操作，基于驱动增益、倾角、非线性误差 G_{dy}、α 和 β、ζ 引起的驻波方位角漂移误差特性，并结合驻波驱动和检测模态间控制电压耦合引起的陀螺静态漂移速度特性，以消除自激励操作下驻波方位角漂移误差 $\delta\theta_d = \int \Omega_e^d dt$ 的 4θ 正弦、4θ 余弦、8θ 正弦分量和静态测漂状态下驱动倾角误差"虚假"平衡引起的常值陀螺漂移速度误差为目标，完成驱动增益、倾角、非线性误差的标定与补偿；

(4) 利用静态测漂状态下的幅度控制电压 V_{as} 和陀螺漂移速度输出辨识需要施加的力补偿电压，执行力补偿策略完成谐振子非等阻尼误差的补偿。

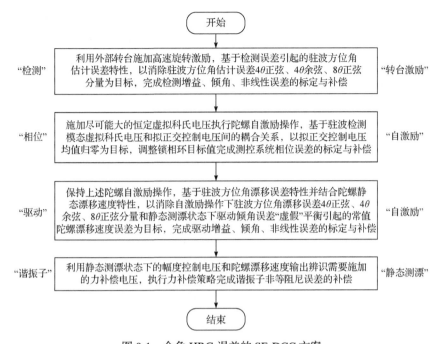

图 9-1　全角 HRG 误差的 SE-DCC 方案

全角 HRG 的 SE-DCC 方案中蕴含的误差解耦思想可总结为以下几点：

(1) 针对高 Q 值、低频差全角 HRG，在高速转台激励下，相较于由检测电极误差引起的驻波方位角估计误差，由任何误差产生的驻波方位角漂移误差均可忽略不计，并且根据式(8-66)可知，驻波方位角漂移误差会随着转台激励角速度的增大而减小。因此，在高速转台激励下，检测误差被率先解耦、标定与补偿。根据式(8-22)，检测增益、倾角和非线性误差的标定公式为

$$\begin{cases} G_{\text{sy}} = 4A_{4\text{s}} \\ \gamma = \arcsin\left(4A_{4\text{c}}\right)/2 \\ \eta = -8A_{8\text{s}} \end{cases} \tag{9-1}$$

其中，$A_{4\text{s}}$、$A_{4\text{c}}$、$A_{8\text{s}}$ 分别为高速转台激励下，驻波方位角估计误差的 4θ 正弦、4θ 余弦、8θ 正弦分量幅值。

(2) 检测误差的标定与补偿消除了驻波方位角的估计误差，使全角 HRG 能够完成对驻波方位角的高精度检测。在高精度检测电极坐标系下，全角 HRG 的矢量控制精度将得到保障。根据式(8-36)和式(8-39)，驱动误差会引起驻波驱动和检测模态间控制电压的耦合，相位误差会引起驻波驱动和检测模态内控制电压的耦合，因而驱动和相位误差共同影响控制电压的施加效果，两者的影响相互耦合。此外，在全角模式下，高 Q 值、低频差全角 HRG 所需的幅度控制电压和拟

正交控制电压较小，进而它们在驱动和相位误差影响下产生的驻波模态间和模态内耦合可观测性不足。然而，在自激励操作下，主动施加尽可能大的恒定虚拟科氏电压将充分放大驱动和相位误差的影响，造成严重的驻波模态间和模态内耦合。由式(8-39)可知，受虚拟科氏电压的影响，等效施加在驻波检测模态上的正交控制电压为

$$V_{qc} = k_{22}\hat{V}_{qc}\cos\Delta\delta + k_{22}\hat{V}_{\theta}\sin\Delta\delta \tag{9-2}$$

其中，当V_{qc}趋于稳定时，其均值为 0。此时，主动施加的虚拟科氏电压$\hat{V}_{\theta}$将为控制电路生成的拟正交控制电压$\hat{V}_{qc}$增加常值分量$-\hat{V}_{\theta}\tan\Delta\delta$，改变未施加$\hat{V}_{\theta}$时$\hat{V}_{qc}$的零均值状态。因此，将拟正交控制电压的均值$\hat{V}_{qc}^{m}$作为观测，可实现驱动和相位误差影响的解耦，在两者中率先完成相位误差的标定与补偿。测控系统相位误差的标定模型为

$$\Delta\delta = -\arctan\left(\hat{V}_{qc}^{m} / \hat{V}_{\theta}\right) \tag{9-3}$$

（3）在完成相位误差补偿后，式(8-39)可简化为式(8-15)。此时，在自激励操作下，根据式(8-16)和式(8-24)，驻波方位角变化率可由式(5-63)转化为

$$\dot{\theta} = -K\Omega_{\text{vir}} + \frac{1}{4}\Delta\left(\frac{1}{\tau}\right)\sin 4(\theta - \theta_{\tau})$$

$$+ \frac{1}{4}\left[-4\sin(\alpha - \beta)\sin 4\theta + 2G_{\text{dy}}\cos 4\theta + 2G_{\text{dy}} - \zeta\cos 8\theta + \zeta\right](-K\Omega_{\text{vir}}) \tag{9-4}$$

进而在恒定幅值的虚拟科氏电压激励下，根据式(8-66)可继续将驻波方位角漂移速度误差演化为驻波方位角漂移误差，即

$$\theta = -\left[1 + \frac{1}{4}(2G_{\text{dy}} + \zeta)\right]K\Omega_{\text{vir}}t + \frac{1}{16K\Omega_{\text{vir}}}\Delta\left(\frac{1}{\tau}\right)\cos 4(\theta - \theta_{\tau})$$

$$+ \frac{1}{8}G_{\text{dy}}\sin 4\theta + \frac{1}{4}\sin(\alpha - \beta)\cos 4\theta - \frac{1}{32}\zeta\sin 8\theta + \theta_0 + B_0 \tag{9-5}$$

其中，B_0为驻波的常值角漂移误差。由式(9-5)可以看出，在尽可能大的恒定虚拟科氏电压激励下，虚拟旋转角速度的产生将充分抑制谐振子非等阻尼误差产生的驻波方位角漂移误差。此时，驻波方位角漂移误差将充分反映驱动误差特性，由此产生的驱动增益、倾角和非线性误差标定公式为

$$\begin{cases} G_{\text{dy}} = 8A_{4\text{s}} \\ \alpha - \beta = \arcsin(4A_{4\text{c}}) \\ \zeta = -32A_{8\text{s}} \end{cases} \tag{9-6}$$

其中，A_{4s}、A_{4c}、A_{8s} 分别为恒定虚拟科氏电压激励下，驻波方位角漂移误差的 4θ 正弦、4θ 余弦、8θ 正弦分量幅值。在自激励操作下，依据式(9-6)完成的驱动误差标定与补偿只能使 $\alpha = \beta \neq 0$，这种状态下驱动电极倾角误差的"虚假"平衡依然会对全角 HRG 的控制产生影响。根据式(8-13)，在静态测漂状态下，令 $\alpha = \beta = \varepsilon$，此时由驱动电极倾角误差"虚假"平衡引起的陀螺漂移速度误差 $\varOmega_e^d(0)$ 可表示为

$$\varOmega_e^d\left(0\right) = \sin 2\varepsilon \cdot \frac{1}{-4K} \cdot \frac{2}{\tau} \tag{9-7}$$

因此，驱动电极倾角误差"虚假"平衡将产生形如式(9-7)常值陀螺漂移速度误差，以此为依据同步调节 α、β，可实现两者的同步归零，从而彻底消除驱动误差对全角 HRG 的影响。

(4) 检测、相位和驱动误差的标定与补偿提高了全角 HRG 测控系统的精度，此时陀螺的输出将充分体现谐振子的误差特性。锁相环输出角频率形如式(8-40)、幅度控制电压输出形如式(8-41)、驻波方位角变化率形如式(8-42)。因此，利用幅度控制电压和驻波方位角变化率能够完成谐振子非等阻尼误差力补偿所需参数的辨识，即

$$V_{as\_osc} = a\omega_d \Delta\left(\frac{1}{\tau}\right)\cos 4\left(\theta - \theta_\tau\right) / K_{ds} \tag{9-8}$$

其中，V_{as_osc} 为幅度控制电压 V_{as} 的周期性分量。由此可得补偿电压幅值为 $\left|V_{qs\_add}\right| = a\omega_d \Delta\left(\frac{1}{\tau}\right) / K_{ds}$，谐振子非等阻尼误差主轴偏角为 θ_τ。在驻波检测模态上等效施加形如 $V_{qs\_add} = -\omega_d \sqrt{E} \Delta\left(\frac{1}{\tau}\right)\sin 4\left(\theta - \theta_\tau\right) / K_{ds}$ 的力补偿电压，式(8-42)将转化为 $\dot{\theta} = -K\varOmega$，此时谐振子非等阻尼误差引起的驻波漂移速度误差将被充分抑制。

9.2　误差的离线标定与补偿

9.2.1　检测误差标定与补偿

检测误差的补偿在图 8-3 所示的组合运算模块中完成，使用检测误差补偿矩阵 M_{sc} 对振动位移放大电压慢变量 C_x、C_y、S_x、S_y 进行修正，M_{sc} 可表示为

$$M_{sc} = \begin{bmatrix} 1 - \eta_c\left(a\cos 2\theta\right)^2 & 0 \\ -\sin 2\gamma_c & 1 - G_{syc} - \eta_c\left(a\sin 2\theta\right)^2 \end{bmatrix} \tag{9-9}$$

其中，检测增益、倾角和非线性误差补偿参数分别为 G_{syc}、γ_c、η_c，它们的理论值分别为 G_{sy}、γ、η/a^2。此外受检测误差的影响，$a\cos2\theta$ 和 $a\sin2\theta$ 无法准确获取，只能使用 C_x 和 C_y 近似替代 $a\cos2\theta$ 和 $a\sin2\theta$，用于检测误差补偿矩阵中。

图 9-2 是全角 HRG 检测误差的离线标定与补偿流程，共分为 4 步：

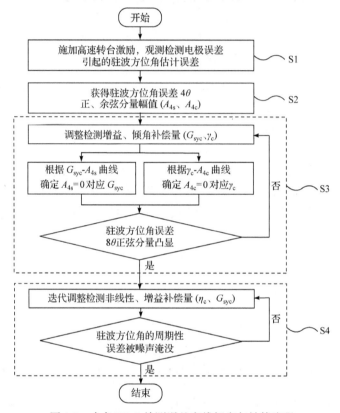

图 9-2　全角 HRG 检测误差离线标定与补偿流程

(1) 利用外部转台施加高速转台激励，在抑制驻波方位角漂移误差的同时，观测检测电极误差引起的驻波方位角估计误差；

(2) 以驻波方位角为自变量、驻波方位角的周期性误差为因变量进行非线性拟合，获得高速转台激励下的驻波方位角误差 4θ 正、余弦分量幅值 A_{4s}、A_{4c}；

(3) 根据检测增益误差 G_{sy} 与 A_{4s}、检测倾角误差 γ 与 A_{4c} 的强相关性，调整检测增益、倾角补偿量 G_{syc}、γ_c 并绘制 G_{syc}-A_{4s}、γ_c-A_{4c} 曲线，以 $A_{4s}=0,A_{4c}=0$ 为目标确定检测增益、倾角补偿量，降低驻波方位角误差的 4θ 正、余弦分量幅值直至其 8θ 正弦分量凸显，获得此误差分量幅值 A_{8s}；

(4) 依据检测非线性误差 η 与 A_{8s}、检测增益误差 G_{sy} 与 A_{4s} 的强相关性，迭代调整检测非线性、增益补偿量直至驻波方位角的周期性误差被噪声淹没，输出检测增益、倾角、非线性三个补偿参数 G_{syc}、γ_c、η_c，进而利用 M_{sc} 完成检测误差的补偿。

9.2.2　相位误差自标定与自补偿

当把检测、驱动、解调滤波模块的相位延迟整体看作测控系统相位误差时，此误差的补偿可在多个环节中完成。例如，在解调滤波模块中，对参考信号 V_s、V_c 添加相位补偿量 $\Delta\delta$；在控制电压调制模块中，对调制信号 V_s、V_c 添加相位补偿量 $-\Delta\delta$；在 PLL 中，调整锁相环目标值 $\delta=-\Delta\delta$。

图 9-3 是全角 HRG 相位误差的离线标定与补偿流程，共分为 3 步：

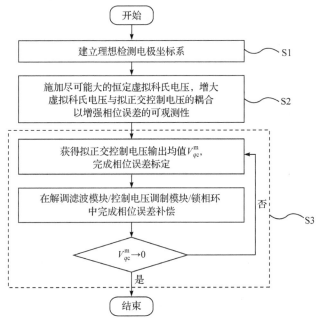

图 9-3　全角 HRG 相位误差离线标定与补偿流程

(1) 在检测电极误差精确补偿的基础上，建立理想检测电极坐标系并实现驻波方位角的精确量测，进而确保驻波驱动和检测模态控制电压向谐振子0°和45°方向分解的准确性；

(2) 施加尽可能大的恒定虚拟科氏电压，增大虚拟科氏电压与拟正交控制电压的耦合以增强相位误差的可观测性；

(3) 以拟正交控制电压输出均值 V_{qc}^m 归零为目标，完成相位误差的迭代标定与补偿。

9.2.3 驱动误差自标定与自补偿

驱动误差的补偿在图 8-3 所示的控制电压施加于驱动电极之前完成，利用驱动误差补偿矩阵 M_{dc} 对控制电路生成的控制电压慢变量 V_{xc}、V_{yc}、V_{xs}、V_{ys} 进行修正，M_{dc} 可表示为

$$M_{dc} = \begin{bmatrix} 1 - \zeta_c \left(a\cos 2\theta\right)^2 & \sin 2\beta_c \\ -\sin 2\alpha_c & 1 - G_{dyc} - \zeta_c \left(a\sin 2\theta\right)^2 \end{bmatrix} \qquad (9\text{-}10)$$

其中，驱动增益、倾角和非线性误差补偿量分别为 G_{dyc}、α_c、β_c、ζ_c，它们的理论值分别为 G_{dy}、α、β、ζ/a^2。

图 9-4 是全角 HRG 驱动误差的离线标定与补偿流程，共分为 6 步：

(1) 在检测和相位误差精确补偿的基础上，建立理想检测电极坐标系并构建驱动电极坐标系与理想检测电极坐标系间的关系，基于谐振子 0° 和 45° 方向振动状态的高精度检测和驻波检测模态内电压耦合的消除，开始对驱动增益误差 G_{dy}、倾角误差 α、β 与非线性误差 ζ 进行标定；

(2) 利用陀螺自激励模块施加远大于幅度控制电压 V_{as} 的恒定虚拟科氏电压 V_θ，实现驻波高速自进动，抑制谐振子非等阻尼误差引起的驻波方位角漂移误差，增强驱动误差的可观测性；

(3) 以驻波方位角为自变量、驻波方位角的周期性误差为因变量进行非线性拟合，获得恒定虚拟科氏电压激励下的驻波方位角误差 4θ 正、余弦分量幅值 A_{4s}、A_{4c}；

(4) 根据驱动增益误差 G_{dy} 与 A_{4s}、驱动倾角误差 α 与 A_{4c} 的强相关性，调整驱动增益、倾角补偿量 G_{dyc}、α_c 并绘制 G_{dyc}-A_{4s}、α_c-A_{4c} 曲线，以 $A_{4s}=0, A_{4c}=0$ 为目标确定驱动增益、倾角补偿量，降低驻波方位角误差的 4θ 正、余弦分量幅值直至其 8θ 正弦分量凸显，获得此误差幅值 A_{8s}；

(5) 依据驱动非线性误差 ζ 与 A_{8s}、驱动增益误差 G_{dy} 与 A_{4s} 的强相关性，迭代调整驱动非线性、增益补偿量直至驻波方位角的周期性误差被噪声淹没；

(6) 在静态测漂状态下获得陀螺漂移速度输出均值 M，同步调整驱动倾角补偿量 α_c、β_c 直至 M 趋于理论值，即陀螺应当敏感到地球自转分量，最终输出驱动增益、倾角、非线性 4 个补偿参数 G_{dyc}、α_c、β_c、ζ_c，完成驱动误差补偿。

9.2.4 谐振子非等阻尼误差自标定与力补偿

在驻波检测模态上等效施加形如 $V_{qs\_add} = -\omega_d \sqrt{E}\Delta\left(\dfrac{1}{\tau}\right)\sin 4(\theta-\theta_\tau)/K_{ds}$ 的补

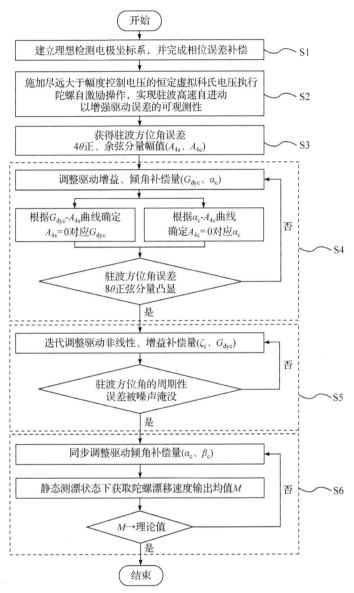

图 9-4　全角 HRG 驱动误差离线标定与补偿流程

偿电压，可实现谐振子非等阻尼误差引起驻波漂移速度误差的抑制。补偿电压的幅值和谐振子非等阻尼误差的主轴偏角需要被辨识。

图 9-5 是全角 HRG 谐振子非等阻尼误差的离线标定与补偿流程，共分为 3 步：

(1) 在检测、相位和驱动误差高精度标定与补偿的前提下，幅度控制电压输出和驻波方位角漂移速度中将充分体现谐振子非等阻尼误差特性，因此在静态测

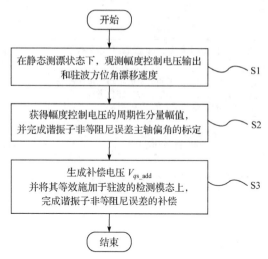

图 9-5 全角 HRG 谐振子非等阻尼误差的离线标定与补偿流程

漂状态下，可通过观测幅度控制电压输出和驻波方位角漂移速度，获得补偿电压的相关参数；

(2) 获得幅度控制电压的周期性分量幅值，并利用驻波方位角漂移速度的周期性分量完成谐振子非等阻尼误差主轴偏角的标定；

(3) 生成补偿电压 V_{qs_add} 并将其等效施加于驻波的检测模态上，完成谐振子非等阻尼误差的补偿，抑制驻波漂移速度误差。

全角 HRG 误差的 SE-DCC 方案在某 30 型 HRG(编号#1)上得到实验验证。同图 9-2 的误差标补流程，在 100°/s 的高速转台激励下，驻波方位角误差在 G_{syc}、γ_c 补偿过程中的变化如图 9-6 所示。检测倾角误差 γ 的补偿能够显著降低驻波方位角误差的 4θ 余弦分量，检测增益误差 G_{sy} 能够显著降低驻波方位角误差的 4θ 正弦分量，当补偿 $G_{syc} = 0.0144, \gamma_c = 0.096°$ 时，驻波方位角误差的 8θ 正弦分量凸显。

为消除驻波方位角误差的 8θ 正弦分量，需要补偿电容检测非线性误差。如图 9-7 所示，当迭代调整检测增益和非线性误差补偿量 $G_{syc} = 0.01436$，$\eta_c =$

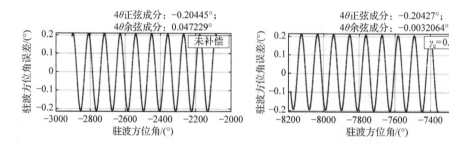

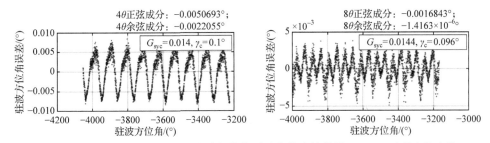

图 9-6　100°/s 高速转台激励下驻波方位角误差在修改补偿量 G_{syc}、γ_c 过程中的变化

0.00084 后，驻波方位角误差的周期性分量几乎被噪声淹没，检测误差的标定与补偿完成。

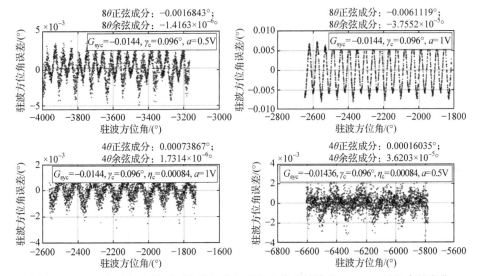

图 9-7　100°/s 高速转台激励下驻波方位角误差在修改补偿量 G_{syc}、η_c 过程中的变化

在检测误差补偿过程中，全角 HRG 的零速率输出变化如图 9-8 所示。实验

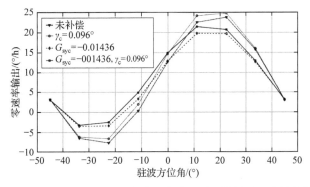

图 9-8　全角 HRG 的零速率输出在检测误差补偿过程中的变化

结果显示，G_{sy} 的补偿不影响 0°和±45°的零速率输出，γ 的补偿不影响±45°的零速率输出。此现象与 8.3.1 小节的结论匹配。

在检测误差补偿的基础上，施加 7.5V 的虚拟科氏电压激励，同图 9-3 和图 9-4 的标补流程，进行相位和驱动误差的自激励、自标定和自补偿。

当修改锁相环目标值 $\delta = 0.531°$ 时，相位误差补偿量 $\Delta\delta_c = -0.531°$，如图 9-9 所示，拟正交控制电压均值趋近于 0，相位误差补偿完成。相位误差的补偿消除了检测模态内控制电压间的耦合，而由驱动误差产生的驱动和检测模态间的耦合还未消除。

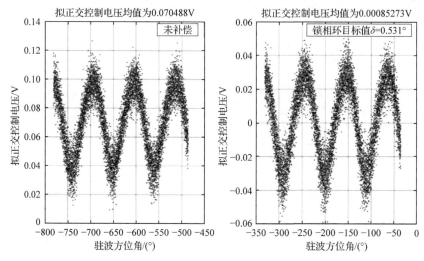

图 9-9 7.5V 虚拟科氏电压激励下拟正交控制电压均值在相位误差补偿过程中的变化

在 7.5V 的虚拟科氏电压激励下，如图 9-10 所示，驱动倾角误差 α 的补偿能够显著降低驻波方位角的 4θ 余弦分量，驱动增益误差 G_{dy} 能够显著降低驻波方位角误差的 4θ 正弦分量，当补偿 $G_{dyc} = -0.0187, \alpha_c = -0.177°$ 时，驻波方位角误差的 8θ 正弦分量凸显。

在恒定虚拟科氏电压激励下，为消除驻波方位角误差的 8θ 正弦分量，需要补偿静电驱动非线性误差。如图 9-11 所示，当迭代调整驱动增益和非线性误差

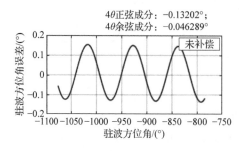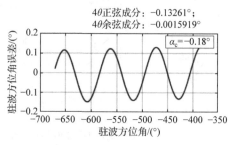

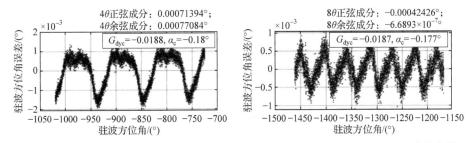

图 9-10　7.5V 虚拟科氏电压激励下驻波方位角误差在修改补偿量 G_{dyc}、α_c 过程中的变化

补偿量 $G_{dyc} = 0.01872, \zeta_c = 0.00097$ 后，驻波方位角误差的周期性分量几乎被噪声淹没，驱动误差的自标定与自补偿完成。

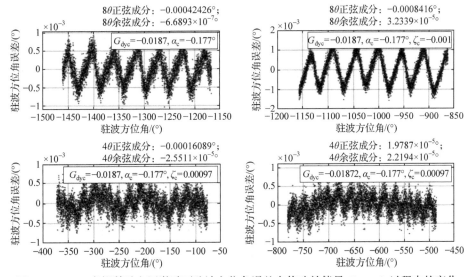

图 9-11　7.5V 虚拟科氏电压激励下驻波方位角误差在修改补偿量 G_{dyc}、ζ_c 过程中的变化

在驱动误差补偿过程中，全角 HRG 的零速率输出变化如图 9-12 所示。实验结果显示，G_{dy} 的补偿不影响 0° 和 ±45° 的零速率输出，α 的补偿不影响 ±45° 的零速率输出。此现象与 8.3.2 小节的结论匹配。

在驱动电极倾角误差同步调整过程中，全角 HRG 的零速率输出如图 9-13 所示。驱动倾角误差补偿量 α_c、β_c 的同步调整能够改变全角 HRG 零速率输出的均值。由于被测试的全角 HRG#1 敏感轴对准天向，可敏感地球自转角速度理论值为 7.61°/h，故调整 $\alpha_c = -0.157°, \beta_c = 0.02°$ 可实现驱动倾角误差 α、β 的同步归零。包括检测、相位、驱动误差在内的测控系统误差的补偿提高了各控制电压、驻波方位角和陀螺输出角速度的精度，此时可利用幅度控制电压和全角 HRG 的

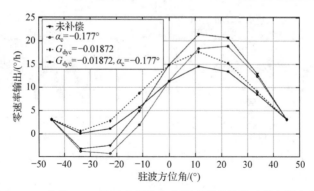

图 9-12　全角 HRG 的零速率输出在驱动误差补偿过程中的变化

零速率输出标定非等阻尼误差幅值和主轴偏角。全角 HRG#1 误差补偿量的离线标定与补偿结果汇总在表 9-1 中。

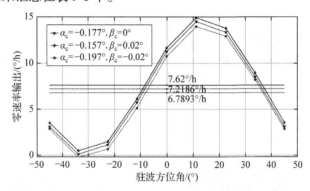

图 9-13　全角 HRG 的零速率输出及其均值在驱动电极倾角误差同步调整过程中的变化

表 9-1　全角 HRG#1 的误差补偿量离线标定与补偿结果

项目	全角 HRG#1 的误差补偿量
检测	$G_{syc} = 0.01436, \gamma_c = 0.096°, \eta_c = 0.00084$
相位	$\Delta\delta_c = -0.531°$
驱动	$G_{dyc} = 0.01872, \alpha_c = -0.157°, \beta_c = 0.02°, \zeta_c = 0.00097$
谐振子	$\Delta(1/\tau) = 0.000753\text{rad/s}, \theta_\tau = -16.8839°$

全角 HRG#1 在检测、相位、驱动和谐振子误差补偿过程中的零速率输出如图 9-14 所示。实验证明了 SE-DCC 方案的有效性，被测试的全角 HRG#1 最终能够较为精准地敏感地球自转角速度的天向分量。

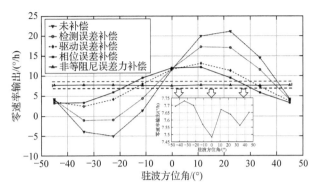

图 9-14 全角 HRG#1 的零速率输出在 SE-DCC 方案执行过程中的变化

9.3 误差的在线辨识与补偿

9.2 节中全角 HRG 检测、驱动和相位误差的离线标定与补偿是迭代的，即在高速转台或尽可能大的恒定虚拟科氏电压激励下，获取驻波方位角的周期性误差、拟正交控制电压输出等信息，依据各误差参数与全角 HRG 输出的对应关系，按照式(9-1)、式(9-3)、式(9-6)完成各误差参数的标定，进而完成各误差的补偿。这一过程需要完成全角 HRG 输出数据的离线批处理，不具备实时性，且需要一定的人工干预。然而，若以全角 HRG 实时输出构建合理的量测方程，将检测、驱动和相位误差参数视为状态变量，利用诸如卡尔曼滤波、极大似然估计、极大验后估计等状态估计方法完成各误差参数的在线辨识，便能够完成各误差的在线补偿。本节将提供多种量测方式下，基于卡尔曼滤波(KF)和扩展卡尔曼滤波(EKF)的检测、驱动和相位误差在线辨识与补偿方法[3-7]。

9.3.1 检测误差在线辨识

1. 基于驻波方位角的检测增益、倾角、非线性误差参数估计

由式(8-22)可得，在高速转台激励下，全角 HRG 驻波方位角输出受 G_{sy}、γ、η 的影响而存在估计误差，即

$$\hat{\theta} = \theta + \left(2\sin 2\gamma + 2\sin 2\gamma \cos 4\theta + 2G_{sy}\sin 4\theta - \eta\sin 8\theta\right)/8 \qquad (9\text{-}11)$$

其中，$\hat{\theta}$ 为带有估计误差的驻波方位角输出；$\theta = \theta_0 - K\Omega t$，为未知真实的驻波方位角信息，$\theta_0$ 为初始驻波方位角，Ω 为转台施加的恒定高速旋转角速度。若要使用线性状态估计方法，则式(9-11)需近似离散化为

$$\hat{\theta}_k = \theta_{0(k)} - K_k \Omega t_k + \left[2\gamma_k^* \left(1 + \cos 4\hat{\theta}_k\right) + 2G_{sy(k)} \sin 4\hat{\theta}_k - \eta_k \sin 8\hat{\theta}_k \right] / 8 \quad (9\text{-}12)$$

其中，$\gamma_k^* = \sin 2\gamma_k$。将式(9-12)作为检测误差的量测方程，则状态向量 X_k 和量测矩阵 H_k 可分别表示为

$$\begin{cases} X_k = \left[G_{sy(k)}, \gamma_k^*, \eta_k, K_k, \theta_{0(k)} \right]^{\mathrm{T}} \\ H_k = \left[\sin 4\hat{\theta}_k / 4, \left(1 + \cos 4\hat{\theta}_k\right) / 4, -\sin 8\hat{\theta}_k / 8, -\Omega t_k, 1 \right] \end{cases} \quad (9\text{-}13)$$

在任一陀螺状态和外界环境条件下，将检测误差参数和驻波进动因子均视为未知常量，则 X_k 的状态方程可一般化地表示为

$$X_k = X_{k-1} + W_{k-1} \quad (9\text{-}14)$$

其中，W_{k-1} 为系统的过程噪声。定义一维量测 $Z_k = \hat{\theta}_k$，基于式(9-13)，将式(9-12)用矩阵表示为

$$Z_k = H_k X_k + V_k \quad (9\text{-}15)$$

其中，V_k 为系统的量测噪声。系统的过程噪声和量测噪声都是零均值的高斯白噪声，且它们互不相关，满足

$$\begin{cases} E[W_k] = 0, E\left[W_k W_j^{\mathrm{T}}\right] = Q_k \delta_{kj} \\ E[V_k] = 0, E\left[V_k V_j^{\mathrm{T}}\right] = R_k \delta_{kj} \\ E\left[W_k V_j^{\mathrm{T}}\right] = 0 \end{cases} \quad (9\text{-}16)$$

其中，Q_k 为过程噪声方差；R_k 为量测噪声方差。一般要求 Q_k 是非负定的且 R_k 是正定的，即 $Q_k \geqslant 0$ 且 $R_k > 0$。根据状态方程式(9-14)和量测方程式(9-15)，基于 KF 的状态估计有以下 5 个核心公式：

$$\begin{cases} \hat{X}_{k/k-1} = \hat{X}_{k-1} \\ P_{k/k-1} = P_{k-1} + Q_{k-1} \\ K_k = P_{k/k-1} H_k^{\mathrm{T}} \left(H_k P_{k/k-1} H_k^{\mathrm{T}} + R_k \right)^{-1} \\ \hat{X}_k = \hat{X}_{k/k-1} + K_k \left(Z_k - H_k \hat{X}_{k/k-1} \right) \\ P_k = \left(I - K_k H_k \right) P_{k/k-1} \end{cases} \quad (9\text{-}17)$$

上述 5 个核心公式分别为状态一步预测、状态一步预测均方误差阵、滤波增益、状态估计和状态估计均方误差阵。基于式(9-17)，KF 的整个流程可由图 9-15 表示。

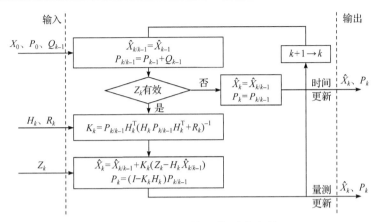

图 9-15　KF 流程(时间更新+量测更新)

由图 9-15 可知，当没有量测信息时，系统只进行状态更新；当有效量测信息输入后，系统既进行状态更新，又进行量测更新。当以驻波方位角输出作为量测时，系统的量测更新频率可以稍微降低以减小计算量，通常全角 HRG 的驻波方位角输出频率为 100Hz，状态更新频率可设置为 100Hz，量测更新频率可设置为 10Hz。

式(9-11)近似离散化为检测误差的线性量测方程式(9-12)时，一定程度上降低了系统模型的准确性。若将检测误差的量测方程准确地写为如下非线性离散化形式 $h(X_k)$，则需要采用 EKF 等非线性滤波方法完成检测误差的在线辨识。将式(9-11)进一步表示为

$$h(X_k) = \hat{\theta}_k = \theta_{0(k)} - K_k \Omega t_k + \gamma_k^* \left[1 + \cos 4\left(\theta_{0(k)} - K_k \Omega t_k\right)\right]/4$$
$$+ G_{sy(k)} \sin 4\left(\theta_{0(k)} - K_k \Omega t_k\right)/4 - \eta_k \sin 8\left(\theta_{0(k)} - K_k \Omega t_k\right)/8 \quad (9\text{-}18)$$

依然将 $X_k = \left[G_{sy(k)}, \gamma_k^*, \eta_k, K_k, \theta_{0(k)}\right]^T$ 视为检测误差在线辨识系统的状态向量，根据检测误差的非线性量测方程式(9-18)，该方程的雅可比矩阵 H_k 可表示为

$$H_k = J\left[h(X_{k/k-1})\right] \quad (9\text{-}19)$$

记

$$J\left[h(X)\right] = \frac{\partial h(X)}{\partial X^T} = \left[\frac{\partial h(X)}{\partial G_{sy}}, \frac{\partial h(X)}{\partial \gamma^*}, \frac{\partial h(X)}{\partial \eta}, \frac{\partial h(X)}{\partial K}, \frac{\partial h(X)}{\partial \theta_0}\right] \quad (9\text{-}20)$$

式中，$J\left[h(X)\right]$ 为 $h(X)$ 的雅可比矩阵。在式(9-18)所示的非线性量测下，基于 EKF 的状态估计有以下 5 个核心公式：

$$\begin{cases}
\hat{X}_{k/k-1} = \hat{X}_{k-1} \\
P_{k/k-1} = P_{k-1} + Q_{k-1} \\
K_k = P_{k/k-1}H_k^{\mathrm{T}}\left(H_k P_{k/k-1}H_k^{\mathrm{T}} + R_k\right)^{-1} \\
\hat{X}_k = \hat{X}_{k/k-1} + K_k\left[Z_k - h\left(\hat{X}_{k/k-1}\right)\right] \\
P_k = \left(I - K_k H_k\right)P_{k/k-1}
\end{cases} \tag{9-21}$$

其中，$h\left(\hat{X}_{k/k-1}\right)$ 和 H_k 分别利用式(9-18)和式(9-19)计算。由于式(9-21)将非线性量测方程 $h(X)$ 在状态一步预测 $\hat{X}_{k/k-1}$ 附近展开成泰勒级数并取一阶近似以获得 H_k，当完成状态估计得到 $\hat{X}_k$ 后，可进行 1 次迭代滤波以提高状态估计精度。记式(9-21)得到的预滤波结果 $\hat{X}_{k/k-1} = \hat{X}_{f,k/k-1}$，$P_{k/k-1} = P_{f,k/k-1}$，$\hat{X}_k = \hat{X}_{f,k}$，则需要进一步完成的迭代滤波将按照如下公式进行：

$$\begin{cases}
K_{s,k} = P_{f,k/k-1}H_{s,k}^{\mathrm{T}}\left(H_{s,k}P_{f,k/k-1}H_{s,k}^{\mathrm{T}} + R_k\right)^{-1} \\
\hat{X}_{s,k} = \hat{X}_{f,k/k-1} + K_{s,k}\left[Z_k - h\left(\hat{X}_{f,k}\right) - H_{s,k}\left(\hat{X}_{f,k/k-1} - \hat{X}_{f,k}\right)\right] \\
P_{s,k} = \left(I - K_{s,k}H_{s,k}\right)P_{f,k/k-1}
\end{cases} \tag{9-22}$$

其中，$H_{s,k}$ 为非线性量测方程 $h(X)$ 在预滤波状态估计结果 $\hat{X}_{s,k}$ 附近展开成泰勒级数并取一阶近似得到的。基于 EKF 的"预滤波+迭代滤波"流程见图 9-16。

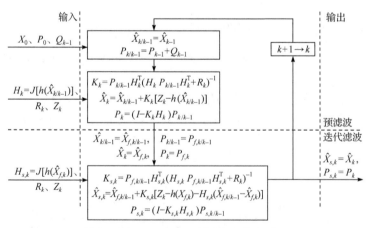

图 9-16　EKF 流程(预滤波+迭代滤波)

最终，$\hat{X}_{s,k}$、$P_{s,k}$ 作为 k 时刻的状态估计结果及其均方误差阵，依据其可继续进行 $k+1$ 时刻的状态估计。k 时刻的检测误差估计值 $\hat{G}_{\mathrm{sy}(k)}$、$\hat{\gamma}_k$、$\hat{\eta}_k$ 可分别由

$\hat{X}_{s,k}(1)$、$\arcsin\left[\hat{X}_{s,k}(2)\right]/2$、$\hat{X}_{s,k}(3)$ 计算得到，$\hat{X}_{s,k}(4)$ 和 $\hat{X}_{s,k}(5)$ 分别为 k 时刻的 $\hat{K}_k$ 和 $\hat{\theta}_{0(k)}$。值得注意的是，当驻波方位角量测信息单位为角度而并非弧度时，利用 $\hat{X}_{s,k}(1)$、$\hat{X}_{s,k}(2)$ 和 $\hat{X}_{s,k}(3)$ 计算检测误差估计值时需要先对其进行角度向弧度的转化，即转化成国际标准单位或量纲 1 下的状态估计值，基于量测方程式(9-12)得到的线性状态估计结果同理。

2. 基于驻波方位角增量的检测增益、倾角、非线性误差参数估计

根据式(9-11)，带有估计误差的驻波方位角变化率可进一步表示为

$$\dot{\hat{\theta}} = \left(1 - \sin 2\gamma \sin 4\theta + G_{sy}\cos 4\theta - \eta\cos 8\theta\right)\dot{\theta} \tag{9-23}$$

在恒定的高速转台激励下，有 $\dot{\theta} = -K\Omega$。在全角 HRG 存在检测误差的情况下，每个采样时间间隔 T_s 内，带有估计误差的驻波方位角增量可表示为

$$\Delta\hat{\theta} = -\left(1 - \sin 2\gamma \sin 4\theta + G_{sy}\cos 4\theta - \eta\cos 8\theta\right)K\Omega T_s \tag{9-24}$$

由于 θ 难以被观测到，若要使用线性状态估计方法，则式(9-24)需近似离散化为

$$\Delta\hat{\theta}_k = -\left(1 - \sin 2\gamma_k \sin 4\hat{\theta}_k + G_{sy(k)}\cos 4\hat{\theta}_k - \eta_k\cos 8\hat{\theta}_k\right)K_k\Omega T_s \tag{9-25}$$

为了保证式(9-25)所示量测方程的精确性，采样时间间隔不能过大，通常设置 $T_s = 0.01\mathrm{s}$。将式(9-25)作为检测误差的量测方程，则状态向量 X_k 和量测矩阵 H_k 可分别表示为

$$\begin{cases} X_k = \left[G_{sy(k)}^{**}, \gamma_k^{**}, \eta_k^{**}, -K_k\right]^{\mathrm{T}} \\ H_k = \left[\cos 4\hat{\theta}_k, -\sin 4\hat{\theta}_k, -\cos 8\hat{\theta}_k, 1\right]\Omega T_s \end{cases} \tag{9-26}$$

其中，$G_{sy(k)}^{**} = -G_{sy(k)}K_k$；$\gamma_k^{**} = -\sin 2\gamma_k K_k$；$\eta_k^{**} = -\eta_k K_k$。由于 K 为某一常值，约为 0.277，因此利用线性滤波方法对式(9-26)所示状态进行估计具备可行性。针对任一陀螺状态和外界环境条件下视为未知常量的检测误差，X_k 的状态方程、X_k 和 Z_k 的量测方程、过程噪声和量测噪声的关系，以及 KF 的流程已由式(9-14)～式(9-17)给出。k 时刻的检测误差估计值 $\hat{G}_{sy(k)}$、$\hat{\gamma}_k$、$\hat{\eta}_k$ 可分别由 $\hat{X}_k(1)/\hat{X}_k(4)$、$\arcsin\left[\hat{X}_k(2)/\hat{X}_k(4)\right]/2$、$\hat{X}_k(3)/\hat{X}_k(4)$ 计算得到。

9.3.2　相位误差在线辨识

由式(9-2)可得，在恒定幅值的虚拟科氏电压激励下，受相位和驱动误差的影

响，拟正交控制电压输出可表示为

$$\hat{V}_{qc} = V_{qc}\sec\Delta\delta / k_{22} - \hat{V}_\theta\tan\Delta\delta \tag{9-27}$$

其中，由式(5-62)可得

$$V_{qc} = a\omega_d\Delta\omega\sin 4(\theta-\theta_\omega)\sec\Delta\delta / (K_{ds}k_{22}) \tag{9-28}$$

受 $k_{22} = 1 + \dfrac{1}{4}\left[-4\sin(\alpha-\beta)\sin 4\theta + 2G_{dy}\cos 4\theta + 2G_{dy} - \zeta\cos 8\theta + \zeta\right]$ 的影响，输出的拟正交控制电压将具有驻波方位角 4 次、8 次以及更高次谐波分量。此外，在恒定幅值的虚拟科氏电压激励下，受相位误差的影响，虚拟科氏电压将为拟正交控制电压输出增加 $-\hat{V}_\theta\tan\Delta\delta$ 的常值分量。根据式(9-27)构建相位误差的线性量测方程，即

$$\hat{V}_{qc(k)} = A_k\sin 4\theta_k + B_k\cos 4\theta_k + C_k + D_k\sin 8\theta_k + E_k\cos 8\theta_k \tag{9-29}$$

其中，$C_k = -\hat{V}_\theta\tan\Delta\delta_k$。忽略比驻波方位角 8 次谐波更高阶的谐波分量，将式(9-29)作为相位误差的量测方程，则状态向量 X_k 和量测矩阵 H_k 可分别表示为

$$\begin{cases} X_k = \left[A_k,B_k,C_k,D_k,E_k\right]^T \\ H_k = \left[\sin 4\theta_k,\cos 4\theta_k,1,\sin 8\theta_k,\cos 8\theta_k\right] \end{cases} \tag{9-30}$$

k 时刻的相位误差估计值 $\Delta\hat{\delta}_k$ 可由 $-\arctan\left[\dfrac{\hat{X}_k(3)}{\hat{V}_\theta}\right]$ 计算得到。

9.3.3　驱动误差在线辨识

1) 基于驻波方位角增量的驱动增益、倾角、非线性误差参数估计

由式(9-4)可得，在尽可能大的恒定虚拟科氏电压激励下，全角 HRG 驻波方位角变化率输出受 G_{dy}、α、β、ζ 的影响而存在漂移速度误差，即

$$\dot\theta = \left\{1 + \dfrac{1}{4}\left[-4\sin(\alpha-\beta)\sin 4\theta + 2G_{dy}(1+\cos 4\theta) + \zeta(1-\cos 8\theta)\right]\right\}(-K\Omega_{vir}) \tag{9-31}$$

其中，Ω_{vir} 为陀螺的虚拟旋转角速度。驱动误差严重影响驻波自进动状态下的有效进动因子，进而严重影响陀螺自激励状态下全角 HRG 的标度因数及其稳定性。在全角 HRG 存在驱动误差的情况下，每个采样时间间隔 T_s 内，带有漂移误差的驻波方位角增量可表示为

$$\Delta\hat\theta = -\left\{1 + \dfrac{1}{4}\left[-4\sin(\alpha-\beta)\sin 4\theta + 2G_{dy}(1+\cos 4\theta) + \zeta(1-\cos 8\theta)\right]\right\}K\Omega_{vir}T_s \tag{9-32}$$

若要使用线性估计方法，式(9-32)需离散化为

$$\Delta \hat{\theta}_k = -\left\{1 + \frac{1}{4}\left[-4\delta_{\alpha\beta(k)}\sin 4\theta_k + 2G_{\mathrm{dy}(k)}\left(1 + \cos 4\theta_k\right) + \zeta_k\left(1 - \cos 8\theta_k\right)\right]\right\}K\Omega_{\mathrm{vir}(k)}T_{\mathrm{s}}$$

(9-33)

其中，$\delta_{\alpha\beta(k)} = \sin\left(\alpha_k - \beta_k\right)$。为了保证式(9-33)所示量测方程的精确性，采样时间间隔不能过大，通常设置 $T_{\mathrm{s}} = 0.01\mathrm{s}$。将式(9-33)作为驱动误差的量测方程，则状态向量 X_k 和量测矩阵 H_k 可分别表示为

$$\begin{cases} X_k = \left[G_{\mathrm{dy}(k)}^{*}, \delta_{\alpha\beta(k)}^{*}, \zeta_k^{*}, \Omega_{\mathrm{vir}(k)}\right]^{\mathrm{T}} \\ H_k = \left[\left(1 + \cos 4\theta_k\right)/2, -\sin 4\theta_k, \left(1 - \cos 8\theta_k\right)/4, 1\right]\left(-KT_{\mathrm{s}}\right) \end{cases}$$

(9-34)

其中，$G_{\mathrm{dy}}^{*} = G_{\mathrm{dy}(k)}\Omega_{\mathrm{vir}(k)}$；$\delta_{\alpha\beta(k)}^{*} = \delta_{\alpha\beta(k)}\Omega_{\mathrm{vir}(k)}$；$\zeta_k^{*} = \zeta_k\Omega_{\mathrm{vir}(k)}$。在某一恒定虚拟科氏电压激励下，虚拟旋转角速度 Ω_{vir} 为某一未知常量，这确保了利用线性滤波方法对式(9-34)所示状态进行估计具备可行性。k 时刻的驱动误差估计值 $\hat{G}_{\mathrm{dy}(k)}$、$\hat{\alpha}_k - \hat{\beta}_k$、$\hat{\zeta}_k$ 可 分 别 由 $\hat{X}_k(1)/\hat{X}_k(4)$ 、 $\arcsin\left[\hat{X}_k(2)/\hat{X}_k(4)\right]$ 、 $\hat{X}_k(3)/\hat{X}_k(4)$ 计算得到。

2) 基于驻波方位角的驱动增益、倾角、非线性误差参数估计

根据式(9-31)和式(9-5)，带有漂移误差的驻波方位角输出可进一步表示为

$$\theta = \theta_0 + B_0 - \left[1 + \frac{1}{4}\left(2G_{\mathrm{dy}} + \zeta\right)\right]K\Omega_{\mathrm{vir}}t$$
$$+ \frac{1}{8}G_{\mathrm{dy}}\sin 4\theta + \frac{1}{4}\sin\left(\alpha - \beta\right)\cos 4\theta - \frac{1}{32}\zeta\sin 8\theta$$

(9-35)

若要使用线性估计方法，式(9-35)需离散化为

$$\theta_k = \theta_{0(k)} + B_{0(k)} - \left[1 + \frac{1}{4}\left(2G_{\mathrm{dy}(k)} + \zeta_k\right)\right]K\Omega_{\mathrm{vir}(k)}t_k$$
$$+ \frac{1}{8}G_{\mathrm{dy}(k)}\sin 4\theta_k + \frac{1}{4}\delta_{\alpha\beta(k)}\cos 4\theta_k - \frac{1}{32}\zeta_k\sin 8\theta_k$$

(9-36)

将式(9-36)作为驱动误差的量测方程，则状态向量 X_k 和量测矩阵 H_k 可分别表示为

$$\begin{cases} X_k = \left[G_{\mathrm{dy}(k)}, \delta_{\alpha\beta(k)}, \zeta_k, \theta_{0(k)}^{**}, \Omega_{\mathrm{vir}(k)}^{**}\right]^{\mathrm{T}} \\ H_k = \left[\sin 4\theta_k/8, \cos 4\theta_k/4, -\sin 8\theta_k/32, 1, -Kt_k\right] \end{cases}$$

(9-37)

其中，$\theta_{0(k)}^{**} = \theta_{0(k)} + B_{0(k)}$；$\Omega_{\mathrm{vir}(k)}^{**} = \left[1 + \frac{1}{4}\left(2G_{\mathrm{dy}(k)} + \zeta_k\right)\right]\Omega_{\mathrm{vir}(k)}$。在恒定虚拟科氏电

压激励下，任一陀螺状态和外界环境条件下，驱动误差、B_0 以及 Ω_{vir} 均可视为未知常量，这确保了利用线性滤波方法对式(9-37)所示状态进行估计具备可行性。k 时刻的驱动误差估计值 $\hat{G}_{\mathrm{dy}(k)}$、$\hat{\alpha}_k - \hat{\beta}_k$、$\hat{\zeta}_k$ 可分别由 $\hat{X}_k(1)$、$\arcsin\left(\hat{X}_k(2)\right)$、$\hat{X}_k(3)$ 计算得到。量测方程式(9-36)与式(9-12)、式(9-18)类似，需要注意驻波方位角量测信息单位为角度时状态估计结果向国际标准单位的转换。

9.3.4　基于遗忘滤波的误差在线辨识与补偿

当陀螺状态和外界环境条件发生变化时，检测、相位和驱动误差参数均不可被视为未知常量。例如，在全温范围内，检测、相位和驱动误差均需要建模为温度(谐振频率)的函数，在辨识与补偿的迭代过程中，陀螺中的各误差参数也将随着补偿而发生改变。按照形如 $X_k = X_{k-1} + W_{k-1}$ 的状态方程，基于 KF 和 EKF 的状态估计方法难以适用于误差在线辨识与补偿的迭代过程中，也难以完成大温变状态下的误差辨识。因此，为了提高全角 HRG 误差在线辨识与补偿的稳定性和环境适应性，采用遗忘滤波是一种合理的解决方案。

标准 KF 和 EKF 综合利用了历史所有量测值 Z_k，当全角 HRG 中的各误差参数在辨识与补偿的迭代过程或温变情况下发生变化时，先前陀螺状态下的量测信息，诸如驻波方位角和拟正交控制电压输出，并不能反映陀螺当前状态。若依然利用先前的量测信息，状态估计结果的精度和稳定性都会受到影响。遗忘滤波算法在滤波过程中刻意修改过程噪声 Q_k 和量测噪声 R_k 的权重，从而逐渐减小历史信息的权重，相对而言提高了新信息的权重，达到了减小滤波器惯性的目的。将基于线性量测的全角 HRG 误差估计模型一般化地表示为

$$\begin{cases} X_k = X_{k-1} + W_k \\ Z_k = H_k X_k + V_k \end{cases} \tag{9-38}$$

其中，设置过程噪声和量测噪声的方差阵为

$$\begin{cases} E[W_k] = 0, E\left[W_k W_j^{\mathrm{T}}\right] = s^{N-k+1} Q_k \delta_{kj} \\ E[V_k] = 0, E\left[V_k V_j^{\mathrm{T}}\right] = s^{N-k} R_k \delta_{kj}, 1 \leqslant k, j \leqslant N \\ E\left[W_k V_j^{\mathrm{T}}\right] = 0 \end{cases} \tag{9-39}$$

其中，s 为略大于 1 的实数比例因子，通常称其为遗忘因子。在序列的当前时刻 N 看以往时刻 k 的过程噪声和量测噪声都被放大了 s^{N-k} 倍，其中 $1 \leqslant k \leqslant N$。过程噪声和量测噪声的放大意味着以往状态和量测的不确定性被刻意增大。与标准 KF 相比，遗忘滤波更加强调新近状态和量测的作用。根据式(9-17)所示标准 KF 的更新公式，在式(9-39)的噪声假设下，k 时刻遗忘滤波的核心公式为

$$\begin{cases} \hat{X}_{k/k-1} = \hat{X}_{k-1} \\ P_{k/k-1} = P_{k-1} + s^{N-k}Q_{k-1} \\ K_k = P_{k/k-1}H_k^{\mathrm{T}}\left(H_k P_{k/k-1}H_k^{\mathrm{T}} + s^{N-k}R_k\right)^{-1} \\ \hat{X}_k = \hat{X}_{k/k-1} + K_k\left(Z_k - H_k\hat{X}_{k/k-1}\right) \\ P_k = \left(I - K_k H_k\right)P_{k/k-1} \end{cases} \tag{9-40}$$

将状态一步预测均方误差阵 $P_{k/k-1}$ 公式两边同乘因子 $s^{-(N-k)}$，可得

$$s^{-(N-k)}P_{k/k-1} = s^{-(N-k)}P_{k-1} + Q_{k-1} \tag{9-41}$$

记 $P_{k-1}^* = s^{-[N-(k-1)]}P_{N-1}$，$P_{k/k-1}^* = s^{-(N-k)}P_{N/N-1}$，则式(9-41)可转化为

$$P_{k/k-1}^* = sP_{k-1}^* + Q_{k-1} \tag{9-42}$$

进一步地，式(9-39)中的滤波增益可改写为

$$K_k = s^{-(N-k)}P_{k/k-1}H_k^{\mathrm{T}}\left(H_k s^{-(N-k)}P_{k/k-1}H_k^{\mathrm{T}} + R_k\right)^{-1}$$
$$= P_{k/k-1}^* H_k^{\mathrm{T}}\left(H_k P_{k/k-1}^* H_k^{\mathrm{T}} + R_k\right)^{-1} \tag{9-43}$$

将状态估计均方误差阵 P_k 公式两边同乘因子 $s^{-(N-k)}$，可得

$$s^{-(N-k)}P_k = \left(I - K_k H_k\right)s^{-(N-k)}P_{k/k-1} \tag{9-44}$$

记 $P_k^* = s^{-(N-k)}P_k$，$X_{k-1}^* = X_{k-1}$，$X_{k/k-1}^* = X_{k/k-1}$，$X_k^* = X_k$，$K_k^* = K_k$，则遗忘滤波的更新公式(9-40)等价为

$$\begin{cases} \hat{X}_{k/k-1}^* = \hat{X}_{k-1}^* \\ P_{k/k-1}^* = sP_{k-1}^* + Q_{k-1} \\ K_k^* = P_{k/k-1}^* H_k^{\mathrm{T}}\left(H_k P_{k/k-1}^* H_k^{\mathrm{T}} + R_k\right)^{-1} \\ \hat{X}_k^* = \hat{X}_{k/k-1}^* + K_k^*\left(Z_k - H_k\hat{X}_{k/k-1}^*\right) \\ P_k^* = \left(I - K_k^* H_k\right)P_{k/k-1}^* \end{cases} \tag{9-45}$$

对比式(9-45)与式(9-17)可以看出，相较于标准 KF，遗忘滤波只需要将前一时刻状态均方误差阵 P_{k-1}^* 乘上遗忘因子 s 以获得状态一步预测均方误差阵 $P_{k/k-1}^*$，即等效扩大了状态预测的不确定性，淡忘了以往的估计。显然，s 越大于 1，历史信息被遗忘的速度就越快。基于遗忘滤波，检测、相位和驱动误差的在线辨识和补偿可以在短时间内完成迭代，该方法也为全角 HRG 误差的快速全

温建模创造了条件。

　　基于遗忘滤波的全角 HRG 误差在线辨识与补偿方法在某 30 型 HRG(编号#2)上得到实验验证。设置遗忘因子 s=1.001，在 100°/s 的高速转台激励下观测 100Hz 的驻波方位角增量，基于式(9-25)并利用 EKF 算法辨识检测误差补偿量 $\hat{G}_{\mathrm{syc}}$、$\hat{\gamma}_{\mathrm{c}}$ 以及驻波有效进动因子 $\hat{K}_{\mathrm{eff}}$。该 EKF 估计器的状态量 $\hat{G}_{\mathrm{syc}}$、$\hat{\gamma}_{\mathrm{c}}$、$\hat{K}_{\mathrm{eff}}$ 以及陀螺输出角速度在检测误差辨识与补偿过程中的变化如图 9-17 所示。

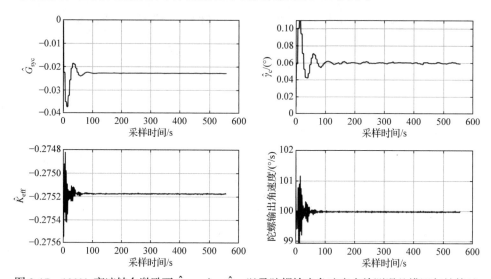

图 9-17　100°/s 高速转台激励下 $\hat{G}_{\mathrm{syc}}$、$\hat{\gamma}_{\mathrm{c}}$、$\hat{K}_{\mathrm{eff}}$ 以及陀螺输出角速度在检测误差辨识与补偿过程中的变化

　　检测误差辨识与补偿的迭代过程收敛后，$\hat{G}_{\mathrm{syc}}$ 稳定在-0.0228 附近，$\hat{\gamma}_{\mathrm{c}}$ 稳定在 0.0594°附近，驻波的有效进动因子 $\hat{K}_{\mathrm{eff}}$ 约为-0.27518。检测误差补偿后，陀螺能够比较精确地输出角速度信息。

　　在检测误差补偿的基础上，施加 7.5V 的虚拟科氏电压激励，观测拟正交控制电压输出，基于式(9-29)并利用 KF 算法辨识相位误差补偿量 $\Delta\hat{\delta}_{\mathrm{c}}$。该 KF 估计器的状态量 $\Delta\hat{\delta}_{\mathrm{c}}$ 以及拟正交控制电压输出 $\hat{V}_{qc}$ 在相位误差辨识与补偿过程中的变化如图 9-18 所示。

　　相位误差辨识与补偿的迭代过程收敛后，$\Delta\hat{\delta}_{\mathrm{c}}$ 稳定在-0.2819°附近，拟正交控制电压输出在相位误差补偿后趋于 0 均值状态。

　　保持 7.5V 虚拟科氏电压激励，观测驻波方位角增量，基于式(9-33)并利用 EKF 算法辨识驱动误差补偿量 $\hat{G}_{\mathrm{dyc}}$、$\hat{\alpha}_{\mathrm{c}}$ 以及陀螺的虚拟旋转角速度 $\hat{\Omega}_{\mathrm{vir}}$。该 EKF

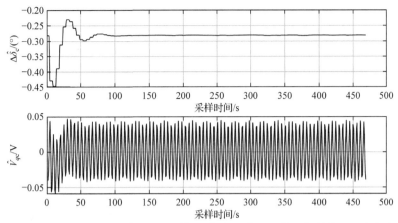

图 9-18　7.5V 虚拟科氏电压激励下 $\Delta\hat{\delta}_c$ 和 $\hat{V}_{qc}$ 在相位误差辨识与补偿过程中的变化

估计器的状态量 $\hat{G}_{dyc}$、$\hat{\alpha}_c$、$\hat{\Omega}_{vir}$ 以及幅度控制电压输出 $\hat{V}_{as}$ 在驱动误差辨识与补偿过程中的变化如图 9-19 所示。

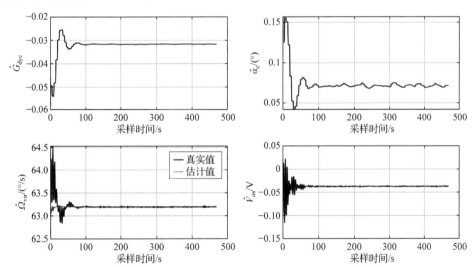

图 9-19　7.5V 虚拟科氏电压激励下 $\hat{G}_{dyc}$、$\hat{\alpha}_c$、$\hat{\Omega}_{vir}$ 和 $\hat{V}_{as}$ 在驱动误差辨识与补偿过程中的变化

　　驱动误差辨识与补偿的迭代过程收敛后，$\hat{G}_{dyc}$ 稳定在−0.0316 附近，$\hat{\alpha}_c$ 稳定在 0.0715° 附近，陀螺虚拟旋转角速度估计值 $\hat{\Omega}_{vir}$ 约为 63.1918°/s，能够比较精确地估计陀螺的虚拟旋转角速度真实值。驱动误差 G_{dy}、α 补偿后，幅度控制电压输出不再因虚拟科氏电压的耦合而产生明显的周期性波动。然而，驱动电极倾角误差仍处于 $\alpha = \beta \neq 0$ 的"虚假"平衡状态。在方波形式的 ±7.5V 虚拟科氏电压激励下，幅度控制电压输出 $\hat{V}_{as}$ 随虚拟科氏电压输入 V_θ 的变化如图 9-20 所示。

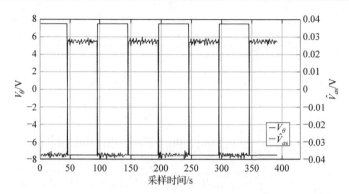

图 9-20　方波形式的±7.5V 虚拟科氏电压激励下 $\hat{V}_{as}$ 随 V_θ 的变化

　　根据幅度控制电压输出均值受虚拟科氏电压的影响情况，可标定得 $\beta_{\mathrm{c}}=-0.1237°$。调整 $\alpha_{\mathrm{c}}=-0.0522°, \beta_{\mathrm{c}}=-0.1237°$ 可实现驱动电极倾角误差 α、β 的同步归零。在检测、相位和驱动误差在线辨识与补偿的基础上，利用全角 HRG 零速率输出中包含的周期性分量可辨识谐振子非等阻尼误差的幅值和主轴偏角，全角 HRG#2 的误差补偿量在线辨识与补偿结果汇总在表 9-2 中。

表 9-2　全角 HRG#2 的误差补偿量在线辨识与补偿结果

项目	全角 HRG#2 的误差补偿量
检测	$G_{\mathrm{syc}}=-0.0228, \gamma_{\mathrm{c}}=0.0594°$
相位	$\Delta\delta_{\mathrm{c}}=-0.2819°$
驱动	$G_{\mathrm{dyc}}=-0.0316, \alpha_{\mathrm{c}}=-0.0522°, \beta_{\mathrm{c}}=-0.1237°$
谐振子	$\Delta(1/\tau)=0.000157\mathrm{rad/s}, \theta_\tau=20.9110°$

　　全角 HRG#2 在检测、相位、驱动和谐振子误差补偿过程中的零速率输出如图 9-21 所示。实验证明了全角 HRG 误差在线辨识与补偿方法的有效性，被测试

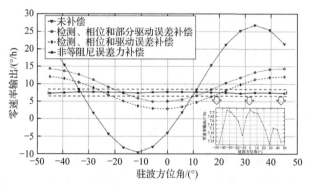

图 9-21　全角 HRG#2 的零速率输出在误差在线辨识与补偿过程中的变化

的全角 HRG#2 最终能够较为精准地敏感地球自转角速度的天向分量。

参 考 文 献

[1] 晏恺晨. 半球谐振陀螺自激励与误差补偿方法研究[D]. 西安: 西北工业大学, 2023.

[2] Yan K, Wang X, Zou K, et al. Self-excitation enabled decoupling, calibration, and compensation of errors for whole-angle hemispherical resonator gyroscope[J]. IEEE Transactions on Instrumentation and Measurement, 2024, 73: 1-13.

[3] 陈圳南. 全角微半球谐振陀螺误差在线辨识与补偿方法研究[D]. 西安: 西北工业大学, 2024.

[4] 魏振楠. 速率积分半球谐振陀螺建模、测试及误差补偿技术[D]. 哈尔滨: 哈尔滨工业大学, 2022.

[5] 王瑞祺. 速率积分半球谐振陀螺误差建模及控制方法研究[D]. 哈尔滨: 哈尔滨工业大学, 2022.

[6] Hu Z, Gallacher B. Extended kalman filtering based parameter estimation and drift compensation for a MEMS rate integrating gyroscope[J]. Sensors and Actuators A: Physical, 2016, 250: 96-105.

[7] 贾祥伟. 半球谐振陀螺自校准与误差抑制技术[D]. 大连: 大连海事大学, 2022.

第 10 章　调频半球谐振陀螺的测控方案设计与特性分析

本章彩图

HRG 的传统工作模式主要有力平衡和全角两种。这两种工作模式下，谐振子被激励出驻波，基于驻波驱动和检测模态振动位移幅值的检测和控制获得陀螺敏感的角度或角速度信息，这两种工作模式本质上都属于幅度调制(amplitude modulation，AM)模式。除了 AM 模式，科氏振动陀螺还有一类工作模式利用振动信号频率读出角速度，这类工作模式属于频率调制(frequency modulation，FM)模式，典型代表有正交调频(quadrature frequency modulation，QFM)模式、李萨如调频(Lissajous frequency modulation，LFM)模式和差分调频(differential frequency modulation，DFM)模式三种。相较于 AM 模式，FM 模式利用振动信号频率读出角速度理论上具有更高的信噪比和读出精度。然而，这些模式出现时间不长，各模式下的测控方案、角速度输出误差的演化方式和模型、性能提升方法以及这些模式在半球或微半球谐振陀螺上的适用性都有待进一步研究。

10.1　正交调频模式

10.1.1　测控方案

QFM 模式适用于大尺寸、高 Q 值、低频差 HRG，谐振子典型参数见表 5-1，谐振子在工作过程中被激励出顺时针或逆时针旋转的圆形行波。由式(5-50)和式(5-51)可得，在 QFM 模式下，将 C_x、C_y 分别视为 X 和 Y 模态有效的振幅放大电压，若利用相位差控制回路保持 X 模态振动位移相位超前 Y 模态 90°，即 $\Delta\phi_{xy}=90°$，利用幅度控制回路保持 $C_x=C_y=a$，利用双锁相环抑制 $S_x=S_y=0$，并忽略 X 和 Y 模态间的频率裂解，则

$$\dot{\phi}_x = \omega_x - 2K\Omega + \frac{1}{2}\Delta\left(\frac{1}{\tau}\right)\sin 4\theta_\tau \tag{10-1}$$

$$\dot{\phi}_y = \omega_y - 2K\Omega - \frac{1}{2}\Delta\left(\frac{1}{\tau}\right)\sin 4\theta_\tau \tag{10-2}$$

其中，$\dot{\phi}_x$、$\dot{\phi}_y$ 分别为 X 和 Y 模态方位上谐振子的工作角频率。同理可得，若其他条件不变，控制 X 模态振动位移相位超前 Y 模态 90°，即 $\Delta\phi_{xy}=-90°$，则根据

式(5-38)和式(5-40)可得

$$\dot{\phi}_x = \omega_x + 2K\Omega - \frac{1}{2}\Delta\left(\frac{1}{\tau}\right)\sin 4\theta_\tau \qquad (10\text{-}3)$$

$$\dot{\phi}_y = \omega_y + 2K\Omega + \frac{1}{2}\Delta\left(\frac{1}{\tau}\right)\sin 4\theta_\tau \qquad (10\text{-}4)$$

由式(10-1)～式(10-4)可以看出，在 QFM 模式下，当控制谐振子上的圆形行波绕逆时针或顺时针方向进动时，X 和 Y 模态的工作角频率 $\dot{\phi}_x$、$\dot{\phi}_y$ 被角速度调制。

QFM 模式的测控方案如图 10-1 所示，该模式下需要检测 X 和 Y 模态的振动位移获得其幅值放大电压 A_x、A_y 和实时相位 ϕ_x、ϕ_y，利用两个 AGC 回路控制两模态的振动幅值放大电压 A_x、A_y 为参考电压 A，利用一个(或两个)PLL 跟踪两模态的振动位移相位并输出该模态谐振频率，并利用一个相位差控制回路保持两模态振动位移相位差 $\Delta\phi_{xy}$ 等于 90°，产生逆时针(counter clockwise, CCW)行波，或 $\Delta\phi_{xy}$ 等于–90°，产生顺时针(clockwise, CW)行波[1-3]。

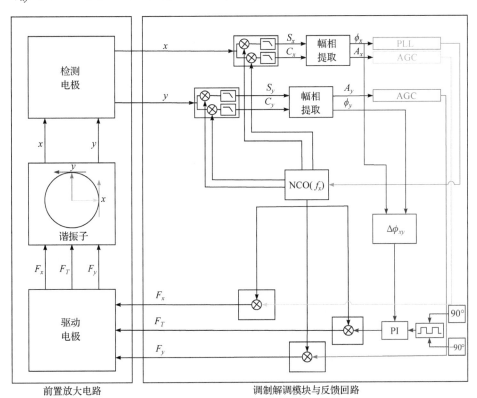

图 10-1　QFM 模式的测控方案

假设谐振子上 X 和 Y 模态的振动位移形如

$$\begin{cases} x = A_x \cos(\omega_x t + \varphi_x)/K_s \\ y = A_y \sin(\omega_y t + \varphi_y)/K_s \end{cases} \tag{10-5}$$

或

$$\begin{cases} x = A_x \cos(\omega_x t + \varphi_x)/K_s \\ y = -A_y \sin(\omega_y t + \varphi_y)/K_s \end{cases} \tag{10-6}$$

其中，式(10-5)对应 CCW 行波，$\phi_x = \omega_x t + \varphi_x$，$\phi_y = \omega_y t + \varphi_y - \dfrac{\pi}{2}$；式(10-6)对应

CW 行波，$\phi_x = \omega_x t + \varphi_x$，$\phi_y = \omega_y t + \varphi_y + \dfrac{\pi}{2}$。定义 $\delta_{xy} = \omega_x t + \varphi_x - \omega_y t - \varphi_y$，无论

产生 CCW 行波还是 CW 行波，都应当保证 $\delta_{xy} = 0$。若利用 X 模态的 PLL 跟踪

到的相位为 $\phi_{dx} = \omega_{dx} t + \varphi_{dx}$，由它生成 X 模态的同相和正交解调参考信号 V_{cx}、V_{sx}

以及 Y 模态的同相和正交解调信号 V_{sy}、V_{cy}，即

$$\begin{cases} V_{cx} = 2\cos(\omega_{dx} t + \varphi_{dx}) \\ V_{sx} = 2\sin(\omega_{dx} t + \varphi_{dx}) \\ V_{sy} = 2\sin(\omega_{dx} t + \varphi_{dx}) \\ V_{cy} = -2\cos(\omega_{dx} t + \varphi_{dx}) \end{cases} \tag{10-7}$$

或

$$\begin{cases} V_{cx} = 2\cos(\omega_{dx} t + \varphi_{dx}) \\ V_{sx} = 2\sin(\omega_{dx} t + \varphi_{dx}) \\ V_{sy} = -2\sin(\omega_{dx} t + \varphi_{dx}) \\ V_{cy} = 2\cos(\omega_{dx} t + \varphi_{dx}) \end{cases} \tag{10-8}$$

其中，式(10-7)对应 CCW 行波；式(10-8)对应 CW 行波。此时，X 和 Y 模态的振动位移经前置放大、乘法解调和低通滤波得到的振动位移放大电压 C_x、S_x、C_y、S_y 可分别表示为

$$\begin{cases} C_x = A_x \cos(\omega_{dx} t + \varphi_{dx} - \omega_x t - \varphi_x) \\ S_x = A_x \sin(\omega_{dx} t + \varphi_{dx} - \omega_x t - \varphi_x) \\ C_y = A_y \cos(\omega_{dx} t + \varphi_{dx} - \omega_y t - \varphi_y) \\ S_y = A_y \sin(\omega_{dx} t + \varphi_{dx} - \omega_y t - \varphi_y) \end{cases} \tag{10-9}$$

因此，QFM 所需各回路的控制判断量可分别按照如下方式计算：

$$\begin{cases} A_x = \sqrt{C_x^2 + S_x^2} \\ A_y = \sqrt{C_y^2 + S_y^2} \\ \delta_x = \arctan\left(\dfrac{S_x}{C_x}\right) = \omega_{dx}t + \varphi_{dx} - \omega_x t - \varphi_x \\ \delta_y = \arctan\left(\dfrac{S_y}{C_y}\right) = \omega_{dx}t + \varphi_{dx} - \omega_y t - \varphi_y \\ \delta_{xy} = \delta_y - \delta_x = \omega_x t - \varphi_x - \omega_y t - \varphi_y \end{cases} \tag{10-10}$$

其中，δ_x、δ_y 分别为 X 和 Y 模态振动位移相位与解调参考信号相位之间的相位差。A_x、A_y、δ_x 分别输入两个 AGC 回路和一个 PLL，而相位差控制回路所需输入 $\delta_{xy} = \delta_y - \delta_x$，目标值为 0，这种计算方式减小了一个 PLL 的使用。为了控制谐振子产生 CCW 行波，需要施加在谐振子 X 和 Y 模态上的控制力形如

$$\begin{cases} f_x = K_d V_{xs}\cos\left(\omega_{dx}t + \varphi_{dx} + \dfrac{\pi}{2}\right) \\ f_y = K_d V_{yc}\sin\left(\omega_{dx}t + \varphi_{dx} + \dfrac{\pi}{2}\right) - K_d V_{ys}\cos\left(\omega_{dx}t + \varphi_{dx} + \dfrac{\pi}{2}\right) \end{cases} \tag{10-11}$$

其中，V_{xs}、V_{yc} 分别为 X 和 Y 模态施加的幅度控制电压；V_{ys} 为 Y 模态上施加的相位差控制电压。同理，若为了控制谐振子产生 CW 行波，则需要施加在谐振子 X 和 Y 模态上的控制力形如

$$\begin{cases} f_x = K_d V_{xs}\cos\left(\omega_{dx}t + \varphi_{dx} + \dfrac{\pi}{2}\right) \\ f_y = -K_d V_{yc}\sin\left(\omega_{dx}t + \varphi_{dx} + \dfrac{\pi}{2}\right) + K_d V_{ys}\cos\left(\omega_{dx}t + \varphi_{dx} + \dfrac{\pi}{2}\right) \end{cases} \tag{10-12}$$

式(10-11)和式(10-12)中，$\dfrac{\pi}{2}$ 代表各控制力需要超前所控制振动位移 90°相位。

10.1.2　输出特性

当考虑检测、驱动、相位等测控系统误差的影响时，以 X 和 Y 模态的谐振角频率解算陀螺输出角速度的方式不再能够用式(10-1)～式(10-4)准确表达，各控制电压间会产生耦合。

参考力平衡模式下的图 6-5 和表 6-1，以及全角模式下的图 8-11，在 QFM 模式下考虑 X 和 Y 通道相位误差 $\Delta\delta_x$、$\Delta\delta_y$ 的影响。在图 10-1 所示的 QFM 测控方案下，由于仅仅使用单个 PLL 跟踪 X 模态振动信号相位并利用该相位产生解

调参考信号和控制电压，故 X 通道相位误差 $\Delta\delta_x$ 严重影响陀螺的测控精度，而 Y 通道相位误差 $\Delta\delta_y$ 几乎不影响陀螺的正常工作。相位误差存在于检测电极、驱动电极、解调滤波模块等多个部分中，一般表现为相位延迟，定义 X 通道中检测、驱动和解调滤波部分的相位误差分别为 $\Delta\phi_s^X$、$\Delta\phi_d^X$、$\Delta\phi_e^X$，则有 $\Delta\delta_x = \Delta\phi_s^X + \Delta\phi_d^X + \Delta\phi_e^X$。受 X 通道相位误差的影响，若控制谐振子产生 CCW 行波，则 QFM 模式下振动位移 x、y 和控制力 f_x、f_y 可分别由式(10-5)和式(10-11)变化为

$$\begin{cases} x = A\cos\left(\omega_{dx}t + \varphi_{dx} + \dfrac{\pi}{2} + \Delta\phi_d^X + \delta\phi\right)/K_s \\[3mm] y = A\sin\left(\omega_{dx}t + \varphi_{dx} + \dfrac{\pi}{2} + \Delta\phi_d^X + \delta\phi\right)/K_s \end{cases} \tag{10-13}$$

$$\begin{cases} f_x = K_d V_{xs}\cos\left(\omega_{dx}t + \varphi_{dx} + \dfrac{\pi}{2} + \Delta\phi_d^X\right) \\[3mm] f_y = K_d V_{yc}\sin\left(\omega_{dx}t + \varphi_{dx} + \dfrac{\pi}{2} + \Delta\phi_d^X\right) - K_d V_{ys}\cos\left(\omega_{dx}t + \varphi_{dx} + \dfrac{\pi}{2} + \Delta\phi_d^X\right) \end{cases} \tag{10-14}$$

其中，$\delta\phi$ 为谐振子相移。根据式(5-25)，简化 HRG 的动力学模型为

$$\begin{cases} \ddot{x} - 4K\Omega\dot{y} + \dfrac{2}{\tau_x}\dot{x} + D_{xy}\dot{y} + \omega_x^2 x + k_{xy}y = f_x \\[3mm] \ddot{y} + 4K\Omega\dot{x} + D_{xy}\dot{x} + \dfrac{2}{\tau_y}\dot{y} + k_{xy}x + \omega_y^2 y = f_y \end{cases} \tag{10-15}$$

其中，$\dfrac{2}{\tau_x} = \dfrac{2}{\tau} + \Delta\left(\dfrac{1}{\tau}\right)\cos 4\theta_\tau$；$\dfrac{2}{\tau_y} = \dfrac{2}{\tau} - \Delta\left(\dfrac{1}{\tau}\right)\cos 4\theta_\tau$；$D_{xy} = \Delta\left(\dfrac{1}{\tau}\right)\sin 4\theta_\tau$；$\omega_x^2 = \omega^2 - \omega\Delta\omega\cos 4\theta_\omega$；$\omega_y^2 = \omega^2 + \omega\Delta\omega\cos 4\theta_\omega$；$k_{xy} = -\omega\Delta\omega\sin 4\theta_\omega$。此外，由式(10-13)可得

$$\begin{cases} \dot{x} = -A\omega_{dx}\sin\left(\omega_{dx}t + \varphi_{dx} + \dfrac{\pi}{2} + \Delta\phi_d^X + \delta\phi\right)/K_s \\[3mm] \ddot{x} = -A\omega_{dx}^2\cos\left(\omega_{dx}t + \varphi_{dx} + \dfrac{\pi}{2} + \Delta\phi_d^X + \delta\phi\right)/K_s \\[3mm] \dot{y} = A\omega_{dx}\cos\left(\omega_{dx}t + \varphi_{dx} + \dfrac{\pi}{2} + \Delta\phi_d^X + \delta\phi\right)/K_s \\[3mm] \ddot{y} = -A\omega_{dx}^2\sin\left(\omega_{dx}t + \varphi_{dx} + \dfrac{\pi}{2} + \Delta\phi_d^X + \delta\phi\right)/K_s \end{cases} \tag{10-16}$$

将式(10-13)、式(10-14)和式(10-16)代入 HRG 的动力学模型式(10-15)，可得

X 模态平衡方程为

$$-A\omega_{dx}^2\cos\left(\omega_{dx}t+\varphi_{dx}+\frac{\pi}{2}+\Delta\phi_d^X+\delta\phi\right)-\frac{2}{\tau_x}A\omega_{dx}\sin\left(\omega_{dx}t+\varphi_{dx}+\frac{\pi}{2}+\Delta\phi_d^X+\delta\phi\right)$$

$$+D_{xy}A\omega_{dx}\cos\left(\omega_{dx}t+\varphi_{dx}+\frac{\pi}{2}+\Delta\phi_d^X+\delta\phi\right)+\omega_x^2A\cos\left(\omega_{dx}t+\varphi_{dx}+\frac{\pi}{2}+\Delta\phi_d^X+\delta\phi\right)$$

$$+k_{xy}A\sin\left(\omega_{dx}t+\varphi_{dx}+\frac{\pi}{2}+\Delta\phi_d^X+\delta\phi\right)-4K\Omega A\omega_{dx}\cos\left(\omega_{dx}t+\varphi_{dx}+\frac{\pi}{2}+\Delta\phi_d^X+\delta\phi\right)$$

$$=K_{ds}V_{xs}\cos\left(\omega_{dx}t+\varphi_{dx}+\frac{\pi}{2}+\Delta\phi_d^X\right)$$

$$(10\text{-}17)$$

同理可得，Y 模态平衡方程为

$$-A\omega_{dx}^2\sin\left(\omega_{dx}t+\varphi_{dx}+\frac{\pi}{2}+\Delta\phi_d^X+\delta\phi\right)-D_{xy}A\omega_{dx}\sin\left(\omega_{dx}t+\varphi_{dx}+\frac{\pi}{2}+\Delta\phi_d^X+\delta\phi\right)$$

$$+\frac{2}{\tau_y}A\omega_{dx}\cos\left(\omega_{dx}t+\varphi_{dx}+\frac{\pi}{2}+\Delta\phi_d^X+\delta\phi\right)+k_{xy}A\cos\left(\omega_{dx}t+\varphi_{dx}+\frac{\pi}{2}+\Delta\phi_d^X+\delta\phi\right)$$

$$+\omega_y^2A\sin\left(\omega_{dx}t+\varphi_{dx}+\frac{\pi}{2}+\Delta\phi_d^X+\delta\phi\right)-4K\Omega A\omega_{dx}\sin\left(\omega_{dx}t+\varphi_{dx}+\frac{\pi}{2}+\Delta\phi_d^X+\delta\phi\right)$$

$$=K_{ds}V_{yc}\sin\left(\omega_{dx}t+\varphi_{dx}+\frac{\pi}{2}+\Delta\phi_d^X\right)+K_{ds}V_{ys}\cos\left(\omega_{dx}t+\varphi_{dx}+\frac{\pi}{2}+\Delta\phi_d^X\right)$$

$$(10\text{-}18)$$

定义 $C_1=\cos\left(\omega_{dx}t+\varphi_{dx}+\frac{\pi}{2}+\Delta\phi_d^X\right)$，$S_1=\sin\left(\omega_{dx}t+\varphi_{dx}+\frac{\pi}{2}+\Delta\phi_d^X\right)$，式(10-17) 和式(10-18)可进一步整理为

$$-A\omega_{dx}^2\left[C_1\cos(\delta\phi)-S_1\sin(\delta\phi)\right]-\frac{2}{\tau_x}A\omega_{dx}\left[S_1\cos(\delta\phi)+C_1\sin(\delta\phi)\right]$$

$$+D_{xy}A\omega_{dx}\left[C_1\cos(\delta\phi)-S_1\sin(\delta\phi)\right]+\omega_x^2A\left[C_1\cos(\delta\phi)-S_1\sin(\delta\phi)\right]$$

$$+k_{xy}A\left[S_1\cos(\delta\phi)+C_1\sin(\delta\phi)\right]-4K\Omega A\omega_{dx}\left[C_1\cos(\delta\phi)-S_1\sin(\delta\phi)\right]$$

$$=K_{ds}V_{xs}C_1 \qquad\qquad (10\text{-}19)$$

$$-A\omega_{dx}^2\left[S_1\cos(\delta\phi)+C_1\sin(\delta\phi)\right]-D_{xy}A\omega_{dx}\left[S_1\cos(\delta\phi)+C_1\sin(\delta\phi)\right]$$

$$+\frac{2}{\tau_y}A\omega_{dx}\left[C_1\cos(\delta\phi)-S_1\sin(\delta\phi)\right]+k_{xy}A\left[C_1\cos(\delta\phi)-S_1\sin(\delta\phi)\right]$$

$$+\omega_y^2A\left[S_1\cos(\delta\phi)+C_1\sin(\delta\phi)\right]-4K\Omega A\omega_{dx}\left[S_1\cos(\delta\phi)+C_1\sin(\delta\phi)\right]$$

$$=K_{ds}V_{yc}S_1+K_{ds}V_{ys}C_1 \qquad\qquad (10\text{-}20)$$

即

$$
\begin{cases}
-\omega_{dx}^2 \cot(\delta\phi) - \dfrac{2}{\tau_x}\omega_{dx} + D_{xy}\omega_{dx}\cot(\delta\phi) + \omega_x^2 \cot(\delta\phi) + k_{xy} - 4K\Omega\omega_{dx}\cot(\delta\phi) = \dfrac{K_{ds}V_{xs}}{A\sin(\delta\phi)} \\[2mm]
\omega_{dx}^2 - \dfrac{2}{\tau_x}\omega_{dx}\cot(\delta\phi) - D_{xy}\omega_{dx} - \omega_x^2 + k_{xy}\cot(\delta\phi) + 4K\Omega\omega_{dx} = 0 \\[2mm]
-\omega_{dx}^2 \cot(\delta\phi) - D_{xy}\omega_{dx}\cot(\delta\phi) - \dfrac{2}{\tau_y}\omega_{dx} - k_{xy} + \omega_y^2\cot(\delta\phi) - 4K\Omega\omega_{dx}\cot(\delta\phi) = \dfrac{K_{ds}V_{yc}}{A\sin(\delta\phi)} \\[2mm]
-\omega_{dx}^2 - D_{xy}\omega_{dx} + \dfrac{2}{\tau_y}\omega_{dx}\cot(\delta\phi) + k_{xy}\cot(\delta\phi) + \omega_y^2 - 4K\Omega\omega_{dx} = \dfrac{K_{ds}V_{ys}}{A\sin(\delta\phi)}
\end{cases}
$$

$$(10\text{-}21)$$

因此，受 X 通道相位误差 $\Delta\delta_x$ 的影响，X 模态的幅度控制电压慢变量 V_{xs} 可根据式(10-21)表示为

$$
V_{xs} = \left(-\frac{2}{\tau_x}\omega_{dx} + k_{xy}\right) A / \sin(\delta\phi) / K_{ds} \tag{10-22}
$$

若 X 通道的相位误差被辨识与补偿，谐振子相移 $\delta\phi = -\dfrac{\pi}{2} - \Delta\delta_x = -\dfrac{\pi}{2}$，此时由式(10-22)可以看出，$X$ 模态的幅度控制电压慢变量应当达到极小值。

10.1.3　验证分析

QFM 模式的测控方案和输出特性可利用 Simulink 仿真模型进行原理性验证。QFM 模式的 Simulink 仿真模型如图 10-2 所示。

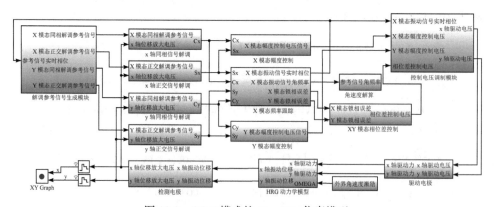

图 10-2　QFM 模式的 Simulink 仿真模型

QFM 模式的 Simulink 仿真模型中，以产生 CCW 行波为例，解调参考信号生成模块对应式(10-7)，控制电压调制模块对应式(10-11)，X 和 Y 模态幅度控制、

X 模态频率跟踪以及 X 和 Y 模态相位差控制四个模块分别使用 A_x、A_y、δ_x、δ_{xy} 为控制判断量,各个量的目标值分别为 A、A、0、0。根据表 5-1 提供的大尺寸、高 Q 值、低频差 HRG 参数,利用图 10-2 所示仿真模型执行 QFM 模式的测控方案。在系统稳定状态下,X 和 Y 模态振动位移构成的李萨如图形如图 10-3 所示。

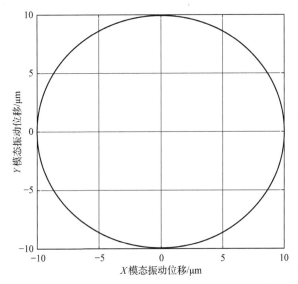

图 10-3　QFM 模式下 X 和 Y 模态振动位移构成的李萨如图形

在从 $-5°\sim5°$(间隔 $1°$ 且每 $1\mathrm{s}$ 变换 1 次)动态调整 X 模态锁相环目标值的过程中,X 模态的幅度控制电压如图 10-4 所示。

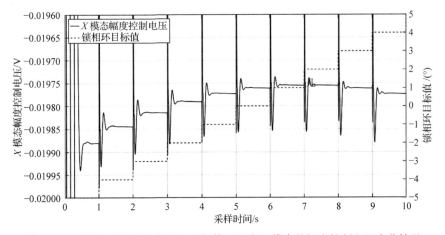

图 10-4　动态调整 X 模态锁相环目标值过程中 X 模态的幅度控制电压变化情况

因此,根据式(10-22)所述 X 模态幅度控制电压与 X 通道相位误差的关系,以

寻找 X 模态幅度控制电压极小值为目标，由图 10-4 可初步判断相位误差约为 $-2°$。此时，保持 X 模态锁相环目标值为 $2°$，在 5s 时施加 $100°/s$ 的外界角速度激励，X 模态谐振频率与陀螺输出角速度的关系如图 10-5 所示。

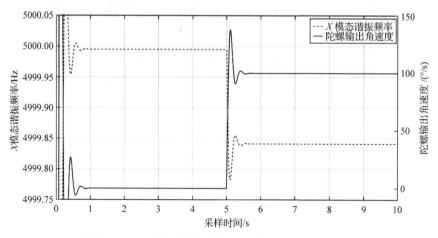

图 10-5　X 模态谐振频率与陀螺输出角速度的关系

由于谐振子上具有 CCW 行波，当施加角速度激励时，科氏效应将改变 CCW 行波的谐振角频率，由式(10-1)可得此变化量理论值为 $-2K\Omega$。综上所述，QFM 模式测控方案和输出特性的原理性验证完成。

10.2　李萨如调频模式

10.2.1　测控方案

LFM 模式不同于 QFM 需要保持 X 和 Y 模态的相位差恒定，该模式只需要维持 X 和 Y 模态的振动位移幅值相等。由于 X 和 Y 模态存在频差，两模态的相位差 $\Delta\phi_{xy}$ 将在 $0°\sim360°$ 连续往复地变化，$\Delta\phi_{xy} = (\omega_x - \omega_y)t$。假设 X 模态振动位移 $x = A\cos(\omega_x t)$，Y 模态振动位移 $y = A\cos(\omega_x t - \Delta\phi_{xy})$，则 X 和 Y 模态振动位移构成的李萨如图形受 $-\Delta\phi_{xy}$ 影响将时而为圆，时而为椭圆，时而为直线。当 $-\Delta\phi_{xy} = 0, \frac{\pi}{2}, \frac{3\pi}{4}, \pi, \frac{5\pi}{4}, \frac{3\pi}{2}, \frac{7\pi}{4}, 2\pi$ 时，X 和 Y 模态振动位移构成的李萨如图形理论上如图 10-6 所示。

因此，为了产生随时间快速变化的 X 和 Y 模态相位差，X 和 Y 模态间需要存在较大的频差。目前，微半球谐振陀螺由于制造工艺问题频差通常很大，微半球谐振陀螺与 LFM 模式的结合或许能够以最小的成本提升微半球谐振陀螺的

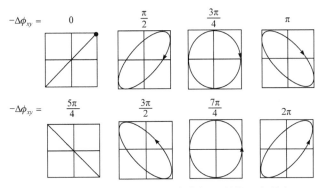

图 10-6　不同相位差情况下李萨如图形的理论形式

性能。LFM 模式适用于小尺寸、低 Q 值、大频差 mHRG，典型参数见表 5-2。由式 (5-52) 和式 (5-53) 可得，在 LFM 模式下，若利用幅度控制回路保持 $C_x = C_y = a$，利用双锁相环抑制 $S_x = S_y = 0$，定义 X、Y 模态振速 $v_x = \dot{\phi}_x C_x, v_y = \dot{\phi}_y C_y$，则将 X、Y 模态相位差的正弦 $\sin\left(\Delta\phi_{xy}\right)$ 与通过高通滤波器 (截止频率小于两模态频差) 的 X、Y 模态频率和 $\mathrm{HPF}\left(\sum\dot{\phi}_{xy}\right)$ 进行乘法解调并通过低通滤波器 (截止频率小于两模态频率差)，可得

$$\mathrm{LPF}\left(\sin\left(\Delta\phi_{xy}\right)\cdot\mathrm{HPF}\left(\sum\dot{\phi}_{xy}\right)\right) = -\left(\frac{v_y}{v_x}+\frac{v_x}{v_y}\right)2K\varOmega \approx -4K\varOmega \qquad (10\text{-}23)$$

其中，两模态振速比的逆和 $\dfrac{v_y}{v_x}+\dfrac{v_x}{v_y} \approx 2$。综上所述，在 LFM 模式下依据 X 和 Y 模态频率以及两模态相位差便能够解算得到陀螺输出角速度信息。

　　LFM 模式的测控方案如图 10-7 所示，该模式下需要检测 X 和 Y 模态的振动位移获得其幅值放大电压 A_x、A_y 和实时相位 ϕ_x、ϕ_y，利用两个 AGC 回路控制两模态的振动幅值放大电压 A_x、A_y 为参考电压 A，并利用两个 PLL 跟踪两模态的振动位移相位并输出两模态参考信号的谐振角频率 ω_{dx}、ω_{dy} 以及实时相位 $\phi_{\mathrm{dx}} = \omega_{\mathrm{dx}}t + \varphi_{\mathrm{dx}}, \phi_{\mathrm{dy}} = \omega_{\mathrm{dy}}t + \varphi_{\mathrm{dy}}$[4-6]。

　　假设谐振子上 X 和 Y 模态的振动位移形如

$$\begin{cases} x = A_x \cos\left(\omega_{\mathrm{dx}}t + \varphi_{\mathrm{dx}}\right)/K_\mathrm{s} \\ y = A_y \sin\left(\omega_{\mathrm{dy}}t + \varphi_{\mathrm{dy}}\right)/K_\mathrm{s} \end{cases} \qquad (10\text{-}24)$$

　　此时，LFM 模式下的行波起振后沿 CCW 方向旋转。为控制 X 和 Y 模态的振动位移幅值以及振速稳定，对应式 (10-24)，两模态上的控制力形如

$$\begin{cases} f_x = K_d V_{xs} \cos\left(\omega_{dx}t + \varphi_{dx} + \dfrac{\pi}{2}\right) \\ f_y = K_d V_{yc} \sin\left(\omega_{dy}t + \varphi_{dy} + \dfrac{\pi}{2}\right) \end{cases} \tag{10-25}$$

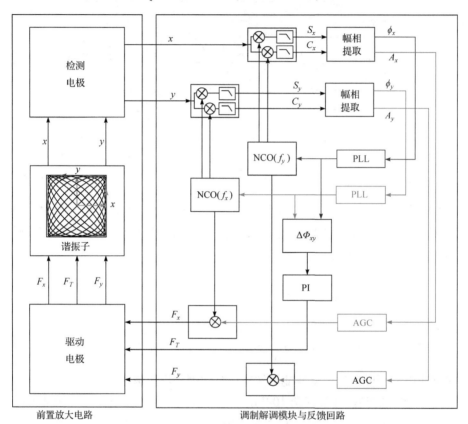

图 10-7 LFM 模式的测控方案

10.2.2 输出特性

同 10.1.2 小节，当考虑 X 和 Y 通道相位误差 $\Delta\delta_x$、$\Delta\delta_y$ 的影响时，定义检测、驱动和解调滤波部分的相位误差分别为 $\Delta\phi_s$、$\Delta\phi_d$、$\Delta\phi_e$，则有测控系统相位误差 $\Delta\delta = \Delta\delta_x = \Delta\delta_y = \Delta\phi_s + \Delta\phi_d + \Delta\phi_e$。此时，式(10-24)和式(10-25)将分别变化为

$$\begin{cases} x = A\cos\left(\omega_{dx}t + \varphi_{dx} + \dfrac{\pi}{2} + \Delta\phi_d + \delta\phi\right)\Big/K_s \\ y = A\sin\left(\omega_{dy}t + \varphi_{dy} + \dfrac{\pi}{2} + \Delta\phi_d + \delta\phi\right)\Big/K_s \end{cases} \tag{10-26}$$

$$
\left\{
\begin{aligned}
f_x &= K_{\mathrm{d}} V_{xs} \cos\left(\omega_{\mathrm{d}x} t + \varphi_{\mathrm{d}x} + \frac{\pi}{2} + \Delta\phi_{\mathrm{d}} \right) \\
f_y &= K_{\mathrm{d}} V_{yc} \sin\left(\omega_{\mathrm{d}y} t + \varphi_{\mathrm{d}y} + \frac{\pi}{2} + \Delta\phi_{\mathrm{d}} \right)
\end{aligned}
\right.
\tag{10-27}
$$

将式(10-26)和式(10-27)代入式(10-15)，可得 X 和 Y 模态平衡方程

$$
\begin{aligned}
&-A\omega_{\mathrm{d}x}^2 \cos\left(\omega_{\mathrm{d}x} t + \varphi_{\mathrm{d}x} + \frac{\pi}{2} + \Delta\phi_{\mathrm{d}} + \delta\phi \right) - \frac{2}{\tau_x} A\omega_{\mathrm{d}x} \sin\left(\omega_{\mathrm{d}x} t + \varphi_{\mathrm{d}x} + \frac{\pi}{2} + \Delta\phi_{\mathrm{d}} + \delta\phi \right) \\
&+ D_{xy} A\omega_{\mathrm{d}y} \cos\left(\omega_{\mathrm{d}y} t + \varphi_{\mathrm{d}y} + \frac{\pi}{2} + \Delta\phi_{\mathrm{d}} + \delta\phi \right) + \omega_x^2 A \cos\left(\omega_{\mathrm{d}x} t + \varphi_{\mathrm{d}x} + \frac{\pi}{2} + \Delta\phi_{\mathrm{d}} + \delta\phi \right) \\
&+ k_{xy} A \sin\left(\omega_{\mathrm{d}y} t + \varphi_{\mathrm{d}y} + \frac{\pi}{2} + \Delta\phi_{\mathrm{d}} + \delta\phi \right) = K_{\mathrm{d}s} V_{xs} \cos\left(\omega_{\mathrm{d}x} t + \varphi_{\mathrm{d}x} + \frac{\pi}{2} + \Delta\phi_{\mathrm{d}} \right)
\end{aligned}
\tag{10-28}
$$

$$
\begin{aligned}
&-A\omega_{\mathrm{d}y}^2 \sin\left(\omega_{\mathrm{d}y} t + \varphi_{\mathrm{d}y} + \frac{\pi}{2} + \Delta\phi_{\mathrm{d}} + \delta\phi \right) - D_{xy} A\omega_{\mathrm{d}x} \sin\left(\omega_{\mathrm{d}x} t + \varphi_{\mathrm{d}x} + \frac{\pi}{2} + \Delta\phi_{\mathrm{d}} + \delta\phi \right) \\
&+ \frac{2}{\tau_y} A\omega_{\mathrm{d}y} \cos\left(\omega_{\mathrm{d}y} t + \varphi_{\mathrm{d}y} + \frac{\pi}{2} + \Delta\phi_{\mathrm{d}} + \delta\phi \right) + k_{xy} A \cos\left(\omega_{\mathrm{d}x} t + \varphi_{\mathrm{d}x} + \frac{\pi}{2} + \Delta\phi_{\mathrm{d}} + \delta\phi \right) \\
&+ \omega_y^2 A \sin\left(\omega_{\mathrm{d}y} t + \varphi_{\mathrm{d}y} + \frac{\pi}{2} + \Delta\phi_{\mathrm{d}} + \delta\phi \right) = K_{\mathrm{d}s} V_{yc} \sin\left(\omega_{\mathrm{d}y} t + \varphi_{\mathrm{d}y} + \frac{\pi}{2} + \Delta\phi_{\mathrm{d}} \right)
\end{aligned}
\tag{10-29}
$$

定义 $C_1 = \cos\left(\omega_{\mathrm{d}x} t + \varphi_{\mathrm{d}x} + \dfrac{\pi}{2} + \Delta\phi_{\mathrm{d}} \right)$ ，$S_1 = \sin\left(\omega_{\mathrm{d}x} t + \varphi_{\mathrm{d}x} + \dfrac{\pi}{2} + \Delta\phi_{\mathrm{d}} \right)$ ，

$C_2 = \cos\left(\omega_{\mathrm{d}y} t + \varphi_{\mathrm{d}y} + \dfrac{\pi}{2} + \Delta\phi_{\mathrm{d}} \right)$ ，$S_2 = \sin\left(\omega_{\mathrm{d}y} t + \varphi_{\mathrm{d}y} + \dfrac{\pi}{2} + \Delta\phi_{\mathrm{d}} \right)$ ，则式(10-28)和
式(10-29)可进一步整理为

$$
\begin{aligned}
&-A\omega_{\mathrm{d}x}^2 \left[C_1 \cos(\delta\phi) - S_1 \sin(\delta\phi) \right] - \frac{2}{\tau_x} A\omega_{\mathrm{d}x} \left[S_1 \cos(\delta\phi) + C_1 \sin(\delta\phi) \right] \\
&+ D_{xy} A\omega_{\mathrm{d}y} \left[C_2 \cos(\delta\phi) - S_2 \sin(\delta\phi) \right] + \omega_x^2 A \left[C_1 \cos(\delta\phi) - S_1 \sin(\delta\phi) \right] \\
&+ k_{xy} A \left[S_2 \cos(\delta\phi) + C_2 \sin(\delta\phi) \right] = K_{\mathrm{d}s} V_{xs} C_1
\end{aligned}
\tag{10-30}
$$

$$
\begin{aligned}
&-A\omega_{\mathrm{d}y}^2 \left[S_2 \cos(\delta\phi) + C_2 \sin(\delta\phi) \right] - D_{xy} A\omega_{\mathrm{d}x} \left[S_1 \cos(\delta\phi) + C_1 \sin(\delta\phi) \right] \\
&+ \frac{2}{\tau_y} A\omega_{\mathrm{d}y} \left[C_2 \cos(\delta\phi) - S_2 \sin(\delta\phi) \right] + k_{xy} A \left[C_1 \cos(\delta\phi) - S_1 \sin(\delta\phi) \right] \\
&+ \omega_y^2 A \left[S_2 \cos(\delta\phi) + C_2 \sin(\delta\phi) \right] = K_{\mathrm{d}s} V_{yc} S_2
\end{aligned}
\tag{10-31}
$$

考虑 X 和 Y 模态间的频差足够大，进而有

$$\begin{cases} -\omega_{\mathrm{d}x}^2\cot(\delta\phi)-\dfrac{2}{\tau_x}\omega_{\mathrm{d}x}+\omega_x^2\cot(\delta\phi)=\dfrac{K_{\mathrm{ds}}V_{xs}}{A\sin(\delta\phi)} \\[2mm] \omega_{\mathrm{d}x}^2-\dfrac{2}{\tau_x}\omega_{\mathrm{d}x}\cot(\delta\phi)-\omega_x^2=0 \\[2mm] -\omega_{\mathrm{d}y}^2\cot(\delta\phi)-\dfrac{2}{\tau_y}\omega_{\mathrm{d}y}+\omega_y^2\cot(\delta\phi)=\dfrac{K_{\mathrm{ds}}V_{yc}}{A\sin(\delta\phi)} \\[2mm] \omega_{\mathrm{d}y}^2-\dfrac{2}{\tau_y}\omega_{\mathrm{d}y}\cot(\delta\phi)-\omega_y^2=0 \end{cases} \tag{10-32}$$

因此，受测控系统相位误差 $\Delta\delta$ 的影响，X 和 Y 模态的幅度控制电压 V_{xs}、V_{yc} 可根据式(10-32)表示为

$$\begin{cases} V_{xs}=-\dfrac{2}{\tau_x}\omega_{\mathrm{d}x}A/\sin(\delta\phi)/K_{\mathrm{ds}} \\[2mm] V_{yc}=-\dfrac{2}{\tau_y}\omega_{\mathrm{d}y}A/\sin(\delta\phi)/K_{\mathrm{ds}} \end{cases} \tag{10-33}$$

若测控系统相位误差被辨识与补偿，谐振子相移 $\delta\phi=-\dfrac{\pi}{2}-\Delta\delta=-\dfrac{\pi}{2}$，此时由式(10-32)可以看出，$X$ 和 Y 模态的幅度控制电压慢变量均应当达到极小值。

10.2.3　验证分析

LFM 模式的测控方案和输出特性可利用 Simulink 仿真模型进行原理性验证。LFM 模式的 Simulink 仿真模型如图 10-8 所示。

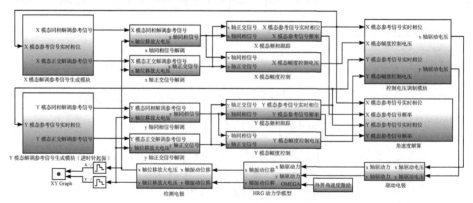

图 10-8　LFM 模式的 Simulink 仿真模型

LFM仿真模型中，以产生 CCW 圆形行波的方式起振，X 和 Y 模态解调参考

信号生成模块可依据式(10-24)构建，控制电压调制模块对应式(10-25)，X 和 Y 模态的幅度控制、频相跟踪四个模块分别使用 A_x、A_y、δ_x、δ_y 作为控制判断量，各个量的目标值分别为 A、A、0、0。根据表 5-2 提供的小尺寸、低 Q 值、大频差 mHRG 参数，利用图 10-8 所示仿真模型执行 LFM 模式的测控方案。在谐振子起振过程中和系统稳定状态下，X 和 Y 模态振动位移构成的李萨如图形如图 10-9 所示。

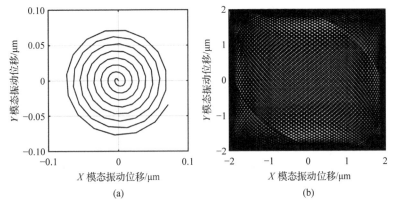

图 10-9　LFM 模式下 X 和 Y 模态振动位移构成的李萨如图形
(a) 谐振子起振过程中；(b) 系统稳定状态下

根据 LFM 模式基本原理，在系统稳定状态下，X 和 Y 模态振动位移相位差会在 $0°\sim360°$ 连续变化，图 10-10(a)～(d)截取了不同时刻的 X 和 Y 模态振动位移，对应了相位差为 $0°$、$90°$、$180°$ 和 $270°$ 的情况。

此外，在从 $-5°\sim5°$(间隔 $1°$ 且每 $1s$ 变换 1 次)动态调整 X 和 Y 模态锁相环目标值的过程中，X 和 Y 模态的幅度控制电压和谐振频率如图 10-11 所示。

因此，根据式(10-33)所述 X 和 Y 模态幅度控制电压与测控系统相位误差的关系，以寻找 X 和 Y 模态幅度控制电压均值的极小值为目标，由图 10-11 可初步判断相位误差约为 $-3°$。此时，保持 X 和 Y 模态锁相环目标值为 $3°$，在 $5s$ 时施加

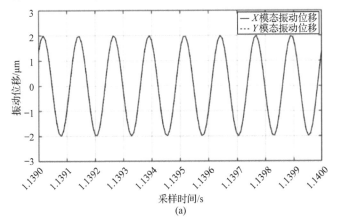

(a)

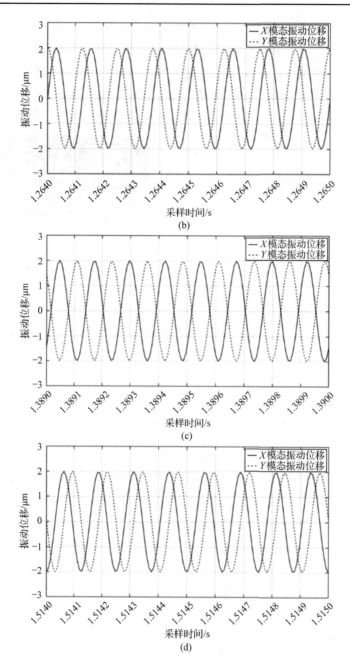

图 10-10　不同时刻的 X 和 Y 模态振动位移

(a) 两模态相位相等，$\Delta\phi_{xy} = 0°$；(b) Y 模态超前 X 模态 90°相位，$\Delta\phi_{xy} = -90°$；(c) Y 模态超前 X 模态 180°相
位，$\Delta\phi_{xy} = -180°$；(d) Y 模态超前 X 模态 270°相位，$\Delta\phi_{xy} = -270°$

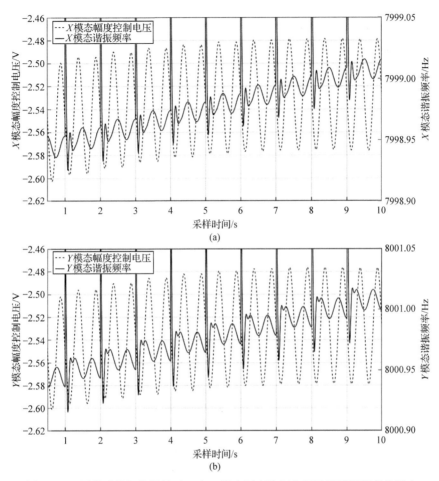

图 10-11　测控系统相位误差对 X 和 Y 模态幅度控制电压以及谐振频率的影响

(a) X 模态幅度控制电压和谐振频率随锁相环目标值的变化；(b) Y 模态幅度控制电压和谐振频率随
锁相环目标值的变化

100°/s 的外界角速度激励，按照式(10-23)完成 LFM 模式下陀螺输出角速度的解算，LFM 模式仿真模型中的角速度解算模块结构如图 10-12 所示。

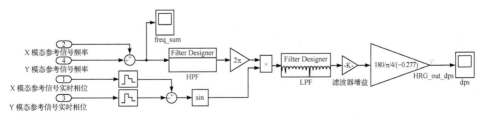

图 10-12　LFM 模式仿真模型的角速度解算模块结构

图 10-13 为 LFM 模式下陀螺输入与输出角速度的对比。为了提升角速度输出精度，Simulink 仿真中采用的滤波器阶数太高，所以角速度输出存在约 3s 的滞后现象。这在实际应用中是不可被接受的，可以通过更改滤波器类型、降低滤波器阶数和提升采样频率的方式减小输出延迟，但是信号精度会有所损失。此处仅为表现所设计系统的正确性。综上所述，LFM 模式测控方案和输出特性的原理性验证完成。

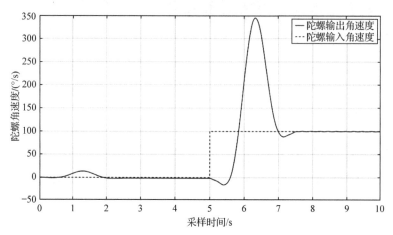

图 10-13　LFM 模式下陀螺输入与输出角速度

10.3　差分调频模式

10.3.1　测控方案

DFM 模式基于 QFM 模式产生 CCW 或 CW 方向行波的思想，将 CCW 和 CW 两个方向的行波在单个谐振子上同时生成，从而利用 CCW 行波和 CW 行波角频率和实时相位的差分输出获得陀螺敏感角度和角速度信息。此外，DFM 模式下的两路行波能够合成驻波，驻波受科氏效应而自由进动，谐振子上显现出来的驻波与全角模式一致，但 DFM 模式的测控方案以及输出方式与全角模式完全不同[7-10]。

DFM 模式适用于大尺寸、高 Q 值、低频差 HRG，典型参数见表 5-1。基于 QFM 模式的输出特性，受角速度的影响，谐振子上 CCW 行波和 CW 行波的谐振角频率变化为

$$\begin{cases} \dot{\phi}_{\text{ccw}} = \omega - 2K\Omega \\ \dot{\phi}_{\text{cw}} = \omega + 2K\Omega \end{cases} \tag{10-34}$$

其中，$\dot{\phi}_{\text{ccw}}$、$\dot{\phi}_{\text{cw}}$ 分别为 CCW 模态和 CW 模态的谐振角频率。由式(10-34)可以看

出，CCW 和 CW 模态谐振角频率的差分输出能够得到陀螺输出角速度信息，且这种输出方式不受固有谐振频率随温度等环境因素变化的影响。

DFM 模式的测控方案如图 10-14 所示，该模式的核心模块为 CCW 和 CW 模态分离器，用来分离 CCW 和 CW 模态，获得两模态的幅值和相位信息。在利用 CCW 和 CW 模态分离器获得两模态幅值放大电压 A_{ccw}、A_{cw} 以及两模态相位 ϕ_{ccw}、ϕ_{cw} 的基础上，利用两个 PLL 跟踪两模态相位并获得两模态谐振角频率 ω_{ccw}、ω_{cw}，并利用两个 AGC 回路控制两模态振动幅值放大电压 0 为参考电压 A。

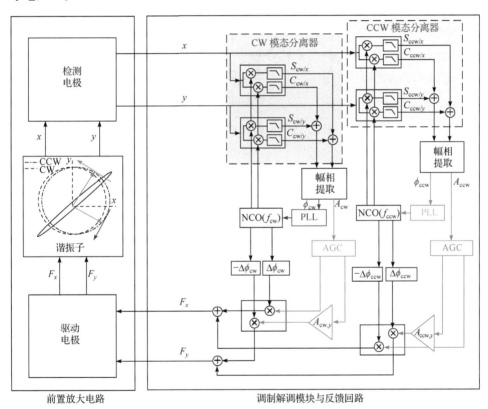

图 10-14 DFM 模式的测控方案

CCW 和 CW 模态叠加后，假设谐振子上 X 和 Y 模态的振动位移形如

$$\begin{cases} x = \left[A_{ccw} \cos(\omega_{ccw}t + \varphi_{ccw}) + A_{cw} \cos(\omega_{cw}t + \varphi_{cw}) \right] / K_s \\ y = \left[A_{ccw} \sin(\omega_{ccw}t + \varphi_{ccw}) - A_{cw} \sin(\omega_{cw}t + \varphi_{cw}) \right] / K_s \end{cases} \tag{10-35}$$

其中，模态相位 $\phi_{ccw} = \omega_{ccw}t + \varphi_{ccw}$，$\phi_{cw} = \omega_{cw}t + \varphi_{cw}$。根据式(10-35)所述 X 和 Y 模态振动位移假设，CCW 和 CW 模态分离器如图 10-15 所示。

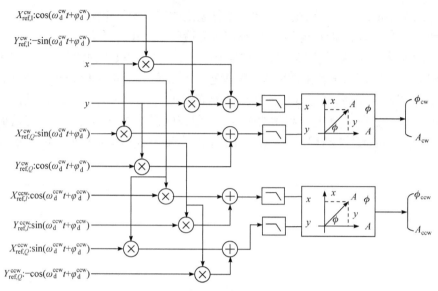

图 10-15 CCW 和 CW 模态分离器

根据图 10-15，利用 CCW 模态同相解调信号 $\begin{bmatrix} X_{\text{ref},I}^{\text{ccw}} \\ Y_{\text{ref},I}^{\text{ccw}} \end{bmatrix} = \begin{bmatrix} \cos(\omega_{\text{d}}^{\text{ccw}}t + \varphi_{\text{d}}^{\text{ccw}}) \\ \sin(\omega_{\text{d}}^{\text{ccw}}t + \varphi_{\text{d}}^{\text{ccw}}) \end{bmatrix}$ 与

X 和 Y 模态振动位移乘法解调，求和并低通滤波，可得

$$X_{\text{ref},I}^{\text{ccw}} \times x + Y_{\text{ref},I}^{\text{ccw}} \times y$$

$$= A_{\text{ccw}} \cos\left(\omega_{\text{d}}^{\text{ccw}}t + \varphi_{\text{d}}^{\text{ccw}}\right) \cos\left(\omega_{\text{ccw}}t + \varphi_{\text{ccw}}\right) + A_{\text{cw}} \cos\left(\omega_{\text{d}}^{\text{ccw}}t + \varphi_{\text{d}}^{\text{ccw}}\right) \cos\left(\omega_{\text{cw}}t + \varphi_{\text{cw}}\right)$$

$$+ A_{\text{ccw}} \sin\left(\omega_{\text{d}}^{\text{ccw}}t + \varphi_{\text{d}}^{\text{ccw}}\right) \sin\left(\omega_{\text{ccw}}t + \varphi_{\text{ccw}}\right) - A_{\text{cw}} \sin\left(\omega_{\text{d}}^{\text{ccw}}t + \varphi_{\text{d}}^{\text{ccw}}\right) \sin\left(\omega_{\text{cw}}t + \varphi_{\text{cw}}\right) C_{\text{ccw}}$$

$$= \text{LPF}\left(X_{\text{ref},I}^{\text{ccw}} \times x + Y_{\text{ref},I}^{\text{ccw}} \times y\right) = A_{\text{ccw}} \cos\left(\omega_{\text{d}}^{\text{ccw}}t + \varphi_{\text{d}}^{\text{ccw}} - \omega_{\text{ccw}}t - \varphi_{\text{ccw}}\right)$$

$$(10\text{-}36)$$

同理，利用 CCW 模态正交解调信号 $\begin{bmatrix} X_{\text{ref},Q}^{\text{ccw}} \\ Y_{\text{ref},Q}^{\text{ccw}} \end{bmatrix} = \begin{bmatrix} \sin(\omega_{\text{d}}^{\text{ccw}}t + \varphi_{\text{d}}^{\text{ccw}}) \\ -\cos(\omega_{\text{d}}^{\text{ccw}}t + \varphi_{\text{d}}^{\text{ccw}}) \end{bmatrix}$、CW 模态同

相 解 调 信 号 $\begin{bmatrix} X_{\text{ref},I}^{\text{cw}} \\ Y_{\text{ref},I}^{\text{cw}} \end{bmatrix} = \begin{bmatrix} \cos(\omega_{\text{d}}^{\text{cw}}t + \varphi_{\text{d}}^{\text{cw}}) \\ -\sin(\omega_{\text{d}}^{\text{cw}}t + \varphi_{\text{d}}^{\text{cw}}) \end{bmatrix}$ 以 及 CW 模 态 正 交 解 调 信 号

$\begin{bmatrix} X_{\text{ref},Q}^{\text{cw}} \\ Y_{\text{ref},Q}^{\text{cw}} \end{bmatrix} = \begin{bmatrix} \sin(\omega_{\text{d}}^{\text{cw}}t + \varphi_{\text{d}}^{\text{cw}}) \\ \cos(\omega_{\text{d}}^{\text{cw}}t + \varphi_{\text{d}}^{\text{cw}}) \end{bmatrix}$ 处理 X 和 Y 模态振动位移，分别可得

$$X_{\mathrm{ref},Q}^{\mathrm{ccw}} \times x + Y_{\mathrm{ref},Q}^{\mathrm{ccw}} \times y$$

$$= A_{\mathrm{ccw}} \sin\left(\omega_{\mathrm{d}}^{\mathrm{ccw}}t + \varphi_{\mathrm{d}}^{\mathrm{ccw}}\right)\cos\left(\omega_{\mathrm{ccw}}t + \varphi_{\mathrm{ccw}}\right) + A_{\mathrm{cw}} \sin\left(\omega_{\mathrm{d}}^{\mathrm{ccw}}t + \varphi_{\mathrm{d}}^{\mathrm{ccw}}\right)\cos\left(\omega_{\mathrm{cw}}t + \varphi_{\mathrm{cw}}\right)$$

$$- A_{\mathrm{ccw}} \cos\left(\omega_{\mathrm{d}}^{\mathrm{ccw}}t + \varphi_{\mathrm{d}}^{\mathrm{ccw}}\right)\sin\left(\omega_{\mathrm{ccw}}t + \varphi_{\mathrm{ccw}}\right) + A_{\mathrm{cw}} \cos\left(\omega_{\mathrm{d}}^{\mathrm{ccw}}t + \varphi_{\mathrm{d}}^{\mathrm{ccw}}\right)\sin\left(\omega_{\mathrm{cw}}t + \varphi_{\mathrm{cw}}\right)S_{\mathrm{ccw}}$$

$$= \mathrm{LPF}\left(X_{\mathrm{ref},Q}^{\mathrm{ccw}} \times x + Y_{\mathrm{ref},Q}^{\mathrm{ccw}} \times y\right) = A_{\mathrm{ccw}} \sin\left(\omega_{\mathrm{d}}^{\mathrm{ccw}}t + \varphi_{\mathrm{d}}^{\mathrm{ccw}} - \omega_{\mathrm{ccw}}t - \varphi_{\mathrm{ccw}}\right)$$

$$(10\text{-}37)$$

$$X_{\mathrm{ref},I}^{\mathrm{cw}} \times x + Y_{\mathrm{ref},I}^{\mathrm{cw}} \times y$$

$$= A_{\mathrm{ccw}} \cos\left(\omega_{\mathrm{d}}^{\mathrm{cw}}t + \varphi_{\mathrm{d}}^{\mathrm{cw}}\right)\cos\left(\omega_{\mathrm{ccw}}t + \varphi_{\mathrm{ccw}}\right) + A_{\mathrm{cw}} \cos\left(\omega_{\mathrm{d}}^{\mathrm{cw}}t + \varphi_{\mathrm{d}}^{\mathrm{cw}}\right)\cos\left(\omega_{\mathrm{cw}}t + \varphi_{\mathrm{cw}}\right)$$

$$- A_{\mathrm{ccw}} \sin\left(\omega_{\mathrm{d}}^{\mathrm{cw}}t + \varphi_{\mathrm{d}}^{\mathrm{cw}}\right)\sin\left(\omega_{\mathrm{ccw}}t + \varphi_{\mathrm{ccw}}\right) + A_{\mathrm{cw}} \sin\left(\omega_{\mathrm{d}}^{\mathrm{cw}}t + \varphi_{\mathrm{d}}^{\mathrm{cw}}\right)\sin\left(\omega_{\mathrm{cw}}t + \varphi_{\mathrm{cw}}\right)C_{\mathrm{cw}}$$

$$= \mathrm{LPF}\left(X_{\mathrm{ref},I}^{\mathrm{cw}} \times x + Y_{\mathrm{ref},I}^{\mathrm{cw}} \times y\right) = A_{\mathrm{cw}} \cos\left(\omega_{\mathrm{d}}^{\mathrm{cw}}t + \varphi_{\mathrm{d}}^{\mathrm{cw}} - \omega_{\mathrm{cw}}t - \varphi_{\mathrm{cw}}\right)$$

$$(10\text{-}38)$$

$$X_{\mathrm{ref},Q}^{\mathrm{cw}} \times x + Y_{\mathrm{ref},Q}^{\mathrm{cw}} \times y$$

$$= A_{\mathrm{ccw}} \sin\left(\omega_{\mathrm{d}}^{\mathrm{cw}}t + \varphi_{\mathrm{d}}^{\mathrm{cw}}\right)\cos\left(\omega_{\mathrm{ccw}}t + \varphi_{\mathrm{ccw}}\right) + A_{\mathrm{cw}} \sin\left(\omega_{\mathrm{d}}^{\mathrm{cw}}t + \varphi_{\mathrm{d}}^{\mathrm{cw}}\right)\cos\left(\omega_{\mathrm{cw}}t + \varphi_{\mathrm{cw}}\right)$$

$$+ A_{\mathrm{ccw}} \cos\left(\omega_{\mathrm{d}}^{\mathrm{cw}}t + \varphi_{\mathrm{d}}^{\mathrm{cw}}\right)\sin\left(\omega_{\mathrm{ccw}}t + \varphi_{\mathrm{ccw}}\right) - A_{\mathrm{cw}} \cos\left(\omega_{\mathrm{d}}^{\mathrm{cw}}t + \varphi_{\mathrm{d}}^{\mathrm{cw}}\right)\sin\left(\omega_{\mathrm{cw}}t + \varphi_{\mathrm{cw}}\right)S_{\mathrm{cw}}$$

$$= \mathrm{LPF}\left(X_{\mathrm{ref},Q}^{\mathrm{cw}} \times x + Y_{\mathrm{ref},Q}^{\mathrm{cw}} \times y\right) = A_{\mathrm{cw}} \sin\left(\omega_{\mathrm{d}}^{\mathrm{cw}}t + \varphi_{\mathrm{d}}^{\mathrm{cw}} - \omega_{\mathrm{cw}}t - \varphi_{\mathrm{cw}}\right)$$

$$(10\text{-}39)$$

根据式 (10-36) ~ 式 (10-39)，CCW 和 CW 模态分离器可利用 C_{ccw}、S_{ccw}、C_{cw}、S_{cw} 得到两模态的幅值放大电压 A_{ccw}、A_{cw} 以及两模态振动位移相位 ϕ_{ccw}、ϕ_{cw} 与解调参考信号相位 $\phi_{\mathrm{d}}^{\mathrm{ccw}}$、$\phi_{\mathrm{d}}^{\mathrm{cw}}$ 之间的相位差 δ_{ccw}、δ_{cw}，即

$$\begin{cases} A_{\mathrm{ccw}} = \sqrt{C_{\mathrm{ccw}}^2 + S_{\mathrm{ccw}}^2} \\ A_{\mathrm{cw}} = \sqrt{C_{\mathrm{cw}}^2 + S_{\mathrm{cw}}^2} \\ \delta_{\mathrm{ccw}} = \arctan\dfrac{S_{\mathrm{ccw}}}{C_{\mathrm{ccw}}} \\ \delta_{\mathrm{cw}} = \arctan\dfrac{S_{\mathrm{cw}}}{C_{\mathrm{cw}}} \end{cases} \qquad (10\text{-}40)$$

DFM 模式的测控方案使用两个 AGC 回路控制 A_{ccw}、A_{cw} 等于参考电压 A，使用两个 PLL 控制 δ_{ccw}、δ_{cw} 等于 0 以跟踪 CCW 和 CW 模态的实时相位，输出参考信号相位 $\phi_{\mathrm{d}}^{\mathrm{ccw}}$、$\phi_{\mathrm{d}}^{\mathrm{cw}}$ 和角频率 $\omega_{\mathrm{d}}^{\mathrm{ccw}}$、$\omega_{\mathrm{d}}^{\mathrm{cw}}$。在系统稳定状态下，有 $A_{\mathrm{ccw}} = A_{\mathrm{cw}} = A$，$\dfrac{\omega_{\mathrm{d}}^{\mathrm{ccw}} + \omega_{\mathrm{d}}^{\mathrm{cw}}}{2} = \omega$，$\dfrac{\omega_{\mathrm{d}}^{\mathrm{ccw}} - \omega_{\mathrm{d}}^{\mathrm{cw}}}{2} = -2K\Omega$，其中，$\omega$ 为谐振子固有角频

率。此时，式(10-35)可进一步表示为

$$
\begin{cases}
x = A\big[\cos(\omega_{\text{ccw}}t + \varphi_{\text{ccw}}) + \cos(\omega_{\text{cw}}t + \varphi_{\text{cw}})\big]/K_s = 2A\cos(\omega t + \varphi)\cos(2\theta_0 - 2K\Omega t)/K_s \\
y = A\big[\sin(\omega_{\text{ccw}}t + \varphi_{\text{ccw}}) - \sin(\omega_{\text{cw}}t + \varphi_{\text{cw}})\big]/K_s = 2A\cos(\omega t + \varphi)\sin(2\theta_0 - 2K\Omega t)/K_s
\end{cases}
$$

$$(10\text{-}41)$$

式(10-41)可表示 CCW 和 CW 方向的行波合成了全角模式下的驻波。其中，θ_0 为全角模式下的初始驻波方位角，可定义驻波方位角 $\theta = \theta_0 - K\Omega t$。为了在 DFM 模式下控制 CCW 和 CW 方向的行波合成全角模式下的驻波，根据式(10-35)所述 X 和 Y 模态振动位移表达式，X 和 Y 模态上应当施加的控制力形如

$$
\begin{cases}
f_x = K_{\text{d}}V_{xs}^{\text{ccw}}\cos\left(\omega_{\text{d}}^{\text{ccw}}t + \varphi_{\text{d}}^{\text{ccw}} + \dfrac{\pi}{2}\right) + K_{\text{d}}V_{xs}^{\text{cw}}\cos\left(\omega_{\text{d}}^{\text{cw}}t + \varphi_{\text{d}}^{\text{cw}} + \dfrac{\pi}{2}\right) \\
f_y = K_{\text{d}}V_{yc}^{\text{ccw}}\sin\left(\omega_{\text{d}}^{\text{ccw}}t + \varphi_{\text{d}}^{\text{ccw}} + \dfrac{\pi}{2}\right) - K_{\text{d}}V_{yc}^{\text{cw}}\sin\left(\omega_{\text{d}}^{\text{cw}}t + \varphi_{\text{d}}^{\text{cw}} + \dfrac{\pi}{2}\right)
\end{cases}
$$

$$(10\text{-}42)$$

其中，V_{xs}^{ccw}、V_{yc}^{ccw}、V_{xs}^{cw}、V_{yc}^{cw} 分别为 X 和 Y 模态上控制 CCW 和 CW 模态的幅度控制电压，$V_{xs}^{\text{ccw}} = V_{yc}^{\text{ccw}} = V_a^{\text{ccw}}$，$V_{xs}^{\text{cw}} = V_{yc}^{\text{cw}} = V_a^{\text{cw}}$，$V_a^{\text{ccw}}$、$V_a^{\text{cw}}$ 分别为 DFM 模式下两个 AGC 回路生成的 CCW 和 CW 模态幅度控制电压。此外，DFM 模式与全角模式一样，能够利用虚拟科氏电压实现陀螺自激励和驻波自进动。定义虚拟旋转科氏电压 $V_{\text{vir}} = -4K\Omega_{\text{vir}}A\omega_{\text{d}}/K_{ds}$，$V_{\text{vir}}^{\text{ccw}} = -4K\Omega_{\text{vir}}A\omega_{\text{d}}^{\text{ccw}}/K_{ds}$，$V_{\text{vir}}^{\text{cw}} = -4K\Omega_{\text{vir}}A\omega_{\text{d}}^{\text{cw}}/K_{ds}$，其中 V_{vir}、$V_{\text{vir}}^{\text{ccw}}$、$V_{\text{vir}}^{\text{cw}}$ 分别对应全角模式以及 DFM 模式的 CCW 和 CW 模态，ω_{d}、$\omega_{\text{d}}^{\text{ccw}}$、$\omega_{\text{d}}^{\text{cw}}$ 分别为全角模式以及 DFM 模式的 CCW 和 CW 模态的谐振角频率。在虚拟科氏电压作用下，X 和 Y 模态上应当施加的控制力形如

$$
\begin{cases}
f_x = K_{\text{d}}V_{xs}^{\text{ccw}}\cos\left(\omega_{\text{d}}^{\text{ccw}}t + \varphi_{\text{d}}^{\text{ccw}} + \dfrac{\pi}{2}\right) + K_{\text{d}}V_{xs}^{\text{cw}}\cos\left(\omega_{\text{d}}^{\text{cw}}t + \varphi_{\text{d}}^{\text{cw}} + \dfrac{\pi}{2}\right) \\
\quad - K_{\text{d}}V_{\text{vir}}^{\text{ccw}}\sin\left(\omega_{\text{d}}^{\text{ccw}}t + \varphi_{\text{d}}^{\text{ccw}} + \dfrac{\pi}{2}\right) + K_{\text{d}}V_{\text{vir}}^{\text{cw}}\sin\left(\omega_{\text{d}}^{\text{cw}}t + \varphi_{\text{d}}^{\text{cw}} + \dfrac{\pi}{2}\right) \\
f_y = K_{\text{d}}V_{yc}^{\text{ccw}}\sin\left(\omega_{\text{d}}^{\text{ccw}}t + \varphi_{\text{d}}^{\text{ccw}} + \dfrac{\pi}{2}\right) - K_{\text{d}}V_{yc}^{\text{cw}}\sin\left(\omega_{\text{d}}^{\text{cw}}t + \varphi_{\text{d}}^{\text{cw}} + \dfrac{\pi}{2}\right) \\
\quad + K_{\text{d}}V_{\text{vir}}^{\text{ccw}}\cos\left(\omega_{\text{d}}^{\text{ccw}}t + \varphi_{\text{d}}^{\text{ccw}} + \dfrac{\pi}{2}\right) + K_{\text{d}}V_{\text{vir}}^{\text{cw}}\cos\left(\omega_{\text{d}}^{\text{cw}}t + \varphi_{\text{d}}^{\text{cw}} + \dfrac{\pi}{2}\right)
\end{cases}
$$

$$(10\text{-}43)$$

10.3.2　输出特性

全角模式下陀螺的输出受检测、驱动、相位和谐振子误差的影响，该模式下的误差特性分析、标定与补偿方法已相对完善。在第 9 章所述全角陀螺误差自激

解耦、标定与补偿方案中，尽可能大的虚拟科氏电压的施加增强了驱动和相位误差的可观测性。在 DFM 模式下，虚拟科氏电压的施加同样能解决相位误差对该模式测控和输出的影响。同图 8-11，定义检测、驱动和解调滤波部分的相位误差分别为 $\Delta\phi_s$、$\Delta\phi_d$、$\Delta\phi_e$，则有测控系统相位误差 $\Delta\delta = \Delta\phi_s + \Delta\phi_d + \Delta\phi_e$。此时，式(10-41)和式(10-43)将分别变化为

$$
\begin{cases}
x = A\left[\cos\left(\omega_d^{ccw}t + \varphi_d^{ccw} + \dfrac{\pi}{2} + \Delta\phi_d + \delta\phi\right) + \cos\left(\omega_d^{cw}t + \varphi_d^{cw} + \dfrac{\pi}{2} + \Delta\phi_d + \delta\phi\right)\right]\Big/K_s \\[3mm]
y = A\left[\sin\left(\omega_d^{ccw}t + \varphi_d^{ccw} + \dfrac{\pi}{2} + \Delta\phi_d + \delta\phi\right) - \sin\left(\omega_d^{cw}t + \varphi_d^{cw} + \dfrac{\pi}{2} + \Delta\phi_d + \delta\phi\right)\right]\Big/K_s
\end{cases}
$$

$$(10\text{-}44)$$

$$
\begin{cases}
\begin{aligned}
f_x ={}& K_d V_a^{ccw}\cos\left(\omega_d^{ccw}t + \varphi_d^{ccw} + \dfrac{\pi}{2} + \Delta\phi_d\right) + K_d V_a^{cw}\cos\left(\omega_d^{cw}t + \varphi_d^{cw} + \dfrac{\pi}{2} + \Delta\phi_d\right) \\
& - K_d V_{vir}^{ccw}\sin\left(\omega_d^{ccw}t + \varphi_d^{ccw} + \dfrac{\pi}{2} + \Delta\phi_d\right) + K_d V_{vir}^{cw}\sin\left(\omega_d^{cw}t + \varphi_d^{cw} + \dfrac{\pi}{2} + \Delta\phi_d\right)
\end{aligned} \\[3mm]
\begin{aligned}
f_y ={}& K_d V_a^{ccw}\sin\left(\omega_d^{ccw}t + \varphi_d^{ccw} + \dfrac{\pi}{2} + \Delta\phi_d\right) - K_d V_a^{cw}\sin\left(\omega_d^{cw}t + \varphi_d^{cw} + \dfrac{\pi}{2} + \Delta\phi_d\right) \\
& + K_d V_{vir}^{ccw}\cos\left(\omega_d^{ccw}t + \varphi_d^{ccw} + \dfrac{\pi}{2} + \Delta\phi_d\right) + K_d V_{vir}^{cw}\cos\left(\omega_d^{cw}t + \varphi_d^{cw} + \dfrac{\pi}{2} + \Delta\phi_d\right)
\end{aligned}
\end{cases}
$$

$$(10\text{-}45)$$

根据式(10-44)和式(10-45)对 CCW 和 CW 模态进行独立分析，定义虚拟科氏电压形如

$$
\begin{cases}
V_{vir}^{ccw} = -4K\Omega_{vir}A\omega_d^{ccw}\,/\,K_{ds} \\[2mm]
V_{vir}^{cw} = -4K\Omega_{vir}A\omega_d^{cw}\,/\,K_{ds}
\end{cases}
$$

$$(10\text{-}46)$$

在没有外界角速度激励的情况下，将式(10-44)～式(10-46)代入式(10-15)，可得 CCW 模态中 X 和 Y 模态的平衡方程

$$
\begin{aligned}
& -A\left(\omega_d^{ccw}\right)^2\cos\left(\omega_d^{ccw}t + \varphi_d^{ccw} + \dfrac{\pi}{2} + \Delta\phi_d + \delta\phi\right) - \dfrac{2}{\tau_x}A\omega_d^{ccw}\sin\left(\omega_d^{ccw}t + \varphi_d^{ccw} + \dfrac{\pi}{2} + \Delta\phi_d + \delta\phi\right) \\
& + D_{xy}A\omega_d^{ccw}\cos\left(\omega_d^{ccw}t + \varphi_d^{ccw} + \dfrac{\pi}{2} + \Delta\phi_d + \delta\phi\right) + \omega_x^2 A\cos\left(\omega_d^{ccw}t + \varphi_d^{ccw} + \dfrac{\pi}{2} + \Delta\phi_d + \delta\phi\right) \\
& + k_{xy}A\sin\left(\omega_d^{ccw}t + \varphi_d^{ccw} + \dfrac{\pi}{2} + \Delta\phi_d + \delta\phi\right) \\
& = K_{ds}V_a^{ccw}\cos\left(\omega_d^{ccw}t + \varphi_d^{ccw} + \dfrac{\pi}{2} + \Delta\phi_d\right) - K_{ds}V_{vir}^{ccw}\sin\left(\omega_d^{ccw}t + \varphi_d^{ccw} + \dfrac{\pi}{2} + \Delta\phi_d\right)
\end{aligned}
$$

$$(10\text{-}47)$$

$$- A\left(\omega_{\mathrm{d}}^{\mathrm{ccw}}\right)^2 \sin\left(\omega_{\mathrm{d}}^{\mathrm{ccw}}t + \varphi_{\mathrm{d}}^{\mathrm{ccw}} + \frac{\pi}{2} + \Delta\phi_{\mathrm{d}} + \delta\phi\right) - D_{xy} A\omega_{\mathrm{d}}^{\mathrm{ccw}} \sin\left(\omega_{\mathrm{d}}^{\mathrm{ccw}}t + \varphi_{\mathrm{d}}^{\mathrm{ccw}} + \frac{\pi}{2} + \Delta\phi_{\mathrm{d}} + \delta\phi\right)$$

$$+ \frac{2}{\tau_y} A\omega_{\mathrm{d}}^{\mathrm{ccw}} \cos\left(\omega_{\mathrm{d}}^{\mathrm{ccw}}t + \varphi_{\mathrm{d}}^{\mathrm{ccw}} + \frac{\pi}{2} + \Delta\phi_{\mathrm{d}} + \delta\phi\right) + k_{xy} A \cos\left(\omega_{\mathrm{d}}^{\mathrm{ccw}}t + \varphi_{\mathrm{d}}^{\mathrm{ccw}} + \frac{\pi}{2} + \Delta\phi_{\mathrm{d}} + \delta\phi\right)$$

$$+ \omega_y^2 A \sin\left(\omega_{\mathrm{d}}^{\mathrm{ccw}}t + \varphi_{\mathrm{d}}^{\mathrm{ccw}} + \frac{\pi}{2} + \Delta\phi_{\mathrm{d}} + \delta\phi\right)$$

$$= K_{\mathrm{ds}} V_a^{\mathrm{ccw}} \sin\left(\omega_{\mathrm{d}}^{\mathrm{ccw}}t + \varphi_{\mathrm{d}}^{\mathrm{ccw}} + \frac{\pi}{2} + \Delta\phi_{\mathrm{d}}\right) + K_{\mathrm{ds}} V_{\mathrm{vir}}^{\mathrm{ccw}} \cos\left(\omega_{\mathrm{d}}^{\mathrm{ccw}}t + \varphi_{\mathrm{d}}^{\mathrm{ccw}} + \frac{\pi}{2} + \Delta\phi_{\mathrm{d}}\right)$$

$$(10\text{-}48)$$

定义 $C_1 = \cos\left(\omega_{\mathrm{d}}^{\mathrm{ccw}}t + \varphi_{\mathrm{d}}^{\mathrm{ccw}} + \frac{\pi}{2} + \Delta\phi_{\mathrm{d}}\right)$, $\quad S_1 = \sin\left(\omega_{\mathrm{d}}^{\mathrm{ccw}}t + \varphi_{\mathrm{d}}^{\mathrm{ccw}} + \frac{\pi}{2} + \Delta\phi_{\mathrm{d}}\right)$,

式(10-47)和式(10-48)可进一步整理为

$$- A\left(\omega_{\mathrm{d}}^{\mathrm{ccw}}\right)^2 \left[C_1 \cos(\delta\phi) - S_1 \sin(\delta\phi)\right] - \frac{2}{\tau_x} A\omega_{\mathrm{d}}^{\mathrm{ccw}} \left[S_1 \cos(\delta\phi) + C_1 \sin(\delta\phi)\right]$$

$$+ D_{xy} A\omega_{\mathrm{d}}^{\mathrm{ccw}} \left[C_1 \cos(\delta\phi) - S_1 \sin(\delta\phi)\right] + \omega_x^2 A \left[C_1 \cos(\delta\phi) - S_1 \sin(\delta\phi)\right]$$

$$+ k_{xy} A \left[S_1 \cos(\delta\phi) + C_1 \sin(\delta\phi)\right]$$

$$= K_{\mathrm{ds}} V_a^{\mathrm{ccw}} C_1 - K_{\mathrm{ds}} V_{\mathrm{vir}}^{\mathrm{ccw}} S_1 \qquad\qquad (10\text{-}49)$$

$$- A\left(\omega_{\mathrm{d}}^{\mathrm{ccw}}\right)^2 \left[S_1 \cos(\delta\phi) + C_1 \sin(\delta\phi)\right] - D_{xy} A\omega_{\mathrm{d}}^{\mathrm{ccw}} \left[S_1 \cos(\delta\phi) + C_1 \sin(\delta\phi)\right]$$

$$+ \frac{2}{\tau_y} A\omega_{\mathrm{d}}^{\mathrm{ccw}} \left[C_1 \cos(\delta\phi) - S_1 \sin(\delta\phi)\right] + k_{xy} a \left[C_1 \cos(\delta\phi) - S_1 \sin(\delta\phi)\right]$$

$$+ \omega_y^2 a \left[S_1 \cos(\delta\phi) + C_1 \sin(\delta\phi)\right]$$

$$= K_{\mathrm{ds}} V_a^{\mathrm{ccw}} S_1 + K_{\mathrm{ds}} V_{\mathrm{vir}}^{\mathrm{ccw}} C_1 \qquad\qquad (10\text{-}50)$$

即

$$\begin{cases} -\left(\omega_{\mathrm{d}}^{\mathrm{ccw}}\right)^2 \cot(\delta\phi) - \dfrac{2}{\tau_x}\omega_{\mathrm{d}}^{\mathrm{ccw}} + D_{xy}\omega_{\mathrm{d}}^{\mathrm{ccw}} \cot(\delta\phi) + \omega_x^2 \cot(\delta\phi) + k_{xy} = \dfrac{K_{\mathrm{ds}} V_a^{\mathrm{ccw}}}{A\sin(\delta\phi)} \\[3mm] \left(\omega_{\mathrm{d}}^{\mathrm{ccw}}\right)^2 - \dfrac{2}{\tau_x}\omega_{\mathrm{d}}^{\mathrm{ccw}} \cot(\delta\phi) - D_{xy}\omega_{\mathrm{d}}^{\mathrm{ccw}} - \omega_x^2 + k_{xy} \cot(\delta\phi) = -\dfrac{K_{\mathrm{ds}} V_{\mathrm{vir}}^{\mathrm{ccw}}}{A\sin(\delta\phi)} \\[3mm] -\left(\omega_{\mathrm{d}}^{\mathrm{ccw}}\right)^2 \cot(\delta\phi) - D_{xy}\omega_{\mathrm{d}}^{\mathrm{ccw}} \cot(\delta\phi) - \dfrac{2}{\tau_y}\omega_{\mathrm{d}}^{\mathrm{ccw}} - k_{xy} + \omega_y^2 \cot(\delta\phi) = \dfrac{K_{\mathrm{ds}} V_a^{\mathrm{ccw}}}{A\sin(\delta\phi)} \\[3mm] -\left(\omega_{\mathrm{d}}^{\mathrm{ccw}}\right)^2 - D_{xy}\omega_{\mathrm{d}}^{\mathrm{ccw}} + \dfrac{2}{\tau_y}\omega_{\mathrm{d}}^{\mathrm{ccw}} \cot(\delta\phi) + k_{xy} \cot(\delta\phi) + \omega_y^2 = \dfrac{K_{\mathrm{ds}} V_{\mathrm{vir}}^{\mathrm{ccw}}}{A\sin(\delta\phi)} \end{cases}$$

$$(10\text{-}51)$$

将式(10-51)中的第二式和第四式作差可得

$$\left(\omega_{\mathrm{d}}^{\mathrm{ccw}}\right)^2 - \left(\frac{1}{\tau_x} + \frac{1}{\tau_y}\right)\omega_{\mathrm{d}}^{\mathrm{ccw}}\cot(\delta\phi) - \frac{\omega_x^2 + \omega_y^2}{2} = -\frac{K_{\mathrm{ds}}V_{\mathrm{vir}}^{\mathrm{ccw}}}{A\sin(\delta\phi)} \tag{10-52}$$

由于 $\frac{2}{\tau} = \frac{1}{\tau_x} + \frac{1}{\tau_y}$，$\omega^2 = \frac{\omega_x^2 + \omega_y^2}{2}$，则在虚拟科氏电压 $V_{\mathrm{vir}}^{\mathrm{ccw}} = -4K\Omega_{\mathrm{vir}}A\omega_{\mathrm{d}}^{\mathrm{ccw}}/$

K_{ds} 激励下，受测控系统相位误差 $\Delta\delta$ 的影响，CCW 模态的谐振角频率 $\omega_{\mathrm{d}}^{\mathrm{ccw}}$ 可表示为

$$\left(\omega_{\mathrm{d}}^{\mathrm{ccw}}\right)^2 - \frac{2}{\tau}\omega_{\mathrm{d}}^{\mathrm{ccw}}\cot(\delta\phi) - \frac{4K\Omega}{\sin(\delta\phi)}\omega_{\mathrm{d}}^{\mathrm{ccw}} - \omega^2 = 0 \tag{10-53}$$

进而可求解得

$$\omega_{\mathrm{d}}^{\mathrm{ccw}} = \frac{\dfrac{4K\Omega_{\mathrm{vir}}}{\sin(\delta\phi)} + \dfrac{2}{\tau}\cot(\delta\phi) + \sqrt{\left(-\dfrac{2}{\tau}\cot(\delta\phi) - \dfrac{4K\Omega_{\mathrm{vir}}}{\sin(\delta\phi)}\right)^2 + 4\omega^2}}{2}$$

$$\approx \omega + \frac{2K\Omega_{\mathrm{vir}}}{\sin(\delta\phi)} + \frac{2}{\tau}\cot(\delta\phi) \tag{10-54}$$

同理可得，CW 模态中 X 和 Y 模态的平衡方程

$$-A\left(\omega_{\mathrm{d}}^{\mathrm{cw}}\right)^2\cos\left(\omega_{\mathrm{d}}^{\mathrm{cw}}t + \varphi_{\mathrm{d}}^{\mathrm{cw}} + \frac{\pi}{2} + \Delta\phi_{\mathrm{d}} + \delta\phi\right) - \frac{2}{\tau_x}A\omega_{\mathrm{d}}^{\mathrm{cw}}\sin\left(\omega_{\mathrm{d}}^{\mathrm{cw}}t + \varphi_{\mathrm{d}}^{\mathrm{cw}} + \frac{\pi}{2} + \Delta\phi_{\mathrm{d}} + \delta\phi\right)$$

$$-D_{xy}A\omega_{\mathrm{d}}^{\mathrm{cw}}\cos\left(\omega_{\mathrm{d}}^{\mathrm{cw}}t + \varphi_{\mathrm{d}}^{\mathrm{cw}} + \frac{\pi}{2} + \Delta\phi_{\mathrm{d}} + \delta\phi\right) + \omega_x^2 A\cos\left(\omega_{\mathrm{d}}^{\mathrm{cw}}t + \varphi_{\mathrm{d}}^{\mathrm{cw}} + \frac{\pi}{2} + \Delta\phi_{\mathrm{d}} + \delta\phi\right)$$

$$-k_{xy}A\sin\left(\omega_{\mathrm{d}}^{\mathrm{cw}}t + \varphi_{\mathrm{d}}^{\mathrm{cw}} + \frac{\pi}{2} + \Delta\phi_{\mathrm{d}} + \delta\phi\right)$$

$$= K_{\mathrm{ds}}V_a^{\mathrm{cw}}\cos\left(\omega_{\mathrm{d}}^{\mathrm{cw}}t + \varphi_{\mathrm{d}}^{\mathrm{cw}} + \frac{\pi}{2} + \Delta\phi_{\mathrm{d}}\right) + K_{\mathrm{ds}}V_{\mathrm{vir}}^{\mathrm{cw}}\sin\left(\omega_{\mathrm{d}}^{\mathrm{cw}}t + \varphi_{\mathrm{d}}^{\mathrm{cw}} + \frac{\pi}{2} + \Delta\phi_{\mathrm{d}}\right)$$

$$\tag{10-55}$$

$$A\left(\omega_{\mathrm{d}}^{\mathrm{cw}}\right)^2\sin\left(\omega_{\mathrm{d}}^{\mathrm{cw}}t + \varphi_{\mathrm{d}}^{\mathrm{cw}} + \frac{\pi}{2} + \Delta\phi_{\mathrm{d}} + \delta\phi\right) - D_{xy}A\omega_{\mathrm{d}}^{\mathrm{cw}}\sin\left(\omega_{\mathrm{d}}^{\mathrm{cw}}t + \varphi_{\mathrm{d}}^{\mathrm{cw}} + \frac{\pi}{2} + \Delta\phi_{\mathrm{d}} + \delta\phi\right)$$

$$-\frac{2}{\tau_y}A\omega_{\mathrm{d}}^{\mathrm{cw}}\cos\left(\omega_{\mathrm{d}}^{\mathrm{cw}}t + \varphi_{\mathrm{d}}^{\mathrm{cw}} + \frac{\pi}{2} + \Delta\phi_{\mathrm{d}} + \delta\phi\right) + k_{xy}A\cos\left(\omega_{\mathrm{d}}^{\mathrm{cw}}t + \varphi_{\mathrm{d}}^{\mathrm{cw}} + \frac{\pi}{2} + \Delta\phi_{\mathrm{d}} + \delta\phi\right)$$

$$-\omega_y^2 A\sin\left(\omega_{\mathrm{d}}^{\mathrm{cw}}t + \varphi_{\mathrm{d}}^{\mathrm{cw}} + \frac{\pi}{2} + \Delta\phi_{\mathrm{d}} + \delta\phi\right)$$

$$= -K_{\mathrm{ds}}V_a^{\mathrm{cw}}\sin\left(\omega_{\mathrm{d}}^{\mathrm{cw}}t + \varphi_{\mathrm{d}}^{\mathrm{cw}} + \frac{\pi}{2} + \Delta\phi_{\mathrm{d}}\right) + K_{\mathrm{ds}}V_{\mathrm{vir}}^{\mathrm{cw}}\cos\left(\omega_{\mathrm{d}}^{\mathrm{cw}}t + \varphi_{\mathrm{d}}^{\mathrm{cw}} + \frac{\pi}{2} + \Delta\phi_{\mathrm{d}}\right)$$

$$\tag{10-56}$$

定义 $C_2 = \cos\left(\omega_{\mathrm{d}}^{\mathrm{cw}} t + \varphi_{\mathrm{d}}^{\mathrm{cw}} + \dfrac{\pi}{2} + \Delta\phi_{\mathrm{d}}\right)$，$S_2 = \sin\left(\omega_{\mathrm{d}}^{\mathrm{cw}} t + \varphi_{\mathrm{d}}^{\mathrm{cw}} + \dfrac{\pi}{2} + \Delta\phi_{\mathrm{d}}\right)$，

式(10-55)和式(10-56)可进一步整理为

$$
\begin{aligned}
&-A\left(\omega_{\mathrm{d}}^{\mathrm{cw}}\right)^2 \left[C_2 \cos(\delta\phi) - S_2 \sin(\delta\phi)\right] - \frac{2}{\tau_x} A\omega_{\mathrm{d}}^{\mathrm{cw}}\left[S_2 \cos(\delta\phi) + C_2 \sin(\delta\phi)\right] \\
&- D_{xy} A\omega_{\mathrm{d}}^{\mathrm{cw}}\left[C_2 \cos(\delta\phi) - S_2 \sin(\delta\phi)\right] + \omega_x^2 A\left[C_2 \cos(\delta\phi) - S_2 \sin(\delta\phi)\right] \\
&- k_{xy} A\left[S_2 \cos(\delta\phi) + C_2 \sin(\delta\phi)\right] \\
&= K_{\mathrm{ds}} V_a^{\mathrm{cw}} C_2 + K_{\mathrm{ds}} V_{\mathrm{vir}}^{\mathrm{cw}} S_2
\end{aligned} \tag{10-57}
$$

$$
\begin{aligned}
&A\left(\omega_{\mathrm{d}}^{\mathrm{cw}}\right)^2 \left[S_2 \cos(\delta\phi) + C_2 \sin(\delta\phi)\right] - D_{xy} A\omega_{\mathrm{d}}^{\mathrm{cw}}\left[S_2 \cos(\delta\phi) + C_2 \sin(\delta\phi)\right] \\
&- \frac{2}{\tau_y} A\omega_{\mathrm{d}}^{\mathrm{cw}}\left[C_2 \cos(\delta\phi) - S_2 \sin(\delta\phi)\right] + k_{xy} A\left[C_2 \cos(\delta\phi) - S_2 \sin(\delta\phi)\right] \\
&- \omega_y^2 A\left[S_2 \cos(\delta\phi) + C_2 \sin(\delta\phi)\right] \\
&= -K_{\mathrm{ds}} V_a^{\mathrm{cw}} S_2 + K_{\mathrm{ds}} V_{\mathrm{vir}}^{\mathrm{cw}} C_2
\end{aligned} \tag{10-58}
$$

即

$$
\begin{cases}
-\left(\omega_{\mathrm{d}}^{\mathrm{cw}}\right)^2 \cot(\delta\phi) - \dfrac{2}{\tau_x}\omega_{\mathrm{d}}^{\mathrm{cw}} - D_{xy}\omega_{\mathrm{d}}^{\mathrm{cw}}\cot(\delta\phi) + \omega_x^2 \cot(\delta\phi) - k_{xy} = \dfrac{K_{\mathrm{ds}} V_a^{\mathrm{cw}}}{A\sin(\delta\phi)} \\[2mm]
\left(\omega_{\mathrm{d}}^{\mathrm{cw}}\right)^2 - \dfrac{2}{\tau_x}\omega_{\mathrm{d}}^{\mathrm{cw}}\cot(\delta\phi) + D_{xy}\omega_{\mathrm{d}}^{\mathrm{cw}} - \omega_x^2 - k_{xy}\cot(\delta\phi) = \dfrac{K_{\mathrm{ds}} V_{\mathrm{vir}}^{\mathrm{cw}}}{A\sin(\delta\phi)} \\[2mm]
\left(\omega_{\mathrm{d}}^{\mathrm{cw}}\right)^2 \cot(\delta\phi) - D_{xy}\omega_{\mathrm{d}}^{\mathrm{cw}}\cot(\delta\phi) + \dfrac{2}{\tau_y}\omega_{\mathrm{d}}^{\mathrm{cw}} - k_{xy} - \omega_y^2 \cot(\delta\phi) = -\dfrac{K_{\mathrm{ds}} V_a^{\mathrm{cw}}}{A\sin(\delta\phi)} \\[2mm]
\left(\omega_{\mathrm{d}}^{\mathrm{cw}}\right)^2 - D_{xy}\omega_{\mathrm{d}}^{\mathrm{cw}} - \dfrac{2}{\tau_y}\omega_{\mathrm{d}}^{\mathrm{cw}}\cot(\delta\phi) + k_{xy}\cot(\delta\phi) - \omega_y^2 = \dfrac{K_{\mathrm{ds}} V_{\mathrm{vir}}^{\mathrm{cw}}}{A\sin(\delta\phi)}
\end{cases} \tag{10-59}
$$

将式(10-59)中的第二式和第四式求和可得

$$
\left(\omega_{\mathrm{d}}^{\mathrm{cw}}\right)^2 - \left(\frac{1}{\tau_x} + \frac{1}{\tau_y}\right)\omega_{\mathrm{d}}^{\mathrm{cw}}\cot(\delta\phi) - \frac{\omega_x^2 + \omega_y^2}{2} = \frac{K_{\mathrm{ds}} V_{\mathrm{vir}}^{\mathrm{cw}}}{A\sin(\delta\phi)} \tag{10-60}
$$

在虚拟科氏电压 $V_{\mathrm{vir}}^{\mathrm{cw}} = -4K\Omega_{\mathrm{vir}} A\omega_{\mathrm{d}}^{\mathrm{cw}} / K_{\mathrm{ds}}$ 激励下，受测控系统相位误差 $\Delta\delta$ 的影响，CW 模态的谐振角频率 $\omega_{\mathrm{d}}^{\mathrm{cw}}$ 可表示为

$$
\left(\omega_{\mathrm{d}}^{\mathrm{cw}}\right)^2 - \frac{2}{\tau}\omega_{\mathrm{d}}^{\mathrm{cw}}\cot(\delta\phi) + \frac{4K\Omega_{\mathrm{vir}}}{\sin(\delta\phi)}\omega_{\mathrm{d}}^{\mathrm{cw}} - \omega^2 = 0 \tag{10-61}
$$

进而可求解得

$$\omega_{\mathrm{d}}^{\mathrm{cw}}=\frac{-\dfrac{4K\Omega_{\mathrm{vir}}}{\sin(\delta\phi)}+\dfrac{2}{\tau}\cot(\delta\phi)+\sqrt{\left(-\dfrac{2}{\tau}\cot(\delta\phi)+\dfrac{4K\Omega_{\mathrm{vir}}}{\sin(\delta\phi)}\right)^{2}+4\omega^{2}}}{2}$$

$$\approx\omega-\frac{2K\Omega_{\mathrm{vir}}}{\sin(\delta\phi)}+\frac{2}{\tau}\cot(\delta\phi) \tag{10-62}$$

记 DFM 模式下 CCW 和 CW 模态的角频率差分为 $\Delta\omega_{\mathrm{d}}=\omega_{\mathrm{d}}^{\mathrm{ccw}}-\omega_{\mathrm{d}}^{\mathrm{cw}}$，联立式(10-54)和式(10-62)可得

$$\Delta\omega_{\mathrm{d}}=\omega_{\mathrm{d}}^{\mathrm{ccw}}-\omega_{\mathrm{d}}^{\mathrm{cw}}=\frac{4K\Omega_{\mathrm{vir}}}{\sin(\delta\phi)} \tag{10-63}$$

若测控系统相位误差被辨识与补偿，谐振子相移 $\delta\phi=-\dfrac{\pi}{2}-\Delta\delta=-\dfrac{\pi}{2}$，此时由式(10-34)可以看出，虚拟科氏电压 $V_{\mathrm{vir}}^{\mathrm{ccw}}$、$V_{\mathrm{vir}}^{\mathrm{cw}}$ 产生的虚拟旋转角速度 Ω_{vir} 应当达到极小值。

10.3.3　验证分析

DFM 模式的测控方案和输出特性可利用 Simulink 仿真模型进行原理性验证。DFM 模式的 Simulink 仿真模型如图 10-16 所示。

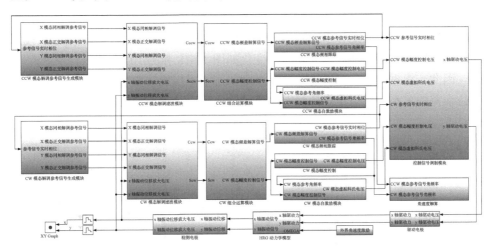

图 10-16　DFM 模式的 Simulink 仿真模型

DFM 仿真模型中，解调参考信号生成模块按照图 10-15 所示 CCW 和 CW 模态分离器生成解调参考信号，进而完成 X 和 Y 模态振动位移的解调滤波，控制电压调制模块对应式(10-42)，CCW 和 CW 模态的幅度控制、频相跟踪四个模块分别使用 A_{ccw}、A_{cw}、δ_{ccw}、δ_{cw} 作为控制判断量，各个量的目标值分别为

A、A、0、0，CCW 和 CW 模态的自激励模块分别利用 A_{ccw}、δ_{ccw} 和 A_{cw}、δ_{cw} 生成两模态主动施加的虚拟科氏电压。根据表 5-1 提供的大尺寸、高 Q 值、低频差 HRG 参数，利用图 10-16 所示仿真模型执行 DFM 模式的测控方案。谐振子起振后产生的驻波在 X 模态附近，当存在角速度激励时谐振子上的驻波自由进动，在上述过程中，X 和 Y 模态振动位移构成的李萨如图形如图 10-17 所示。

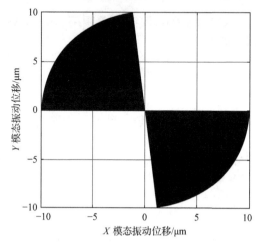

图 10-17　DFM 模式下 X 和 Y 模态振动位移构成的李萨如图形

在 DFM 模式下持续施加 500°/s 的虚拟旋转激励，从−5°～5°(间隔 1°且每 2s 变换 1 次)动态调整 CCW 和 CW 模态锁相环目标值的过程中，CCW 和 CW 模态谐振频率以及虚拟旋转角速度输出的变化如图 10-18 和图 10-19 所示。

因此，根据式(10-63)所述陀螺自激励状态下虚拟旋转角速度输出与测控系统相位误差的关系，在恒定虚拟旋转角速度输入下以寻找虚拟旋转角速度输出均值

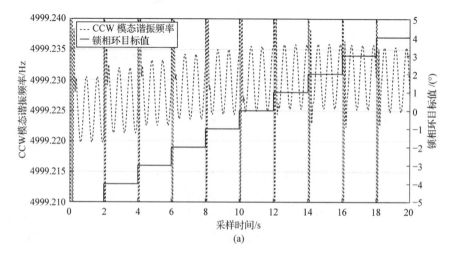

(a)

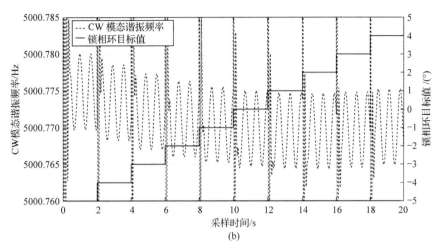

(b)

图 10-18　测控系统相位误差对 CCW 和 CW 模态谐振频率的影响

(a) CCW 模态谐振频率随锁相环目标值的变化；(b) CW 模态谐振频率随锁相环目标值的变化

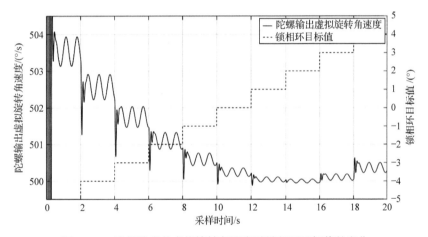

图 10-19　陀螺输出的虚拟旋转角速度随锁相环目标值的变化

的极小值为目标，由图 10-19 可初步判断相位误差约为−2°。此时，保持 X 和 Y 模态锁相环目标值为 2°，在 5s 时施加 100°/s 的外界角速度激励，按照式(10-64) 完成 DFM 模式下陀螺输出角速度和角度的解算。

$$\begin{cases} \Omega = \dfrac{\omega_{ccw} - \omega_{cw}}{-4K} \\ \theta = \dfrac{\phi_{ccw} - \phi_{cw}}{-4K} \end{cases} \tag{10-64}$$

图 10-20 显示了 DFM 模式下陀螺能够精确输出角速度和角度信息。综上所述，DFM 模式测控方案和输出特性的原理性验证完成。

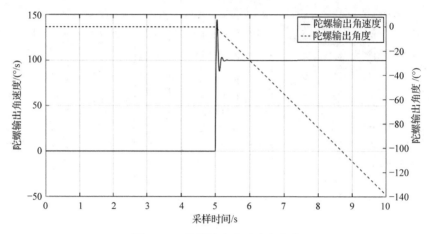

图 10-20　陀螺输出角速度和角度

参 考 文 献

[1] Ren X, Zhou X, Tao Y, et al. Radially pleated disk resonator for gyroscopic application[J]. Journal of Microelectromechanical Systems, 2021, 30(6): 825-835.

[2] 张奥. 正交调频半球谐振陀螺误差分析与补偿[D]. 西安: 西北工业大学, 2024.

[3] Kline M, Yeh Y, Eminoglu B, et al. Quadrature FM gyroscope[C]. 26th IEEE International Conference on Micro Electro Mechanical Systems, Taipei, Taiwan, China, 2013: 604-608.

[4] Kline M. Frequency modulated gyroscopes[D]. Berkeley: UC Berkeley, 2013.

[5] Eminoglu B. High performance FM gyroscopes[D]. Berkeley: UC Berkeley, 2017.

[6] 李睿. 李萨如调频 MEMS 陀螺误差建模与补偿方法研究[D]. 西安: 西北工业大学, 2024.

[7] 刘彪. 半球谐振陀螺的全差分频率调制技术[D]. 大连: 大连海事大学, 2022.

[8] Tsukamoto T, Tanaka S. FM/Rate integrating MEMS gyroscope using independently controlled CW/CCW mode oscillations on a single resonator[C]. 4th IEEE International Symposium on Inertial Sensors and Systems, Hiroshima, Japan, 2017: 1-4.

[9] Tsukamoto T, Tanaka S. Fully-differential single resonator FM/whole angle gyroscope using CW/CCW mode separator[C]. 30th IEEE International Conference on Micro Electro Mechanical Systems, Seattle, WA, USA, 2017: 1118-1121.

[10] Tsukamoto T, Tanaka S. Fully differential single resonator FM gyroscope using CW/CCW mode separator[J]. Journal of Microelectromechanical Systems, 2018, 27(6): 985-994.